新大话信息通信丛书

（第2版）

赵继勇　贺春雨　曹芳◎编著

U0220232

人民邮电出版社

北　京

图书在版编目（ＣＩＰ）数据

大话传送网 / 赵继勇，贺春雨，曹芳编著. -- 2版
. -- 北京 ：人民邮电出版社，2019.5
（新大话信息通信丛书）
ISBN 978-7-115-49613-3

Ⅰ. ①大… Ⅱ. ①赵… ②贺… ③曹… Ⅲ. ①通信网
Ⅳ. ①TN915

中国版本图书馆CIP数据核字(2018)第229313号

内 容 提 要

本书是一本介绍传送网的基础知识读物，用通俗易懂的语言解读了传送网的每一个关键技术，诸如SDH、MSTP、DWDM、OTN 以及 PTN 等；通过亲身经历将光缆线路的规划设计娓娓道来，涉及光缆路由选择、敷设方式选择、光缆选型以及光缆预留等；用直观生动的漫画和形象浅显的例子探索了当下重要的传送网技术，包括无线光通信和 SDN。作者更是以"教师"和"工程师"的"双师"视角梳理、组织与展开内容，旨在"以学为主，学以致用"，让传送网走下"神坛"接地气，让初学者跨过门槛学知识。读者既可以全面地了解各种技术的产生背景、基本原理及工程应用，也可以选择性地阅读这部传送网的技术简史。

本书以通信工程专业的在校大学生、通信行业新入职员工以及从事光传送网专业的人员为主要读者对象，也可作为通信领域及其他非专业人员了解传送网知识的入门读物。

◆ 编　　著　赵继勇　贺春雨　曹　芳
　　责任编辑　李　强
　　责任印制　彭志环

◆ 人民邮电出版社出版发行　　北京市丰台区成寿寺路 11 号
　　邮编　100164　电子邮件　315@ptpress.com.cn
　　网址　http://www.ptpress.com.cn
　　北京七彩京通数码快印有限公司印刷

◆ 开本：800×1000　1/16
　　印张：19　　　　　　　　　　2019 年 5 月第 2 版
　　字数：330 千字　　　　　　　2024 年 12 月北京第 20 次印刷

定价：89.00 元

读者服务热线：(010)53913866 印装质量热线：(010)81055316
反盗版热线：(010)81055315
广告经营许可证：京东市监广登字20170147号

前　言

　　时光荏苒、白驹过隙，四毛哥和小雨哥都已不是当年仗剑走天涯、勘察出文件的"通信汪"了，而成为躬耕于三尺讲台的教育工作者。相似的经历、共同的志趣让两人相识相知，逝去的回忆、不变的情怀让两人重出江湖，再战"大话"！

　　大家都经历过学生年代，那些"高大上"的专业书籍暂不属于初学者，只好束之高阁——能看懂的人没必要去看，而不懂的人看完依旧不懂。"大话传送网"旨在通过深入浅出的介绍，让初涉传送网的读者能够迅速提升自己，本书侧重"浅出"部分，"深入"部分还需大家多多查找参考资料。同时，我们也希望光传输领域的专家们不吝赐教，鞭策我们继续昂首向前、延续工程情怀、持续发挥余热。

　　"大话传送网"分"大话"和"传送网"两部分。传送网，四毛哥和小雨哥已经为之献出了"青葱岁月"；而"大话"部分，对于浪迹江湖近二十载的作者而言轻车熟路、信手拈来。"不会上课的通信人不是一个好作者"，自从有了"教学者"的阅历，四毛哥和小雨哥才真正了解到"学习者"热切的"入门"需求，更真切感受到"学习者"迫切的"上手"意愿，所以"教师"和"工程师"的"双师"身份有利于从"教学"与"实用"的双重视角诠释传送网技术；"我们不一样"，四毛哥和小雨哥擅于把信息通信工程中最实用的传送网知识，用最通俗易懂的话语表述出来、用最直观生动的漫画勾勒出来、用最形象浅显的例子类比出来，不一样的呈现角度、不一样的呈现内容、不一样的呈现方式，当然会让读者有不一样的阅读体验！

　　整个传送网的知识体系就像一棵枝繁叶茂的大树一样，每个树枝都向上延伸出数不清的茎叶，各种概念、定义、术语、协议、标准以及规范让人眼花缭乱。本书则按照传送网的发展主线组织和展开内容，读者循着这条主线，可由浅及深地掌握传送网的知识结构，并能将传送网技术学以致用。

　　本书定位于"大话"入门系列，力求化繁为简，对于很多技术细节没有过深挖掘，而是点到为止，一方面是市面上从来都不缺有深度的书籍；另一方面也是由于作者技术水平有限，在面对这棵参天大树时仍有很多不能参透的技术细节，只好充当园艺师的角色，大刀阔斧地为读者廓清主干、辨清脉络。

我们希望大家读这本书就像读小说一样，把整本书看完一遍之后，哪怕从中只学到了1+1=2，入了这个门并具备了自学的能力，这都是进步。如果站在"大话传送网"这块小小的砖头上，能看懂一些以前看不懂的东西，有基础去继续追求技术上的细节，就是你我的缘分，也是本书的初衷，其中讲解不够深入的地方请大家参阅相关技术资料。

最后，关于本书以及传送网的其他数字资源将会陆续发布、分享于微信公众号"光缆网工程自主学习平台"中，敬请关注与支持！

闲言少叙，开卷有益。

编者

2019 年 3 月

目　录

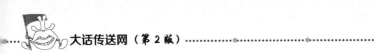

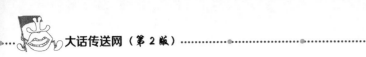

Chapter 1
第 1 章
传送网是干啥的

1.1 通信是干啥的

考虑到本书的读者可能是零基础初入通信专业，在介绍传送网之前，我们有必要对传送网之外的一些基本概念做一下介绍。

传送网是整个通信网的一部分。通信网在做什么？模拟通信和数字通信有什么区别？为什么模拟通信会被数字通信取代？业务网和传送网的职能分别是什么？为什么每种技术都有这个层、那个层，把人搞得晕头转向，这个协议、那个标准，让人无所适从？

本章从古代通信说到了 E1 和传送网，希望能够无缝地衔接到下一章我们要说的 PDH 和 SDH，让读者不会感觉突兀。德国哲学家黑格尔说过，存在的就是合理的。任何技术的产生和更替都是有其背景和诱因的。在本书中，作者并不着急去空降一些理论，而是让一切发展都水到渠成。

1.1.1 古代通信的智慧——烽火台

在即将学习一门技术之前，站在其高高的门槛前的一刻，我们总是希望有一些通俗易懂的比喻、耳熟能详的故事和传说来带着我们轻松愉悦地跨进这个"神圣"的大门。那么，在学习传送网之前，为了便于大家理解，我们先来说说一个老祖宗留给我们的东西——烽火台，如图 1-1 所示。

在很久很久以前，大概在周朝吧，我们的老祖宗苦于各路敌军的滋扰，发明了一个能够传递军情的古老的，但是很实用的东西——烽火台。烽火台的原

图 1-1　古代烽火台

理大家都知道，就是相隔一定距离筑起一个个的高台，如逢敌军来犯，则白天施烟，夜间点火，告知最近的烽火台简单扼要的信息——我这里有情况，请速速支援，十万火急！于是，临近的烽火台观察到这里的信息——烟火后，将这个信息按照同样的方式传递，

一路沿着一个一个的烽火台一直传至京城，接着发兵支援。

一个烽火台里的工作人员（古时称为"烽子"）通过观察得到了军情，这个军情就是一种信息。什么是信息（Information）？数学家香农 1948 年提出过这个问题，信息是用来消除随机不定性的东西。什么意思呢？比如，"敌军今天可能来犯，也有可能不来"就不是信息，按照专业的说法这叫作"信息量为零"，通俗点说就是"废话"。而"有敌军来犯"就是消除了"可能来犯"和"可能不来"之间的不确定性，明确地告诉你敌军来了，所以，"有敌军来犯"就是信息。

问：在这个过程中，烽火台起到了什么作用呢？

答：信息的传递。

当然，"废话"也可以被传递，只是它没有传递的价值，这句"废话"传到皇上那儿，皇上一定很生气，后果很严重！

当发现敌情的驻军想要将信息传递给上游的驻军，烽火台就是负责将信息远距离传递的快速有效的工具，就是一种通信设施，虽然原理很简单，可是里面又凝结了很多祖先的智慧和经验。古代人和现代人一样，都想要高效、准确地传递信息。现代通信人所面临的一些问题，老祖宗们也曾经思考过，比如：为什么要有烽火制？

站在现代来看，这些烽火制就是一个个的技术体系，假设说，你让唐代的烽子点火，让明代的烽子去观望，恐怕得到的是不准确甚至是错误的信息。你点起一堆烟，到底是"报个平安"，还是"火速支援"，这需要一个共识，"同一个世界，同一个规则"是一个必要的条件，就是大家遵循一个同样的规则。我们两个人去见面，时间定在 6 点还是 6 点半可能双方都无所谓，但是必须得定个时间，同样我们也可以理解为，技术标准的具体细节也许不那么重要，但是信息的收发双方使用一致的标准却是必须的。

烽火台为什么要"台高五丈"？为什么要燃烧狼粪、艾蒿？台子高才看得远，火旺、烟多则传得远，如果站在地面上点一个柴火棍的话几里开外肯定看不见。信息传得远，烽火台之间的距离就远，相同的距离就可以少建一些烽火台，如图 1-2 所

图 1-2 祖先对烽火台的思考

示。而光纤传送网为什么要去选择合适的波长窗口，为什么要有长距模块？这也是为了提高信号强度、减小衰耗，目的也是为了传得更远，传输距离也是传送网需要解决的一个主要问题。

其他的问题就不一一列举了，可见烽火台看似简单，实则包罗万象，古人不断地在实际应用中思考、总结、完善烽火制度，而现代通信也是一样，在实践的过程中不断地发现、改善自身暴露的问题，并随着人类需求的提高而向前推进。技术发展的脚步永远不会停歇，而每一个通信人也终将成为"通信"这座宏伟大厦的一粒石子。

1.1.2　通信就是信息交互

烽火台在古时相当于国家军用通信设施，不是平民百姓能用的，即使再有钱也不能托烽火台给你带个话。在没有通信网络的古代，相隔一定的距离交互信息只能依靠旗语、击鼓传声、飞鸽传书、托人带话、驿站邮递（如图 1-3 所示）等这些落后的方式，基本特点就是靠眼睛去看、靠耳朵去听、靠腿去跑，技术含量比较低，所以还不能称为"通信网"。当时的交通也非常不便利，各种通信手段交互的信息量和效率都十分有限，否则也不会有"烽火连三月，家书抵万金""马上相逢无纸笔，凭君传语报平安"这样的佳句，那个时候说起京城，比现在说起美国的感觉还要遥远。

图 1-3　古代驿站邮递

在几千年的漫长岁月，人类一直使用古老的通信方式。直到 19 世纪 30 年代，随着莫尔斯发明了电报，麦克斯韦预言了电磁波并被赫兹最终证实，贝尔发明了电话，马可尼发明了无线电报，高锟奠基了光纤通信等，那么多伟大的科学家、发明家在科学的道路上前赴后继，用尽毕生的精力，使通信飞速发展并广泛地得到应用，使得现在的我们可以每天通过手机、电脑等各种终端打电话、看新闻视频、刷朋友圈或微博等。人与人之间的距离拉近了，我们一下子感觉到世界原来是那么小。电脑上网从 64 kbit/s 到现在动辄几十兆的光纤入户，我们可以随时随地掏出手机连上 Wi–Fi 或 3 G/4 G 网络去畅游，电话费、流量费越来越便宜，所有这些都是通信网的发展给我们带来的实惠，如图 1-4 所示。

图 1-4　现代通信系统的效率

人类依靠感官直接获得信息以及彼此之间传递信息、交流各自的看法，使人类能够去认识世界、改变世界。其中，凭自身直接得到的信息量是有限的，而依靠交互得来的信息占信息来源的大部分，信息交互（沟通）是人类获得信息的主要渠道。信息交互是人类最基本、最重要的且可以和衣、食、住、行并列的需求之一。人可以一天不吃饭，但是很难做到一天不说话。

我们想要面对面地沟通会受到各种条件的限制，使用现代通信系统成了信息交互的一种主要手段，如果哪一天没有了通信网，我们的生活就会像没有水和电一样，无法想象。整个通信行业和整个通信网络的从业人员说到底就是在做这么一件事，满足人类信息交互的需求。

1.2　理想和现实的差距——模拟通信

1.2.1　"模拟"和"数字"

现实中，我们接触的信息是千变万化的，或者说信息有无穷无尽的可能性，并不是非此即彼的关系。有句话叫"世界上没有两片相同的叶子"，用来形容信息的多样性十分恰当。

颜色有多少种？人的性格有多少种？味道有多少种？这些问题就像是问我们天上有多少颗星星一样，如果一定要回答，只能说不知道。如果我们要具体地感知这些无穷的信息，就必须亲自接触，比如我们到了一个城市旅行，就去亲自看一看、听一听、走一走、尝一尝，才能真切感受到当地的人文历史、风土人情、美食美景，而看别人朋友圈秀的照片、游记，我们感受到的大多只是对于幸福生活的羡慕。

生活中，我们感受、了解了信息之后想要分享给其他人，这就是传递信息，传递的前提就是如何表达，要将信息转换为能够在信道中传递的信号。对于有着无数可能性的信息，用同样无数可能的信号去表达就是"模拟"，而能将无限的可能变为有限的就是"数字"。这里所说的"有限"可能是几百、几万、几十亿，只要能说出个具体的数那就是数字信号。比如，数码相机将无数种颜色用24位色彩，也就是 $2^{24}=16\ 777\ 216$ 种颜色去表示，一千多万种颜色是很多了，这也是数字化。

模拟的时代已经悄然离去，"70后""80后"曾经记忆中的磁带、录像带、胶卷底片都是用模拟的方式存储信息的，如图1-5所示。说到磁带，它见证了我们曾经的青葱岁月，那段美好的相信爱情的年纪，记得我们曾穿着牛仔裤、旅游鞋，蹲在一个纸箱子旁扒拉着、寻找着精神食粮：崔健、黑豹、唐朝……仿佛摇滚能让年少不羁的我们看起来与众不同，或许买一盘磁带只是因为里面有一首她爱听的歌，不管我们曾经为谁而痴狂，我们都该向永恒的 AB 面致敬！

图1-5 存储模拟信号的磁带

下面我们先说说磁带（录像带是磁带的一种）。我们知道，声波是一个时间和振幅都连续的无规则的曲线，时间轴（X 轴）上有着无数的时间点，声波振幅轴（Y 轴）也有着无数的强度值，如图 1-6 所示，对于所有连续变化的量都存在无数个问题。为什么说是无数个？谁能说出 0 ～ 0.01 s 之间，有多少个时间点？这个问题就等同于 0 ～ 0.01 之间有多少个数字，我们知道任何两个无限接近的数字之间都有无限个数字。

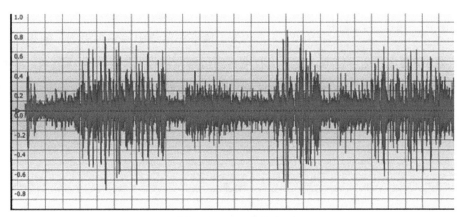

图 1-6　声音的波形图像

磁带也有无数个看不见的小磁针，每个小磁针又有无数个方向角，这些小磁针就随着声波的变化而变化，所以说磁带存储的是模拟信号。胶卷也是一样，是将卤化银涂抹在聚乙酸酯片基上，当有光线照射到卤化银上时，卤化银转变为黑色的银，拍摄的画面颜色、灰度有无数种，底片的颜色变化也有无数种，所以胶卷存储的也是模拟信号。

实际上，想准确无误地表达信息是不可能的，模拟信号表达的信息也不是完全真实的，它只是连续的而已，不像数字信号那样"跳跃"。所以，胶卷记录的画面给人的感觉比较柔和，与数码相机拍出来的画风不同，所以至今依然被一些追求极致的艺术家们所喜爱。

1.2.2　什么是模拟通信

声波自身的传递距离和速度都是很有限的，我们要传递声波就需要借助电磁波去实现远距离的传递。起初，人们用一个时间和幅度都连续的电磁波去传递声音波形，这个信号就是模拟信号，如图 1-7 所示。这种通信方式就是模拟通信，也就是第一代移动通信系统。

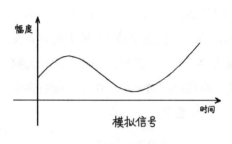

图1-7　模拟信号的波形

第一代移动通信系统（1 G，1st Generation）于1987年在我国正式商用，一时间"大哥大"风靡全国，成为成功人士必备的"神器"，拥有大哥大比开宝马奔驰更有面子。其实"大哥大"的信号质量并不好，话费也是贵得令人咋舌，主要是物以稀为贵，在当时是一种身份的象征。

为了能够在信道中传输得更远，模拟信号经过高频信号的调制之后送入信道，到了接收端再通过解调器将调制信号分离出来。解调器还原出低频电磁波，再通过听筒、音响等设备变回声音信号，调制解调过程如图1-8所示。

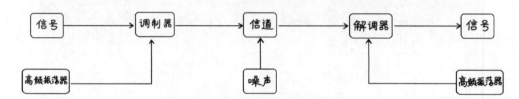

图1-8　模拟信号的调制与解调过程

但是，模拟通信有一个致命的问题——电磁波在空气中传递的过程中会遇到其他电磁波的干扰（噪声）和自身的能量损失（衰耗），一些不可避免的因素让波形产生了变化，到了接收端的信号已经变形了，我们接收到这么一个变形的信号时，根本无法还原它本来的面目，只能将错就错。另外，由于模拟信号很难加密，信号在途中被截获就意味着信息的泄露，这套通信系统完全没有秘密可言。

所以，"理想很丰满，现实很骨感"，模拟信号在源端的表达是相对真实美好的，但是传输过程的干扰、衰耗是残酷的，模拟通信的抗干扰性和保密性都太差了。我们当年看电视，那满屏的"雪花"恐怕比任何一个电视节目都记忆犹新。

1.3　"0"和"1"的世界——数字通信

在模拟通信系统中，信号在传递过程中产生了无法逆转的形变，我们既然做不到完美，那么能不能降低一点点要求，退而求其次，使用数字信号呢？

其实对于绝大多数人来讲，模拟和数字两种信号的差别是微乎其微的，比如对于 24 位的色彩，谁能分清这一千多万种颜色呢？这千万级的色彩中间的那些色彩有多少人能够感受到？相信很多人玩过一款"找不一样的色彩"的小游戏，在一个色块矩阵中只有一块的颜色不同，越到后面色块越多色差越小，看的眼睛都花了，基本就到了挑战的极限，人的肉眼对于色彩的分辨如图 1-9 所示。

抛去艺术家的情怀不说，数字通信以绝对的优势迅速占领了整个通信领域，数字化的过程是通过三板斧——"抽样""量化"和"编码"，将无限变为有限之后，再多的信息也可以存储在小小的硬盘、光盘中，也可以无损地传递到世界的每一个角落。数字信号的波形如图 1-10 所示。

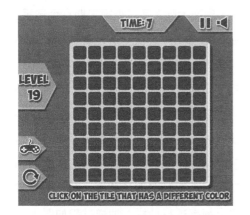

图 1-9　人的肉眼对于色彩的分辨

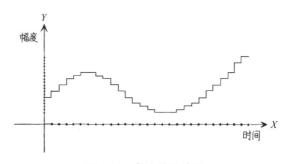

图 1-10　数字信号波形

1.3.1　时间和空间的离散——抽样

数字化第一板斧：抽样。抽样实现了时间和空间的离散。什么叫作抽样？和上级抽查差不多。一个部门那么多人，那么多工作内容，领导抽查几个看一看，这个部门的大致工作情况也就基本了解，而抽样的关键问题，就是要抽多少样才能够相对客观、真实地反映信息的真实情况。

声波在每一个时间点对应一个幅度，视频信号在每个时间点对应一幅图像，而我们绝大多数人类通过眼睛、耳朵能够感知信息的频率是有限的，换句话说，两条信息间隔时间

太近，我们是察觉不到的。比如我们在看魔术表演，觉得很神奇，而再看一遍慢镜头回放，才恍然大悟，这就是因为魔术表演的动作非常快，很多信息人眼捕捉不到。

对于声波，奈奎斯特定律告诉我们，只要当采样频率大于信号带宽的 2 倍时（$f_{s.max} \geqslant 2f_{max}$），采样之后的数字信号就基本完整地保留了原始信号中的信息。人类的耳朵能够听到的频率范围一般为 20 Hz ~ 20 kHz，人声的频率范围为 300 Hz ~ 3.4 kHz。我们对于声波的抽样频率就取决于实际用途，如果是对音乐抽样，实际应用中一般最高抽样频率是 44.1 kHz（高于 20 kHz 的 2 倍）；而如果只是打电话，只是为了传递人声，以 8 kHz（8 000 次 / 秒，高于 3.4 kHz 的 2 倍）的频率去抽样，就能够做到还原人声。

对于视频，人眼的视觉暂留时间（一幅画面在人眼中短暂停留的时间）大概为 1/24 秒，也就是每秒在眼前闪过大于 24 幅画面对于我们来说就是近乎连续的，帧频再提高当然会感觉更加流畅，但是里面的信息我们肉眼是捕捉不到的。《最强大脑》第二季第二期有个选手，可以在电影播放过程中捕捉 1/24 秒的画面，惊呆了在场的嘉宾和观众。这也就证明了这不是一般人能做到的，要不怎么能上《最强大脑》呢？

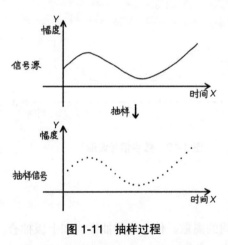

图 1-11　抽样过程

抽样完成了时间的离散，每隔最多 1/8 000 秒抽取一个人声的振幅值，每隔最多 1/24 秒截取一幅画面，只要能够将这些信息保留下来，就可以达到基本等同于原本连续的信息的效果。对于时间轴来说，人类需要多少个时间点的信息，数字信号就按照不低于这个频率进行抽样。抽样过程如图 1-11 所示。

这每秒 8 000 个声音信号是大多数人能分辨的极限，而不是通信系统提供的最大能力。如果对于你来说声音每秒 8 000 个抽样不够，抽几万次也可以，只要不是无数个就都能够做到，无非就是需要的带宽大一些。

对于一幅图片本身是没有"由多少个点组成"这个说法的，我们可以人为地将其分成很多个点——像素，将每一个像素的颜色值提取出来，只要这些像素重新组合成图片后我们肉眼看不出和原图的区别，就可以按照这个像素去抽样，也就是我们常说的照相机的多少万像素，从图片到像素的抽样就是空间的离散。像素具体取多少要看我们的用途。图片是要在手机上看还是打印成巨幅的广告，对于像素的要求是不同的。记得早期的数码相机五六百万像素就很好了，而现在连手机像素也已经达到千万像素以上，人类的需求和科技水平都在不断提高。

1.3.2　退而求其次——量化

数字化第二板斧：量化。量化实现了信息值的离散。其实，量化对于我们并不陌生，生活中无时无刻不在对信息进行量化，比如：

张三的身高 1.78 米，真的就是整整 1.78 米吗？

我今天中午吃了一碗米饭，到底是多少粒米？

明代烽火制中，"见敌一两人至百余人举放一烽一炮，五百人二烽二炮，千人以上三烽三炮……"，这就是量化；我们将考试成绩分为优、良、中、差，这也是量化；4S 店让我们的车子每行驶 5 000 公里做一次保养，这还是量化。

什么是量化？简单地说量化就是四舍五入。为什么要量化？要将无限可能的信息变为有限的，为了便于存储和传递。为什么信号可以被量化？因为我们没有必要那么较真，一个信息的值在达到一定精确度之后，小数点后面多少位并不重要，就好比说我的身高是1.735 29 米，给人的感觉很奇怪。

经过抽样的信号，只是在时间上被离散成为一个个的样本，而每个样本还是一个有无穷多个取值的连续变化量，必须要将其转化为有限个离散值，才能做到数字化，也就是说，在 X 轴和 Y 轴上都要变无限为有限。量化过程如图 1-12 所示。

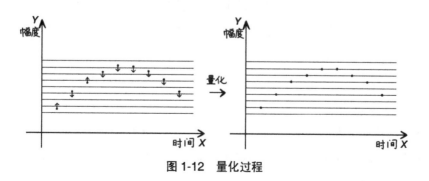

图 1-12　量化过程

其实，量化的意义还不只是将信息量变为有限这么简单，对于通信系统来讲，还有一个重要的意义，就是可以让信号传到无限远。

假如，我们要将一个电平值传到对端（就是要传递一个数字），这个电平值的变化范围是 0 ~ 10 V，比如说是 9.9 V 吧，这个 9.9 V 到了对端衰减成了 9.8 V。前面说过，如果用模拟通信的方式，我们收到这个 9.8 V 的时候，是无法知道对方发送的原始信息是多少的，因为一切皆有可能。现在用数字通信的方法，我们对电平值量化为每隔 0.5 V 一个值，就是 0、0.5、1、……、9、9.5、10 一共 21 个电平值。在信号的源端我们将 9.9 V 量化成了 10 V，这 9.9 V 和 10 V 之间的 0.1 V 差值就是数字化必须付出的代价。

到了收端收到了 9.8 V 这个电平，收端就只有两个选项：9.5 V 和 10 V，于是按照四舍五入的原则判定这个值为 10 V，如果我还要向下一个站点传递这个信息，就重新按照 10 V 的电平去发送。我们规定一个门限值，比如 9.75 V，10 V 只要不衰减到 9.75 V 这个门限值以下，就判定它是 10 V，这对于通信网来说意义重大。无论是有线还是无线通信，在已知距离的前提下我们都可以估算出信号衰减的幅度，也就是说，10 V 经过多远会衰减到门限值 9.75 V 是可以计算的，只要在此之前我们将信号接收、判定（判断 9.8 V 就是 10 V）、再生（9.8 V 重新变成 10 V）之后再重新发出去，只要每隔一定距离建设一个中继站，信号就可以一直无损地传递下去。接收端的判决再生如图 1-13 所示。

图 1-13 接收端的判决再生

量化的实现过程其实很简单，就是设定一些离散的值去表示信息。实际应用中也不一定是图 1-13 中那样等差的数列，对于话音信号都是采用非均匀量化的，诸如"μ 率"和"A 率"，就像我们统计考试成绩，60 分以上是 10 分一档，60 分以下就不再分 6 个档，统统归为不及格；还有统计企业规模，0 ~ 50 人是一档，5 000 ~ 10 000 人是一档，也是非均匀量化的例子，如图 1-14 所示。

一个在一定范围内随机变化的值，在最大值和最小值附近的出现概率都比较低，而在平均值附近的出现概率比较高，非均匀量化是根据对数据的统计分析，要让有限的量化值最大限度地发挥效果。

图1-14 非均匀量化

1.3.3 信息翻译官——编码

数字化第三板斧：编码。编码将抽样和量化后的信息变为二进制的"0"和"1"。经过了抽样和量化，我们将一切信息都转换为数字信息。

- 对于文字，不管一共有多少万字，我们将每一个文字对应分配一个编号进行编码，文字就转换成了数字，其实文字本身就是离散的，就是数字信号。

- 对于声音，我们可以将时间轴上每个时间点的电平值转换为数字。

- 对于图片，我们将其分为若干个点——像素，每个像素的色彩都用三原色去合成，三原色各自的灰度也可以转换成数字。

- 视频也就是一些图片和声音的组合体，分别进行编码。

信息经过编码变成了什么样的数字呢？无论是通信设备还是计算机，都是采用二进制编码的，它们都只认识"0"和"1"两个数字，因为基于二进制容易实现存储、运算、传递。

我们想一下，如果隔着几公里远有一个人，这个人身高是 1.6 米还是 1.7 米我们并不好判断，但是"有人"还是"没有人"我们一定看得一清二楚。我们上学的时候都知道判断题比选择题容易做，因为判断题只有两个选项，就算蒙也有 50% 的正确率，而选择题有 4 个选项。聪明的人类尚且如此，对于机器我们更不好难为它们了。

机器很容易通过两个差别很大的电平值去表示"0"和"1"，如果要表示十进制 0～9 难度就大了。对于信息的传递，接收端在面临着两个选项的时候是最容易判断的，也就最不容易出错，所以我们最终将所有的信息都用二进制数去表示；信息量越大我们就用越多位数的"0"和"1"去编码，每一个"0"或者"1"叫作 1 个比特（bit），每 8 个比特叫作 1 个字节（Byte，用 B 表示）。

比如，将人的身高从 1.5 m 到 2 m 量化成 51 个值，每两个相邻级别之间相差 1 cm，我们就可以编码了，51 个值需要 6 位二进制数字来表示（2^6=64），1.5 m 的十进制是 0，二进制就表示成 000000；1.78 m 十进制是 28，转换成二进制就表示成 011100。

接收端只要逐位地去接收判定这些"0"和"1"，就像做无数道判断题一样，接收设备表示：毫无压力，So Esay！

编码的方式有很多，不同类型的信息都有不同的编码标准，比如常见的 ASCII（英文）、GBK（汉字）、MP3（音频文件）、MP4（视频文件）、BMP（图片文件）等，不胜枚举，我们接触到的所有的文件类型都是一个编码标准。

不同编码的研究方向和侧重点不同，比如像 WAV、PNG 等叫作无损编码，这类编码致力于如何高度地还原信息本身，当然这个"无损"指的是抽样量化之后的，是相对的，也就是在编码的环节不去将信息"再砍一刀"。

还有比如 MP3、JPEG 等叫作压缩编码，这类编码致力于如何用少量的字符去表示信息，网上播放视频的时候，播放器会提示我们根据网络情况选择流畅还是高清，在网速不给力的时候我们宁可牺牲画质来换取流畅度。这些编码对于信息的处理是有失真的，在保证让我们感觉不到或者感觉不强烈的前提下，实现最高的压缩比以方便存储和传递。换句话说，压缩编码让文件变小，减小了网络和硬盘的压力。

这些编码标准如何实现，我们不需要一一了解，我们只需要知道编码之后所有的信息都变成二进制数字就足够了。

编码和解码是对应的，"解铃还须系铃人"说的就是这个意思，一套编码标准就像是一个密码本，用什么方式编的就得用什么方式去解。就像战争时期我们截获了敌军的情报，还要拿到对方的密码本才能够破译，否则这个情报对于我们来说就是天书，就像我们电脑上经常碰到的"文件无法打开"，编码和解码过程如图1-15所示。

图 1-15　编码和解码

1.3.4　题外话——数字通信，断喙重生

经过了"抽样""量化"和"编码"三个步骤，大千世界就都变成了"0"和"1"组成的码流，无论通信网还是计算机网，也都是"0"和"1"这两个数字的世界。原始信号经过了"三板斧"舍弃一些无谓的信息实现数字化之后，带着人类飞得更高更远，彻底地改变了我们的生活，这让我不由得想起一个故事。

鹰是世界上寿命最长的鸟类，它的寿命可达70岁，鹰要活那么长的时间，必须40岁左右时做出一个无比艰难却重要的决定。当鹰活到40岁时，它的爪子开始老化无法抓住猎物，它的喙变得又长又弯而无法进食，它的翅膀变得十分沉重，因为羽毛长得又浓又厚，再也无法在空中尽情地翱翔。它必须努力飞到一处陡峭的悬崖，在那里要待上5个月，在这里它要完成生命的涅槃，重获新生。

首先它要把弯如镰刀的喙向岩石摔去，忍受无比的剧痛，直到老化的嘴巴连皮带肉从头上掉下来，然后静静地等候新的喙长出来；其后它以新喙当钳子，一个一个把趾甲从脚趾上拔下来；等新的趾甲长出来后，它把旧的羽毛都扯下来，直到新的羽毛长出来。经历5个月的苦难历程后，鹰又重回蓝天翱翔，俯瞰这个世界，如图1-16所示。

如果鹰不拔掉趾甲、羽毛和喙，
那么它只能活40年，
为了再活30年，它必须完成蜕变

图1-16　鹰的断喙重生

 ## 1.4　把信息交给网络

1.4.1　业务网是啥

通过前面几节的介绍，所有信息数字化后都变成了二进制的数字，但这只是完成了信息在源端的转换，信息还在原来的地方待着。可是通信是什么？你要把照片发给我看，我想把我唱的歌发给你听，实现这些我们就需要通过网络去传递信息，要把信息交给网络，那么具体来说要交给谁呢？首先要交给业务网。

手机通过天线发射信号连接到了基站，电脑通过网线或无线连接到了宽带接入网的ONU（猫），这些和我们直接打交道的设备就是属于业务网的末端网元（网元，网络中的元素，可以简单理解为一台独立的设备）。为什么是末端网元呢？

那么我们就来了解一下什么是业务网。

首先，什么是业务？业务就是各行业中需要处理的事务，但通常多指销售的事务，每个公司要盈利都要去开展、推广种类繁多的业务，比如业务咨询办理、合同签订、售后服务，等等。三大电信运营商的业务种类很多，具体有什么业务当我们走进营业厅时就会有热情的业务员过来介绍，比如办个4G号、订制流量包、开通宽带等。

什么是业务网？开饭馆就得有桌椅、灶台、服务员，运营商也一样，钱收了合同也签了，就得给用户开通业务，就需要一系列的后台资源去满足客户的要求。电信运营商的每一项业务背后都需要硬件网络和相关的建设、运营、维护人员去支撑，通信网络中能够直接为客户提供服务的网络就是业务网，比如 2 G、3 G、4 G 移动网、宽带接入网。业务的种类在不断地更新发展，小灵通、无线寻呼等业务已经光荣退役，而 5 G 等新业务也会不断地涌现。电信运营商的业务网如图 1-17 所示。

图 1-17　电信运营商的业务网

和业务网对应的是传送网、支撑网，如果说业务网是前台服务员，那么传送网和支撑网就是后台的厨师、采购等人员，为业务网的运营提供必要的支持。其实台前幕后也没有明确的界限，幕后有时也可以走到台前，传送网也可以接入专线租赁的业务带来直接收益，只是相比较那些前台人员，传送网、支撑网的本职工作还是默默地奉献。

为什么有这么多的业务网，而不是一张网就够了？每一种通信需求的实现方式都是不同的，如何对每个用户进行编码、使用什么样的技术防止互相干扰、网络如何帮助用户找到对方、如何保证你想要的通信效果、如何保证你的信息安全、如何计费管理等，所有这些都有很多的不同，这些都需要有一系列的标准、设备、网络和专业的人员去支持、去区别对待。这就像我们没有办法开一家餐馆，不管什么人什么时候进来想吃什么，中餐、西餐、八大菜系、早点、夜宵、烧烤、火锅都应有尽有，这谁也做不到。

1.4.2　数字移动通信——GSM

移动业务是通信网中用户最多、发展最快的业务之一，手机从最初单纯的"移动电话"

发展到现在的无所不能。手机已经悄然改变了我们的生活方式，我们用手机可以购物、社交、看世界，像着了魔一样地对着手机大笑、落泪、愤怒、自省，夜深了我们像打了鸡血一样，对着手机刷朋友圈、刷微博，这几寸屏幕中浓缩了我们太多的生活，如图 1-18 所示。

图 1-18　手机改变了我们的生活

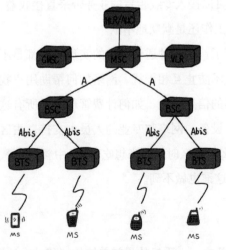

图 1-19　GSM 移动网结构

2 G 时代初期，网络只支持语音通话，后来支持了上网业务（数据业务）。传送网的发展演进是靠业务的发展推动的，那我们就按照业务发展的顺序来介绍，从 GSM 的语音业务说起，先来一张 GSM 网络结构图，如图 1-19 所示。

移动台（MS，Mobile Station），这个我们都非常熟悉，俗称手机。手机是我们和网络沟通的桥梁。我们平时开机、关机、拨号、挂机，这些指令都是在和手机交互，手机负责接收我们发出的指令，负责将我们的声音转换成数字信号，将这些指令和话音发送给 BTS；同时从 BTS 处接收指令，接收端的信号转换为声音传递到我们的耳朵。像手机这种和用户直接交互的通信设施，我们称之为终端，如电脑、固定电话、电视。

基站收发台（BTS，Base Transceiver Station），简称基站，我们随处能够见到这些用于通信的铁塔、抱杆（如图 1-20 所示），上面有些还写着电信运营商的名字，塔的顶端就是用来和手机收发信号的天线。基站是手机的上级，我们不管移动到哪里，都会和最近的基站取得联系，依靠基站我们才能将信息传递出去。一个基站的覆盖半径从几百米到几千米不等，不同频率、不同地理环境的基站覆盖效果也不同，所以需要建很多个基站来保证人类活动范围内的覆盖效果。

基站控制器（BSC，Base Station Controller）是 BTS 的上级，一个本地网（一般指一个地市的网络）有若干个 BSC，每个 BSC 分片控制管理一组基站，就像派出所的片警一样。本辖区基站的信号发送给 BSC 之后，BSC 再向上发送给 MSC。BSC 还负责信道资源分配、用户切换等功能，用户在基站之间移动时需要 BSC 去协调切换，比如 BSC 通知 2 号基站："有个叫张三的用户从 1 号基站向你方的 2 号基站方向移动，请接收。"再通知 1 号基站："2 号基站已接收张三，请撤销连接。"无论走到哪里网络都在盯着我们，感觉和电影中围追堵截的场景有些相似。

图 1-20　生活中随处可见的基站

移动交换中心（MSC，Mobile Switching Center）是 BSC 的上级，一个本地网的所有 BSC 的信息汇集到 MSC 这里，在 MSC 处完成交换的过程。什么是交换？交换就是将主叫和被叫用户之间连接起来，就跟月老牵线差不多，还记得一些战争片中，某首长拿起电话说："给我接 ×× 团部！"那时的交换是靠接线员人工操作的，后来都已经用程序控制，实现了自动化。

如果是本地电话，你呼叫的用户在 MSC 管辖的范围内，MSC 能够帮你找到对方那里，然后建立一个连接，你们之间就可以开始通话了。如果是跨电信运营商电话或者手机拨固定电话，那就需要经过网关移动交换中心（GMSC，Gateway Mobile Switching Center）去跨网实现互通，GMSC 就相当于外交部长，能力上和 MSC 没有多大的区别，只是职责分工不同。

其他的网元也简单介绍一下。鉴权中心（AUC，Authentication Center）就是门卫，想要接入网络，请出示有效证件；归属位置寄存器（HLR，Home Location Register）就是本地人口户籍管理处，本地号码全部要在此备案；来访位置寄存器（VLR，Visitor Location Register）就是外来人口管理处，外来人员进入本地管辖区域，全部要到这里登记。

我们可以简单模拟一下两个人打电话的流程，比如张三要打电话给本地的李四，张三掏出手机拨李四的电话号码，手机将拨号请求传给 BTS 之后，张三的拨号请求就发到了 BSC，又被转发到了 MSC，MSC 查到李四在哪个 BTS 下，于是将呼叫通过 BSC、BTS 发送给李四的手机，李四手机开始响铃，李四按下接听键，接通的信号又通过这一路发到张三的手机，他们就开始通话了。要是打长途电话呢？MSC 就要通过长途局去联系另一个MSC，去寻找李四的位置，其他的过程一样。

在 2G 后期、3G 网络尚未来临之前，GSM 网络通过 GPRS、EDGE 技术支持了低速上网功能，GPRS、EDGE 是利用原本的话音信道去传送一些低速的数据业务，对应地增加了PDU、SGSN、GGSN 这些模块和一些网元间的接口，PDU 就是数据业务的 BSC，SGSN 就是数据业务的 MSC，而 GGSN 就是数据业务的 GMSC，这些我们可以不去关注，与传送网的关系不大。

当然上述的 GSM 只是简化了结构和流程，其他详细的工作原理是移动网内部如何实现通信而需要考虑的非常复杂的过程，如果需要进一步了解，推荐阅读杨波的《大话通信》和丁奇的《大话无线通信》与《大话移动通信》，里面对移动网的知识都做了通俗易懂而又全面的解释。

为什么 MSC 不直接管理 BTS，非要在中间加个 BSC 呢？想象一下，让你当一个公司的总经理，不给你配副总、部门经理，让你管理成千上万的员工，那你一定忙不过来，MSC也一样。

现在我们只需要了解大概的组网结构，我们知道一个本地网 MSC 是"老大"，MSC 管理若干个 BSC，BSC 管理一个区域的若干个 BTS，BTS 管理本区域内的手机，基于对这些概念基本的理解，我们接着就来了解本书的主角——传送网。

1.4.3　我们需要一个接口

上一节在讲 GSM 网络的组成时，我们都是用简单的语言去描述："手机将信息发给 BTS""BTS 将信息传给 BSC"，可是到底怎样去收发信息的？任何两个网元之间要交互信息，首先的一个条件是要能够互通，你说的什么我得能听明白，你说六点半老地方见，我得知道六点半是北京时间还是柏林时间，老地方又是哪儿，按专业点的话说，要通信的两者之间必须要有一个标准一致的接口，如图 1-21 所示。

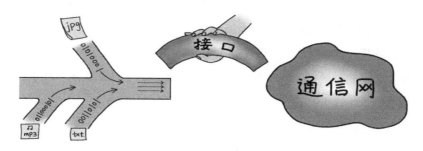

图 1-21　信息传递需要接口

什么是接口？首先参考一下百度的定义：接口泛指实体把自己提供给外界的一种抽象化物（可以为另一个实体），用以由内部操作分离出外部沟通方法，使其能修改内部而不影响外界其他实体与其交互的方式。

什么意思呢？打个比方吧，甲公司和乙公司之间有业务往来，甲公司委托张三、乙公司委托李四来负责洽谈相关的事宜，那么张三和李四之间就互为一对接口人，甲公司通过张三给乙公司提供服务、支持或者具体的产品（一种抽象化物或实体）。接口负责的"外交"部分工作是和"内政"分离的，张三、李四之间就谈他们公司间的事，甲公司就算董事长都换了，只要接口人张三没换，就和乙公司没有多大关系（由内部操作分离出外部沟通方法）。

任何两个实体之间要互通都需要接口（对不起！这里只能用"实体"这么抽象的词，

实体可能是指组织、个人、设备、软件等，也可以是两个动物），换句话说，接口使互相沟通成为可能，如图1-22所示。如果乙公司没有接口人，张三到了乙公司连门都进不去，还谈什么业务？人之间、动物之间交流，语言要能互相听懂，还要彼此对沟通的事情有所共识，缺少了这些必要的条件，沟通就是"驴唇不对马嘴"。我们家里用的自来水、天燃气、电、网络、电话，这些也都需要接口与服务提供方取得连接。

图1-22　接口的意义

回归正题，通信网的任何两个设备之间、设备内部不同单元之间互联都需要一个接口，我们就来说说通信网的接口。

按照接口的层次可以分为物理接口和逻辑接口，两种接口分别在两个不同的层面——物理层面和逻辑层面，其中逻辑接口在上层，物理接口在逻辑接口的下层，逻辑接口需要基于物理接口去实现。什么意思呢，我们再来打个比方。

回想当年上大学的时候，我最不喜欢的就是高等数学，上课从来不在状态，东张西望，下课了总是被老师给叫过去谈话。

老师：这节课讲的你听懂了没？

我：老师，高数太难了，实在听不明白！

老师：我讲的不是中国话吗？为什么别人都明白就你不懂！

我：话都听懂了，但是高数还是一点没懂。

老师：……

老师给我讲课这件事情就包含了两个层面，低层次来说，老师在给我说汉语，这个层次我都听懂了；高层次来说，老师在给我讲高数，这个层次完全没听懂。我们直接听到的是语言，所以语言就是物理接口，而高数要通过语言去表达，接收方接收到语言之后从中提炼、理解，所以高数就是逻辑接口，如图1-23所示。

讲课要通过面对面说话去传达，所以说逻辑接口要通过物理接口去实现，当然也可以通过远程视频等方式，那就是采用不同的物理接口；如果老师讲的是西班牙语（其实英语我也未必全听得懂），那连话我也听不懂。如此一来，物理接口都无法互通，那逻辑接口就更不可能通了。

图 1-23　物理接口和逻辑接口

　　生活中，"我要告诉你一件事"就是逻辑的，"我通过手机给你座机打电话告诉你"就是物理的；"我给你寄个东西"是逻辑的，"我通过顺丰快递寄给你"就是物理的。其实再往下还有更具体的物理层的过程，比如通过哪些站点中转的电话信号或者物流快件。

　　"物理"这个词在通信中一般是指有具体的形态，能够看得见，摸得着的东西，而和物理对应的逻辑指协议标准、技术体系这些抽象的概念，如果说物理接口是"手牵手"，那么逻辑接口就是"心连心"。不同通信系统的逻辑层面还可以细分为很多层，多层之间的配合才能实现通信网的各种功能，这些详细的分层在讲到每一部分的时候，我们再来展开介绍。

　　物理接口关注的是两个实体物理上的连接，是指我们能够看见的线缆、接头等这一类东西，比如 2M 线、五类线、光缆这些线缆和 RJ–45、BNC、FC 这些接头。物理层去定义接口的形状尺寸、电平值、速率这些参数，如果尺寸不一致，你要把 USB 接头往网口上插，根本都塞不进去就更谈不上互通；电平值定义一致是为了接收端知道你发的电平值多少伏代表 0，多少伏代表 1，就像古代的摔杯为号，都是事先商量好的双方才明白，旁人根本搞不清楚；而速率一致才能保证一字不漏地接收信息，否则我这边说一百句话你就听见一句，那还怎么沟通？还有像 RJ-45 网口这种多芯的电缆，还要定义线序，哪根线发哪根线收，对方好知道在哪儿接收你的信号。

还记得数年前，大家手机没电了要借充电器都是这样问：谁手机是诺基亚的，充电器借我用用。即使同样是诺基亚的手机，接口也不见得通用。可是现在就不存在这个问题了，只分为安卓和苹果两种，大家接口形状大小、充电电压都相同，接口标准化，标准统一可以实现多厂商互通，形成良性的市场竞争，避免垄断局面。

物理接口按照通信介质的不同，可以分为无线接口和有线接口，有线接口又可以分为光接口、电接口。这些接口在我们的生活中随处可见，手机连接基站、电脑连接无线路由器都是无线接口；而所有设备的电源线、数据线的接口都属于有线接口。逻辑接口可以通过物理接口直连实现，也可以通过网络的中转间接实现，只要达到的效果相同，逻辑层并不关心物理接口具体如何连接，就像我要回家，可以坐直达车，也可以中间转几趟车，这并不影响我回家这件事情的本质。基站在逻辑结构上直接归属 BSC，但在物理结构上却可通过有线相连成环后再与 BSC 相连，如图 1-24 所示。

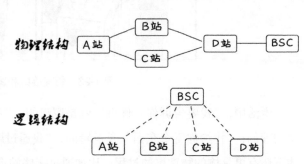

图 1-24　网络的物理结构和逻辑结构

物理层通了，这 0101 交替的码流就发过去了，对方准确无误地接收，物理层就完成了它的使命，接下来就是逻辑接口之间的互通了。假设物理接口的速率是 2 Mbit/s，那么 1 s 就有 2 M 也就是 200 万个 "0" 或 "1"，这速率在传送网中基本是最低的了，这些字符打印出来就是一本词典，这本词典我们谁也看不懂，但是设备可以看懂，所谓 "难者不会，会者不难"，设备能看懂是因为他们之间有一个约定，叫作帧结构。

1.4.4　一个重要接口——E1

既然说了接口，我们就先来了解一下 GSM 网络中网元之间的接口。

MS 和 BTS 之间的接口叫作 Um 接口，Um 接口是无线接口，手机和基站之间是靠天线发射无线电波互相通信的，就像手机和基站之间隔空喊话，这个接口移动网自己就可以搞定，传送网并不关心。

BTS 和 BSC 之间的接口叫作 Abis 接口，BSC 和 MSC 之间的接口叫作 A 接口，Abis 和 A 接口是逻辑接口。移动网其实只有手机是移动的，BTS 以上的所有网元都是固定位置的，固定的网元之间大多使用有线连接，Abis 接口、A 接口在物理层也都使用有线接口，接口的名字叫作 E1。

传送网的发展从 PDH 到 MSTP 二十多年来，业务侧接口应用最多的就是 E1。BTS 是通过 E1 接口连到 BSC，BSC 通过 E1 接口（后来改为 STM–1）连到 MSC。E1 接口曾经是我们每天打交道的一个最重要的接口，所以必须要详细介绍一下。

还记得我们前面说过的奈奎斯特定律吗？声音信号经过 8 kHz 的抽样就可以清晰地还原信号本身，8 kHz 就是每秒取 8 000 个抽样电平。由于是实时打电话，我们就需要每隔 1/8 000 抽样出来的信息都能马上传递给对方，我们传递信息的频率就要和 8 kHz 保持一致，比 8 kHz 快会造成没有信息可传，比 8 kHz 慢就会出现信息不能准时送达。我们想象一下工厂生产线上的传送带，传送带的速度和产品生产的速度一定是完美匹配的，这一点就和 E1 与语音业务的匹配很像，如图 1-25 所示。

我们用 8 bit 去表示每个电平（每个电平抽样共有 2^8=256 个量化值），要传递这样的一路语音信号，接口每秒就需要发送 8 k × 8 bit=64 kbit，也就是说一路语音信号的速率就是 64 kbit/s。

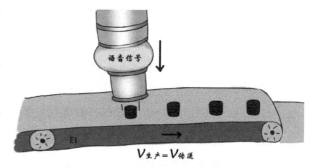

图 1-25　E1 和话音业务的匹配

我们早期的固定电话就是每路 64 kbit/s 的速率，这 64 kbit/s 可以基本无损地还原人声信号，所以打手机时我们常说："我听不清楚，我用固定电话给你打过去。"固定电话信号好、音质好我们是深有体会的，信号好是因为固定电话全部是有线连接，对干扰的屏蔽很彻底，而音质好就归功于每路 64 kbit/s 的接口。

固定电话的 RJ–11 接口的速率就是 64 kbit/s 的，然而在网络中传递信号时我们不能使用 64 kbit/s 的物理接口。64 kbit/s 的速率太低，如果每一路电话都有一个物理接口向上传送，到了中心局，交换机就算是千手观音也接不住，必须要使用一个大的接口去包含若干个64 kbit/s，需要去将 N 个 64 kbit/s 捆绑起来传递，这样可以减少我们物理接口的数量，这是时分复用的概念，第 1.5.4 节我们会介绍。

将语音原始信号经过抽样、量化、编码最终形成 64 kbit/s 信号，64 kbit/s 再复用成为E1、T1，这套标准叫作脉冲编码调制（PCM），我们来重点介绍我国使用的标准——E1 的帧结构，如图 1-26 所示。

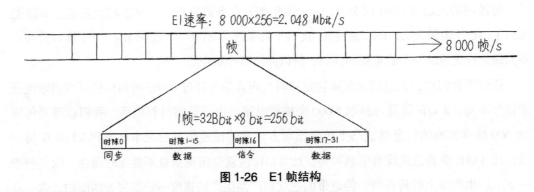

图 1-26　E1 帧结构

帧结构是由某一种技术使用的数据单元组成的。后面要介绍的每种技术都有自己的帧结构。

为什么要规定帧结构呢？无论哪种物理接口，都是像机关枪一样发送比特流，也就是0 和 1 组成的超长的数字串，我们可以感受一下：

010100001110001100010110100101100101100110100011101001101001010…

这一大串数字如果没有一定的方法解读，看起来就像天书一般，这里面哪几个比特代表什么含义，比如哪 8 个比特对应的是信令，哪 8 个比特对应的是一路语音信号，我们就要根据帧结构去做出判断。

打个比方，将一路语音信号想象成一只母鸡，一只母鸡每分钟下一次蛋，每次下 8 个，这是它固定的频率，当然这个比方非常不科学。

我们如果想建一个传送带去运输鸡蛋，传送带就要每分钟运输一次鸡蛋，这个频率和鸡下蛋的频率保持一致。对于一只鸡，传送带每次需要运输 8 个鸡蛋，但是一个养鸡场有很多只鸡，我们不能为每一只鸡建一个传送带，那样太浪费，如果每 32 只鸡共享一个传送带，那么这个传送带就要每分钟传送 256 个鸡蛋。

传送带不停地运输，每一拨的鸡蛋也是首尾相连，那么我们怎么去分辨从哪只鸡蛋开始是新的一轮，哪 8 个鸡蛋又对应的是哪一只鸡呢？我们可以在一拨的第一个鸡蛋涂上颜色，以这只蛋为起点，每 8 个蛋就能分成一组，这只带颜色的蛋就是同步字节，这是新的一帧到来。

对照这个例子，我们去看一看 E1 的帧结构。

E1 的每一帧是 32 个时隙，分别用时隙 0 ~ 31 去表示。每个时隙 8 bit，一帧的长度就是 32×8 bit=256 bit。E1 帧频也是 8 000 帧 / 秒，我们按照帧频乘以每帧的长度能得到 E1 的速率 8 000 Hz×256 bit=2 Mbit/s。

32 个时隙中包含了 30 路语音信号（时隙 1 ~ 15、17 ~ 31）、1 路同步信号（时隙 0）和 1 路信令（时隙 16）。时隙 16 的信令是早期固定电话使用的随路信令，每接收 16 帧是完整的一组。这种用法叫作复帧，这是 E1 最初的用法。

E1 还有两种用法，一种是信道化的 E1（CE1），时隙 16 不需要传送信令，这样 1 ~ 31 号时隙用来传送信息，不需要再将帧组合使用，上面的成复帧实际上也是 CE1 的一种特殊用法。另一种是非信道化的 E1，这种方式不需要区分 32 个时隙，如果将 E1 比作一个箱子，32 个 64 k 时隙就相当于在箱子里装隔板，就像啤酒箱子那样，而有些非语音的业务不需要使用 64 k 的信道，只需要使用 2 M 的箱子，于是就将隔板全部拆掉。

1.4.5　E1 的特点

根据 E1 的帧结构，接收端通过同步时隙（时隙 0）确定一帧到来之后，只需要每 8 bit 切一刀，就能够将其切成 32 份，每一份按照帧结构去还原成对应的信令和话音信号，信令送到信令单元去处理，语音送到交换模块去交换，这就像我们语文课学习的断句一样，将这一路的原始信号解析出来。

最初 E1 是因固定语音业务需求而诞生的，后来这个 E1 也就成了传送网的接口标准之一。现如今，所有需要通过传送网传送的低速率业务，都需要遵循这个标准，像移动网的语音业务采用其他编码方式，每路语音压缩编码之后的速率并不是 64 kbit/s（每路 16 kbit/s 左右），但接口都是沿用 E1，其他非话音的低速信号也统一沿用这个接口。这就像我们很熟悉的 5 号电池，直径 14 mm，高度 49 mm，我们不需要知道为什么是这个尺寸，是谁规定了这个尺寸，只需要知道电池厂商不按照这个尺寸生产，就一定卖不出去，这就是标准。

一条 E1 对于传送网来说是一个业务，就是一封托我们去送达的"信"，我们只需要想尽一切办法交给"加西亚"，信里的内容与我们无关。

而一条 E1 对于业务网来说是什么呢？是资源，是可以配货的空车。如果是固定电话，这条 E1 就可以承载 31 路（或者 30 路）的语音信号，注意，不是能够接 31 个用户，而是可以容纳 31 个用户同时打电话，可能业务网在 1 个 E1 之间接了 100 个电话机，只要这 100 个话机同时打电话的人数不超过 31 就 OK。对于移动网也是一样的道理，比如一个 E1 可以带 12 个载频，一个载频可以带 7 个话路，那就可以容纳 84 个用户同时打电话，如果基站周围用户比较密集，84 个话路不够怎么办？那就要扩容载频，同时将带宽需求升级为两个 E1。

这里还要说一下 E1 的重要特点，这点是和后面要介绍的以太网接口的最大区别，将 E1 的特点概括一下，就是"面向连接"的"刚性通道"，如图 1-27 所示。

图 1-27　刚性通道和面向连接

什么叫面向连接？一条 E1 从 A 站点到 B 站点配置完之后，这条 E1 就只属于这两个站点之间，就算 AB 站点之间没有使用这条 E1，两端接口也以每秒 8 000 帧永不停息地向对端发送数据帧。E1 中的时隙也是这样的特点，两个人要打电话，申请到了一条信道，这个信道也为两人一直保留，直到有一方挂机，因为我们两个人打电话，电话机就在以这个固定频率去抽样，就算我们没有说话，沉默也是一种信息，不能说我打电话的时候一不出声就有其他人插进来说两句，这是无法忍受的，也是不可能的。

和面向连接对应的是无连接，无连接就像是城市的马路，谁都不属于，谁都可以上去开车。无连接是我们后面要去了解的另一套技术。

什么叫刚性通道？一条 E1 速率是 2.048 Mbit/s，速率是恒定的，里面也固定包含 32 个时隙，你用或者不用，它就在那里，不多也不少。一个站点就算用不了 2 M 那么多，剩下的也是空着，而如果 32 个时隙不够用，哪怕多 1 个时隙也不行，就必须得再配一条 E1 才能解决。刚性通道是由 E1 的帧频、帧结构决定的，谁也改变不了。和刚性通道对应的是弹性通道，或者说支持统计复用，各站点之间按需分配带宽，用得多就多占，用得少就少占，不用就不占资源。统计复用会在第 4 章详细介绍。

语音业务的要求就是一个固定的频率 + 固定的带宽,在这种要求下 E1 可以说是一个完美的接口,E1 是为语音业务量身定做的,所以一定要配合得天衣无缝。

1.5　初识传送网

1.5.1　传送网是干啥的

不管通信逻辑层面多么复杂,最终还是要落到最底层——物理层,就像人与人之间要沟通,不管要谈的事情有多么高层次,最终肯定要明确几点钟去哪里谈、怎么去、谈什么,这些都是最终不得不面临的最基本的问题。

GSM 网中 Abis 和 A 接口都使用 E1 接口,可是电缆的传输距离一般就在 100 米左右,那么我们必须得考虑一个问题:我们知道基站分布在城市、道路、乡村的每一个有人类足迹的角落,而 BSC 和 MSC 位于中心局,这 BTS 和 BSC 之间相距几公里至几百公里的 Abis 接口如何连接呢?同样,对于 A 接口,如果小一点的本地网可能就是一个核心节点,BSC 和 MSC 都放在一起还好办,如果中心局是两个以上,BSC 和 MSC 可能又不在同一局址,A 接口又如何连接呢?这几公里至几百公里的距离,用电缆直接连接显然是不可能的,只能通过其他的方式去实现。

这里插一句,中心局(核心节点、核心机房)就是安装在整个本地通信网的所有网络的最高层的设备,是容纳各种核心设备的机房,也就是本地网的最高指挥中心,就像一个司令部,里面驻扎着所有部队的司令员,一般它就在电信运营商分公司的办公大楼中。

接着说,当业务网的接口距离较远的时候到底如何实现呢?千呼万唤始出来,终于等到了我们的主角——传送网闪亮登场,此处应该有掌声。

BTS 要去找距离很远的 BSC,距离已经超出了步行可以到达的半径(电缆有效传输距离),那就必须得搭车,不管是乘坐什么交通工具,都要交给传送网去解决,这是传送网的范畴。

传送网是什么?这个问题并没有标准答案,不同的人会有不同的解读,但作为一个刚刚进入这个领域的人,脑子里需要有个相对靠谱的理解。如果把信息比作货物,传送网就是一张物流网，物流网承载的是各个企业、个人之间包裹的往来，传送网承载的是各个业务网内部和它们之间的信息交互，我们可以理解传送网就是一张比特（信息）物流网。物流网在各个公司业务往来中扮演着最底层的角色，只是负责货物的运输，而对于业务本身并不关心，运输的货物是什么也都毫不知情，传送网也是整个通信网的最底层，负责所有异地信息的传送，而对于传送的信息本身不闻不问。

这里姑且给传送网下一个非官方的定义，在笔者看来，传送网就是远距离传送信息的可靠的网络。

固话、移动、宽带、数据、软交换、大客户等都是靠传送网实现网元间的信息交互的，也就是说，我们之所以可以远距离地打电话、发短信、上网聊天、看 IP 电视等，都是基于这张庞大而又复杂的传送网。传送网将遍布全球的业务层面的孤岛连成了固定电话网、移动通信网、宽带互联网，套用一句熟悉的广告词来描述这一现象：我们不生产信息，我们只是通信系统的信息搬运工。

很多人玩过网络游戏，传送网就像游戏里面的传送门或者瞬移卷轴，想要去哪里一下就过去了。对于业务网来说，这个过程像过一扇传送门一样简单，可是对于传送网自身，信息不是说传就传过去了，还是有一些技术含量在里面的，如图 1-28 所示。这是一个多层次、多种技术并存的复杂的网络，下面一点一点地讲解。

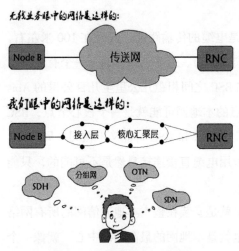

图 1-28　不同的视角看传送网

为什么说远距离呢，你要给你办公室的同事或者邻居一个东西，就没必要叫快递公司。同样，信息的传递也不是处处都需要传送网，一般机房内的各种设备互联就可以直接对接，有的设备配置单模光模块也可以传十几甚至几十公里，但是几百公里甚至几千公里呢？业务网鞭长莫及的，就要交给传送网了。说白了一句话，通信网内不管是谁，只要你传不过去了，交给传送网，我们自有办法。

另一方面就是容量，业务侧通过光纤直连在一定距离内固然可以实现，但是这么多业务都光纤直连，势必要消耗大量的光缆纤芯，付出的建设成本会很高。这就好比大家都不通过快递公司，而是自己开车、坐火车或飞机去送货，十几块钱不一定能搞定。而传送网可以达到一对纤芯承载 8 T 甚至更高的业务，传送效率越高就意味着单比特的传送成本越低，正所谓"因为专注，所以专业"。

再者就是可靠，你把货物交给快递肯定不希望弄丢了，传送网也必须要保证信息传递的可靠性和准确性，需要提供各种故障检测、保护倒换作为可靠性的保障。

其实传送网各种技术发展了几十年至今，无非就是这几个关键点：大容量、长距离和高可靠。

1.5.2　千呼万唤始出来

GSM 移动网通过 E1 接口，将语音业务信号交给了传送网，接下来传送网就要行使它的职责——传送。怎么传呢？既然说了用电缆传电信号行不通，就只能用光传了，光信号传播速度快、损耗小、带宽大、抗干扰性好，乃是我大传送网的定海神针，优势极为明显，这在现在看来是一个水到渠成的逻辑。

从 20 世纪 30 年代有人提出光纤通信的设想，到现在光纤通信技术已经非常成熟，光纤通信成为目前全世界使用的绝对主流的传送网技术。激光技术和原子能、半导体、电子计算机并称人类现代的四大发明，而光纤通信是激光技术的一个重要的应用，我们也站在巨人的肩膀上风光了一回。

然而这期间不停地尝试、研究、改进直至大规模应用，这个道路并不是一帆风顺的，一路走来伴随的是数不清的坎坷。

从光通信的设想开始，人类从未放弃过对理想光传输介质的寻找，功夫不负有心人，人们终于发现了透明度很高的石英玻璃丝，这种玻璃丝叫作光学纤维，简称"光纤"。1953 年，荷兰人范赫尔把一种折射率为 1.47 的塑料涂在玻璃纤维上，形成折射率较低的套层，得到了单根光学纤维，这就是光纤的雏形。光纤利用的是全反射原理，这个我们物理课都学过，当外层折射率低于内层时，满足一定入射角度范围的入射光就会在内外层交界处发生全反射，光信号就这样不停地在光纤内碰壁、反弹，直到对端接收。但由于当时制造工艺太差，损耗过高，光纤只能是一种实验室的研究成果，无法大规模应用。

1960 年 7 月 8 日，美国科学家梅曼发明了世界上第一台激光器——红宝石激光器，从此人们便可获得频率稳定的光源，从而解决了光源的问题，但这种激光器无法在常温下连续工作。1961 年 9 月，中国科学院长春光学精密机械研究所成功研制了中国第一台红宝石激光器。

可是当时，最好的玻璃纤维的衰减损耗仍在 1 000 dB/km 以上，这是什么概念？就是经过 1 千米的光纤传输，信号的强度就是只剩下 $1/10^{100}$。这种损耗是毁灭性的，就更别说用于通信了。因此，当时有很多科学家和发明家认为用玻璃纤维通信希望渺茫，失去了信心，放弃了对光纤通信的研究。

就在这种情况下，出生于上海的英藉华人高锟（K.C.Kao）博士在大量研究的基础上，在 1966 年 7 月就光纤传输的前景发表了具有重大历史意义的论文，他认为光沿着光纤的长距离传输一定可以实现，分析了玻璃纤维损耗大的主要原因，并大胆地预言，只要能设法降低玻璃纤维的杂质，就有可能使光纤的损耗从 1 000 dB/km 降低到 20 dB/km，从而有可能用于通信，这篇论文使许多科学家受到鼓舞，加强了为实现低损耗光纤而努力的信心。概括地说，高锟认为，光纤通信不是梦，说到底就是个光纤制造工艺的问题，所以同志们仍需努力，不要懈怠！

1970 年，美国康宁玻璃公司的 3 名科研人员——马瑞尔、卡普隆、凯克成功地制成了传输损耗只有 20 dB/km 的光纤。这是什么概念呢？这就意味着光纤的透明程度已经比普通玻璃高出了几百倍！康宁公司我们都很熟悉，我们现在很多的智能手机屏幕都是使用他们的大猩猩玻璃制成的，但这远远比不上他们 20 世纪制造低损光纤的成就。在当时，制成损耗如此之低的光纤是震惊世界的壮举，是一个划时代的伟大成就，这标志着光纤通信终于可以走出实验室，人们也可以憧憬有一天光纤能够进入我们寻常百姓家。

从此光纤通信引起了很多业内研究人员的重视，他们竞相进行研究和实验，光纤通信也接连取得了很多突破性的进展。1974 年，美国贝尔研究所发明了低损耗光纤制作法，使光纤损耗降低到 1 dB/km；1977 年，贝尔研究所和日本电报电话公司几乎同时成功研制寿命达 100 万小时的半导体激光器，从而有了真正实用的激光器；同年，世界上第一个光纤通信系统在美国投入商用。

进入实用阶段以后，光纤通信的应用进入飞速发展阶段，从多模光纤到单模光纤，光纤损耗从 1 dB/km 到 0.2 dB/km 以内，传输波长从 850 nm 波段到 1 310 nm、1 550 nm 波段，单波长传输速率从 8 Mbit/s 到 10 Gbit/s、40 Gbit/s、100 Gbit/s，技术的演进从 PDH 到 SDH、DWDM、分组传送网，这些成就无一不蕴含着人类辛勤的汗水和无上的智慧。

1.5.3　"收发快递"和"运送快递"

再来简单总结一下前面的内容，业务网通过 E1 接口接入到传送网，委托我们去传送到远距离的另一个站点，站点间的传送要通过光接口去实现。

我们换一种说法，传送网通过支路接口接入了 E1 业务，再通过线路侧的光接口传送过去，这里的支路接口和线路接口业内人会经常听到，出现频率很高，这一节我们就来说说这两个概念。

业务侧和传送网对接的接口，我们称之为支路侧接口，而将信息传到远方站点的这个光接口，我们称之为线路侧接口（也叫群路侧接口），传送网的接口按照用途就分为这么两类接口，线路侧把站点之间连接起来，才能将传输设备变成一个网络。我们将传送网比作一个物流公司，那么支路接口就对应将包裹从发件人手中接收和将包裹交给收件人这两部分，而线路侧接口就是包裹在途中运输的过程，如图 1-29 所示。

图 1-29　线路接口和支路接口

线路接口和支路接口是指接口的用途定位，而不是具体指哪种物理接口，比如同样是 GE 光接口，如果用于组成 GE 环或者 GE 链它就是线路接口；也可以用于接入一个 LTE 站点的业务，那它就是支路接口。线路还是支路与速率没有直接的关系，比如 100 Gbit/s 速率已经是现在单波速率最高的接口，但对于波分来讲 100 Gbit/s 也有可能是支路口。

但有一点是一定的，线路接口一定是光接口，因为只有光才能传到远处，电接口一定是支路接口。支路接口则可能是光或者电接口，为什么会用光接口呢？有时候一些大件货物我们也需要去物流园自提，这个距离虽然稍稍有些远，但我们也得开车去取；同样，有时传送网设备和业务侧设备距离也会有点远，电缆搞不定需要光口也是正常的。支路接口用电接口的比较多，因为光接口的价格要比电接口高，所以一般情况下如果能用电接口就不用光接口。前面介绍的 E1 是传送网的主要支路接口之一，其他的支路接口后面我们会接触到。

如果支路侧是 E1 电接口，而线路侧是某种光接口，我们就需要一个能够将电信号转换为光信号的器件，这就是光模块。现在万事俱备，我们在两个站点之间建设一条光缆，用光缆中的 2 芯（1 芯收、1 芯发）将两个站点的光模块连接起来，于是，一个最简单的传送网就这样建成了，如图 1-30 所示。

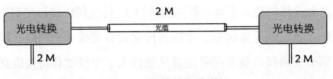

图 1-30　最简单的传送网

对于传送网的模型，业务网发出了质疑：光模块我们可以买到，光缆我们也可以建设，那么这张传送网有什么意义呢？难道就为了单独划分出一个专业？

没错，如果这样去搞传送网，一个 E1 业务需要两个芯光缆，两个光模块，业务网也可以将接口全部换成光模块，达到一样的效果，那么我们的优势在哪儿呢？我们不妨再去向物流网取取经，去看一下物流网是怎么做的。

1.5.4　资源要共享——复用

快递公司也是用飞机、火车、汽车等交通工具去运输，这些交通工具我们自己也可以使用，物流网的优势在哪儿呢？成本！一单快递收费只有十块钱左右，而我们自己去送，暂且不考虑时间因素，花费肯定比这个多得多，而物流公司收这十块钱肯定也是赚钱的。

道理很简单，关键就在于物流公司不可能每收一个货物就直接往目的地运输，一个车只送一个包裹，那样和我们自己开车去送没什么区别，物流网就失去了它的意义；快递公司一定会把货物集中到一起，按照目的地分别装到大的货车中去传送，成千上万个包裹被打包到一个车中运输，人家是走量的，这样高昂的运费分摊到每一个小包裹上就很少，成本就降下来了。

传送网也需要借鉴这个方法，在站点间建立一个可以传送多个支路业务信号的线路侧通道，比支路侧接口的带宽要大很多，我们就可以将很多路信号放到一个线路通道去传送，这个过程专业点讲叫作"复用"。复用就是若干路信号合并到一起传送的过程。

复用说通俗点其实就是共享，我们生活在同一片蓝天下，绝大多数的资源都是要共享的，我们走在同一条大街上，读同一所学校，去同一个公园、电影院、商场，呼吸着同一片空气。

复用的本质就是通信系统中多路业务对于同一个资源的共享，如果不复用大家都会去争抢这个资源，就会产生冲突。通信中的"时分复用""空分复用"我们生活中也经常会碰到，我们很多人来到同一家饭店吃饭，你们坐 1 号桌我们坐 2 号桌，大家占用饭店中不同的地理位置，这就是空分复用；如果桌子坐满了，我们需要排队等号，上一桌走了我们可以在同一个桌上开始用餐，你们占用 5 点到 7 点，我们占用 7 点到 9 点，这就是时分复用，虽然桌子是同一个，但是占用的时间段不同。所以要么就得排座（空分复用），要么就得排号（时分复用）。

通信系统中的复用技术要稍微复杂一些，下面我们就来介绍一下通信系统中的几种复用方式：空分复用、时分复用、频分复用、码分复用。

我们打个比方，甲、乙、丙、丁 4 个人，甲和乙是一组要谈话，丙和丁是一组也要谈话，如果是在一个房间里他们互相之间会有影响，为了避免冲突，有以下几种办法可以解决。

1. 空分复用

空分复用（SDM，Space Division Multiplexing）就是通过空间上的分离，让资源可以被共享。我们让 4 个人分到两个房间里去对话，空间分离了，自然干扰就消除了，你走你的阳关道，我过我的独木桥，如图 1-31 所示。现实中，我们去看电影、吃饭、坐车都要按号就座，游泳池、健身房虽然没有号，但也要自己找地方不能跟人家抢，这些都是空分复用的例子。

对于移动通信，我们知道每个电信运营商的无线频谱资源是很宝贵的，频谱被划分为有限的一些频点，能够接入的用户数是很有限的，但是通过频率的合理规划，让频率可以在相隔一定距离以后重复使用，而不会出现同频干扰，这也是空分复用；对于传送网来说，不同的系统使用同一条光缆中的不同纤芯，也属于空分复用。

图 1-31　空分复用

2. 时分复用

时分复用（TDM，Time Division Multiplexing）就是通过对时间的分配，使资源可以共享。我们让两组轮流谈话，甲、乙说完了，丙、丁再说，这样两组虽然在同一房间里，但是时间上不会重叠，就像把时间切成一片片的分给大家使用，所以也不会互相干扰，如图1-32所示。生活中我们看电影要选场次，看医生、见客户要预约时间，这些都是时分复用的例子。

图1-32　时分复用

但是如果每组本来完成对话需要10 s，现在要求我们必须在相同的时间内结束，这样两组人就得加快谈话的速度，就需要缩短为每组只有5 s的时间，如果是4组人，那每组只有2.5 s了。还记得讲E1的时候语音接口从64 kbit/s到2 Mbit/s吗？这就是通过时分复用实现的，接口的速率提高了32倍，64 k接口发送一个比特的时间是1/64 000s，而E1接口发送一个比特的时间是1/2 048 000 s。

GSM移动网通过时分复用，将一个频点分为0～7共8个时隙，将时隙0用来管理，1～7号时隙就可以同时带7个用户，这样就提高了无线频率资源的使用效率。

传送网的速率升级就是提高时分复用的等级，等级越高就需要说话的速度越快，比如给你10 s你可以读一个广告，但有些主持人可以读两三个，这就是时分复用的厉害。可是对于通信网来说，这样的速度还是远远不够的。从2 Mbit/s到8 Mbit/s，每个比特信号占有的时间窗口缩短到原来的1/4，也就是接口发射比特的速率要提高4倍，而从2 Mbit/s到100 Gbit/s呢？足足有5万倍，还能不能更高谁也说不好，因为人类在各种技术上总能不断地突破极限。

3. 频分复用

频分复用（FDM，Frequency Division Multiplexing）就是通过对频率的分配，使资源可以共享。我们让两组分两个声部去谈话，就像女高音和男低音一同演唱那样，两组各自锁定收听各自的声部，由于声音之间差别较大易于分辨，也能达到消除干扰的效果，如图1-33所示。蝙蝠能够发出和收到超声波，而我们人类不能，所以蝙蝠之间交流对于我们人类的交流就没有影响。频分复用在生活中最典型的就是收音机，不同调频（FM）的节目都在空气中传播，我们通过调整收音机接收的频率去切换频道，只要频道之间的频率保持一定的间隔，就不会收到其他频道的节目。

GSM 移动网的一个频点（载频）通过时分复用可以接入 7 个用户，这是远远不够的，所以在一个基站就必须要使用多个频率，多个频率之间是互不干涉的。我们传送网的波分复用的原理就是将信号调制成不同的波长在一根光纤中传送，物理课我们都学过波长和频率是成反比的，波长不同频率不同，这实际上也是光纤内的频分复用，但是我们称之为波分复用。

图 1-33　频分复用

4. 码分复用

码分复用（CDM，Code Division Multiplexing）在生活中例子比较少了，大家都有这样的经验，我们在聊天的时候，如果旁边有其他人说汉语，我们一定会觉得受打扰，但是如果旁边的人在说英语，而我们又不懂英语的话，旁边人说话对我们的干扰一定小很多，充其量是背景噪音，如图 1-34 所示。

图 1-34　码分复用

码分复用就是利用这个原理，让两组人分别用汉语和法语说话，相同时间相同的频率，但是我说的什么你听不懂，这也是一种隔离。码分复用是利用正交码去对收到的信息进行计算，如果是其他的信源发出的信号我们也可以接收，只是接收之后通过正交码计算，得到的全是一片空白，跟没听见一样，只有和正交码匹配的信息，我们才能还原出来。

我们可以利用时分复用将第 1.5.3 节的传送网改造一下，在两个站点之间建立一个 8 Mbit/s 的线路侧通道，可以容纳 4 个 E1。也就是说，我们可以用一对光纤传送 4 路 E1 业务，光纤的利用率提高了，如图 1-35 所示。

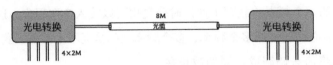

图 1-35　时分复用的传送网

这个简易的传送网模型就是 PDH 的二次群系统了，那么接下来还有很多需要解决的问题。线路侧可以采用哪些速率接口，支路侧接信号如何复用到线路接口中传送，等等。解决这些问题的方法需要一个完整的技术体系，比如我们第 2 章要说的 PDH 和 SDH。

 ## 1.6　不得不说的一些事

1.6.1　层面很重要

这一节我们将分层的概念单独拿出来介绍，因为层面很重要，传送网乃至整个通信网中，很多概念的掌握、理解首先就基于对"层"的理解。我们前面讲过接口分逻辑的和物理的，逻辑在上层、物理在下层；我们讲过业务网通过传送网去承载，业务网在上层，传送网在下层；我们后面讲到每一项技术的时候，都会有其相对应的分层方式，每一个层面又对应着不同的功能单元和模块去处理，层面的概念可以说是无处不在，又至关重要。

作为整个地球上最聪明的动物，我们人类每天接触到来自方方面面的很多的信息，又处理着不同角度、不同层面的很多事情，扮演着不同角色，但我们并没有搞得一团糟。相反，我们对这个层面和单元已经掌握得炉火纯青，只是我们一般不会这么系统地把大脑分成一个一个的单元模块，所有的处理都是潜意识的反应，如图 1-36 所示。

比如对于一个问题：最近工作忙不忙？我们可以有很多版本的回答。

如果是领导问，我们回答：最近在忙几个活动，昨天在小寨组织的促销效果不错，再搞几次我们争取拿个团队奖！

如果是朋友问，我们回答：还行，不算太忙，啥时候一起喝两杯，别只顾着挣钱忘了兄弟！

如果是父母问，我们回答：工作挺好的，不用老惦记我们，注意身体，你孙女最近可想你们了，下个月准备带她回家看看。

如果是孩子问，我们回答：爸爸很努力工作，你也要好好上学，等放暑假了爸爸带你去看大海。

图 1-36 人脑中的层面

同样一个问题有这么多种回答我们一点都不稀奇，这是人的本能，我们怎么回答完全取决于是谁问的这个问题，大脑会根据问问题者的身份迅速地搜集和这个问题层面相关的信息，立刻组织语言去回答，可能只要一瞬间就完成了整个过程。这些回答互相调换一下就会很莫名其妙，但我们每个人不可能把这些关系搞混、搞错。

可是设备不是人，简单的事情对于设备来说就不再简单，必须要人为地去把这些概念分清楚。和人相比，设备的优点是一定会保质保量，完成你交给它的任务，不会像人一样偷懒、打折扣；但是设备也有个缺点，它不会自己"看着办"，它不懂得变通，不会脑筋急转弯，所有要处理的事和会碰见的情况，都必须一五一十地提前交代清楚，这么多的 0 和 1，哪些是信令、哪些是信息、哪些又是地址和校验码，等等，一点点都不能遗漏，设备才可以把这些不同的码字提取出来，送给能够看懂并知道如何处理这些信息的单元，这也是通信网有那么多的体制、技术、协议、标准，每一块里面又分那么多层次、单元的原因。

对于通信网分层的这些事，我们来举个例子。

A 公司和 B 公司是密切的贸易合作伙伴，某天，A 公司总经理（简称 A 总）很高兴，大笔一挥，签了个合同，要寄给 B 公司的总经理（简称 B 总）。

这时，A 总将合同装在文件袋中，他叫来秘书（简称 A 秘），将袋子交给秘书，吩咐其将袋子寄给 B 公司。

A 秘叫来快递公司，填上 B 公司的电话地址，将快递寄出。

快递公司将文件袋包装之后，包裹通过物流系统 N 次中转，最终送达 B 公司。B 公司秘书（简称 B 秘）收到以后，将包裹拆开之后，把文件袋转交给 B 总。

图 1-37 是我们生活中容易接触到的实例，基于此例我们来类比一些概念。

1. 逻辑连接和物理连接

A 总并没有把合同直接交到 B 总手中，而是交给了秘书，通过层层转交，流经整个"网络"最终到了 B 总那儿，这样效果和直接交给 B 总是一样的，B 总不可能说"A 总你没有给我合同，合同是我的秘书给我的"。

实际生活中，我们也更关注起到实质性交流关系的对等体，说"A 总将合同给了 B 总"符合我们的语言习惯，因为其他的"A 秘、B 秘"和"X 通快递"

图 1-37 生活中的分层

并不是重点。

A 总和 B 总之间发生了间接的联系，我们可以换种说法，A 总和 B 总之间建立一个逻辑连接，站在网络的角度，我们往往更关心的是逻辑关系，否则任何一个专业讲方案、规划，可能都要将传送网牵扯进来，在研究一个问题时，对于这么多不相干的概念我们需要简化或者忽略。

而图中 A 总—A 秘—物流、物流—B 秘—B 总之间是有实际接触的，在通信网中来讲，就是有物理接口的，所以叫作物理连接。

在图 1-37 中，虚线表示逻辑连接，而实线表示物理连接。

一般 A 总和 A 秘是一个站点，B 总和 B 秘是一个站点，也就是上下层对接一般是在同一站点中进行的。对于通信网，上下层接口有可能是同一专业的内部接口，也有可能是不同专业之间的接口。

2. 层级的对等关系

例子中 A 总和 B 总是一个层面，叫作老总层；A 秘和 B 秘是一个层面，叫作秘书层；而负责收和发快递的两个快递员是一个层面，我们叫作快递层。

A 总可以给 B 总打个电话，我给你发的合同你收到了没？

A 秘可以给 B 秘打个电话，我给你发的物品你收到了没？

只有一个层面的两个实体（网元）之间才可以对话，A 秘不会给 B 总打电话，因为这不在一个层面上，在通信网里，B 总根本就不认识 A 秘。

同一个层面之间的网元组成这一层的网络，比如老总层还有 C 总、D 总等，如果画一个各公司总经理层的关系图，上面就都是总经理没有秘书，他们之间沟通的也都是公司层面的事。

同样，A 秘的电话本里也有 B 秘、C 秘、D 秘，这些都是他们工作中的接口人，他们做秘书的又是一个层面，就像《二号首长》中写的一样，领导在里面开大会，秘书在外面开小会，这两个会就是不同层面各自的会话。

如果快递在送包裹途中耽搁了，东西没有送到，这是快递层出现了问题；如果是快递到了之后被门卫签收了，而 B 秘不知情，这是秘书层出现了问题，具体地说是快递和 B 秘之间的接口没通；如果是 B 秘收到了合同之后忘了给老总，那么秘书层是通的，老总层是断的，问题出现在 B 秘和 B 总的接口那里。

通信网也会出现各种故障，故障的排查就按照这个道理去检测是哪段光缆还是哪块单板出现了问题，找到问题点之后才能快速地将故障恢复。

可能有人会问，像 OSI 协议都是 7 层结构，为什么搞那么复杂？这老总、秘书、快递三层结构不是挺好吗？这只是举个简单的例子，具体多少层根据需要确定，一个大公司的层面也许都不止 7 层，为什么搞这么多层面呢？我们再来举个例子。

比如一个市长发表讲话：旧城改造还得抓紧啦！

于是下面分管副市长发出指示：张家村的拆迁务必年底要完成！

分管张家村的城改办领导指示：两个月内必须完成谈判，抓紧动工，尽快落实上级领导指示！

城改办工作人员去落实具体方案，马上开展工作。

这下面还有施工队、拆迁户等不同的角色，每个人都有各自的角度和层面，每一层的会话都不在一个层面上。

我们经常听到这样的对话："你是哪位，请让你们部长接电话"，这就是层面的对等，两个市长谈话，不可能问对方，你们那拆迁运渣土多少钱一车？"钉子户"问题你们最后是怎么解决的？他们会谈今年的方针政策和工作开展的重点方向。在其位谋其政，其实也是层面的一种体现。

3. 不同层的信息单元

老总层的信息单元是合同，秘书层的信息单元是文件袋，物流层的信息单元是包裹，老总只面对合同，他发出、收到、处理的只能是合同，包裹和袋子会在老总发出合同之后加上，在秘书收到交给老总之前被拆掉。这就像通信中不同层的信息单元一样，有帧、包、比特流，一个层的网元只会收、发、处理这个层的信息单元。A 秘书和 B 秘书并不知道文件袋中装的是合同。

在通信网中，这叫作上层信息对下层来说是透明的，或者说下层将上层信息透传。GSM 网里网元之间处理的信息是话路和信令，而不知道里面说的是什么话，传送网处理的最小的单元是 E1，还有高级别的单元比如 VC-4、ODUk，里面装的是语音还是数据、信令，传送网不知道，也不想知道。

4. 传送网和业务网的关系

老总层和秘书层是什么关系？物流层和秘书层是什么关系？我们说下层是为上层服务

的，我们可以把老总层想象成业务网，把秘书层想象成传输系统，把快递层对应成光缆，传输系统 + 光缆就是传送网。

传送网和业务网是什么关系？传送网是给业务网服务的，业务网 A 点到 B 点要一个 100 Mbit/s，传送网分别在 A 点和 B 点与业务网对接，线路侧再分配给这条业务 100 Mbit/s 的带宽，业务配置好之后这 100 Mbit/s 就传过去了，传输永远是在最下层，就是跑腿的。而在传送网内部，传输系统（设备）在上层，光缆在下层，传输系统建立在光缆的基础之上，光缆为传输系统服务。

老总不管秘书怎么将合同送达，他只提要求，你要在明天下午两点之前送到；业务网也不关心传送网是怎么组网、怎么保护、怎么管理，业务网也只提要求，比如业务的开通时间要求、起止站点、电路带宽、最大延时等，而我们的各种传输技术的演进、发展也就是为了满足业务的要求，去绞尽脑汁地提高我们传送网各方面的性能。

1.6.2　标准和协议

标准是对重复性事物和概念所做的统一规定，标准在生活中无处不在，比如我们常用的 A4 纸是多大，灯泡的接口直径是多少厘米，等等。标准就是对一些经常会遇到、用到的事物做一个约定，而对于一些出现频率很低的事物则可以"私人订制"，比如商店里的衣服要有编码，而一件量身定做的礼服则不需要。

对于出现频率高的事物，大家遵循同样的做法，能够彼此兼容，让我们的生活更加方便，我们不需要拿着坏掉的灯泡去买新灯泡，可以根据一个物品的型号和参数去网上商城购物，难以想象，如果没有标准这个世界会是多么糟糕。

我们经常听到的"协议"和"标准"是近义词，协议是标准的一个子集，那么什么是协议？协议是指两个或两个以上实体为了开展某项活动，经过协商后双方达成的一致意见。协议是和信息交互相伴，交互不是某个实体单方面的事。

两个人要谈话，两个公司或者国家要开展贸易合作，两个设备之间要通信，都需要协议，通信的协议是指两个对等的网元之间对于相互发现、通告、发送消息、故障诊断等一系列事情的一套沟通方法。

我们人类的各种语言（包括手语）、信号灯等都是一种协议。为什么是红灯停，绿灯行？为什么交警向你敬礼是让你停车而不是说"首长好"？这些就是协议，而且已经深入我们大脑，成为一种准则。

　　生活中的协议都很好理解，为什么通信的协议那么复杂，那么难懂？我们试着来做一件事情：两个人，即将被关到两个相邻的隔音非常好的屋子里，彼此都听不到对方说话，但是两个屋子之间有一根水管，两个人可以通过敲水管传递任何信息，在关进屋子之前，两个人可以提前商量敲水管的方式对应表达的意思，这就是标准的制订过程，是交互的前提，如图 1-38 所示。

图 1-38　复杂的协议

　　那么试问一下，第一，我们需要商量多久？第二，商量的结果如果记下来要记多厚的本子？其实不用第一、第二，甚至说我们可能从哪里开始商量都是一头雾水。如果不能说话，事情一下子就变难了很多；同理，设备之间也不能说话，只能通过"0"和"1"去传递信息，还不能有任何的歧义和遗漏。

　　协议分私有协议和公共协议两种。私有协议就是相对较小范围使用的协议，相对的公共协议就是被广大群众所接收的协议。要交互至少要有私有协议，而公共协议是为了更多的实体之间可以畅通无阻地交流，是为了扩大交互的群体。比如，方言就是一种私有协议，而普通话就是公共协议。私有协议的必要性很好理解，而对于公共协议，我们再来看一看历史。

　　春秋战国时期，群雄并立，各国度量衡大小不一，秦始皇统一全国后，推行"一法度衡石丈尺，车同轨，书同文字"，颁发统一度量衡诏书，制定了一套严格的管理制度。

　　秦始皇为什么要统一度量衡？就是要把这些尺寸、重量、容积文字都很明了、唯一地确定下来，为了大家都方便。如果没有公共协议，使用不同私有协议的实体之间如何交流？

我们出国旅游有时候需要换当地的货币，语言不通还得找翻译。虽然还可以交流，但是却带来了不少的麻烦。要是全球普及汉语，再统一货币，那我们就可以带上一张卡走遍全世界，协议统一的道理也是一样。

对于通信网，如果使用不同的私有协议的网络之间需要互通怎么办？只能落地转接。还记得 PCM 里有 E1 和 T1 两种标准吗，E1 和 T1 之间要想互通怎么办呢？全部还原成 64 kbit/s 的信号就可以实现。要是连语音信号的协议都不通怎么办？比如中国用 64 kbit/s 而日本用 48 kbit/s，那就只能将 64 kbit/s 还原成声音信号，把声波原始信号直接发过去，日本那边再重新抽样、量化、编码，要是连声波信号都不能互通，那我用音箱放出来日本那边再重新录总可以了吧，将信号还原成最原始的状态实现互通，这就是落地转接。

公共协议就是为了避免落地转接，为了能够实现无缝对接而产生的一系列规定。不同厂商设备之间、不同电信运营商之间、不同国家之间，都不想这么麻烦。而私有协议在通信网里也很常见，要么纯粹就是内部的事情，没有必要公共化，要么想搞垄断，我们手机用的安卓系统和 iOS 系统就是"公共"和"私有"很典型的例子。

Chapter 2
第 2 章
刚性通道时代

第 1 章内容以 E1 接口作为切入点，从这一章开始，我们要接触传送网的一些主要的技术。本章内容包括 PDH、SDH、MSTP，这些都是光传送网的技术体系。所谓技术体系，就是一整个框架，是一些标准和协议的集合，就像我们国家的法律体系、社会保障体系，等等，都是包含了很多需要规范和约定的内容的总称。

从事传输工作多年的读者一定对这些技术有着透彻的理解和深厚的感情，我也一样，虽然 SDH 已经不是主流技术，但是本书还是要从 PDH、SDH 讲起，主要原因有如下三点。

（1）从传送网技术的发展趋势看，SDH 已成昨日黄花，但是经过这么多年的建设积累，现网设备的存量还很大，这些设备必然还需要很多技术人员去维护管理，而且在一些专用网中，MSTP 仍然是主流技术，事实上，也有很多网友对 SDH 的细节提出一些问题，这说明了 SDH 部分的内容还是有市场的。

（2）SDH 的很多概念、方法、思路是整张传送网通用的，本章关于业务模型、保护的本质、组网结构、网络新建和优化、基础架构的一些内容，都是可以和后面共用的，所以笔者并不是要浓墨重彩地去介绍 SDH，而是透过复杂的现象去看本质，传送网的变化其实并没有多大，后面的 OTN、分组传送网的很多技术都是从 SDH 这里取得的经验，经典的意义不只在于给人留下回忆，很多方面也能够作为后来技术的标杆。

（3）单纯的老传输人的一种情怀。我们就从光纤通信的开端——PDH 说起。

2.1 光通信的开端——PDH

2.1.1 大箱子和小箱子

第 1.5.4 节讲到，利用时分复用技术，建立一个线路侧 8 M 的通道可以容纳 4 条 E1，提高了传输的效率。可是实际应用中，我们有时需要传送的 E1 数量比 4 条要多得多，比如北京到西安 4 条 E1 肯定是远远不够的，而一个偏远的村子到镇上可能 4 条 E1 还用不完，线路接口太少了不够用，太多了又浪费，"均码"的结果可能是对大部分人不适合，所以，我们需要规定的是一系列的而不是一个速率等级，应用时可以根据实际情况去选择什么样的速率，就像我们去 KTV 有小包、中包、大包一样，客人可根据数量选择不同的包间。

那么这些线路接口的速率到底定多少好呢？首先，我们来思考一个问题，为什么一箱啤酒是 12 瓶或者 24 瓶，为什么小汽车基本就是 5 座和 7 座，为什么我们买衣服有 165、170 等而没有 168 的号码？关于这些问题在行业内有一定的共识，而这些共识并不是唯一可行的方案，有些时候也不见得是最优的方案，一个标准的形成，其中有很多复杂的因素。

啤酒每箱装 16 瓶也不会有什么问题，只要基本符合科学（一箱啤酒有 13 瓶就不科学），等级之间要拉开一点梯度（不然 KTV 大包比小包只多坐一个人有什么意义），并不是孰对孰错必须怎样。

规范的制定过程就是标准化组织的代表、专家们坐下来开会商量，只要大家都觉得可以，那就鼓掌通过。

PDH 要规定一系列的容量，也需要一个共识，试想一下，如果 A 厂商的接口支持 10、40、160 路 E1，B 厂商支持 4、16、64、256 路，C 厂商又……这里面帧结构的定义是百花齐放，光模块种类就更是五花八门，互通就不要想了，估计搞网络建设就得头大，这里标准的必要性就显而易见了。总之，线路接口采用多大的速率要得到业界的广泛认可，而 PDH 就是这样一种最初被认可的技术体系，如图 2-1 所示。

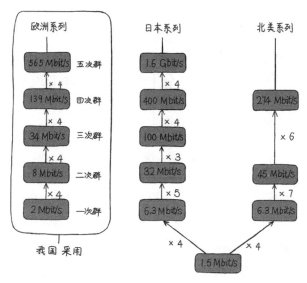

图 2-1　PDH 体系和标准

PDH 作为第一代光通信的标准，规定了一系列的速率等级和等级间复用的方法。PDH 在全世界范围内有两大体系、三个标准，本书仅针对我国采用的欧洲系列简要介绍。

PDH 的各速率等级称为一次群、二次群……五次群，这些"次群"就像容器一样，分别容纳了不同数量的 E1 电路，跟快递包装货物用的大、中、小号箱子一样，只不过一般的容器装的是物体，传送网的容器装的是流动的信号，后面讲的 SDH 就直接用"容器"来表示装信号的箱子。

其实将容器想象成粗细不同的水管更加形象，水管接的是普通住户还是澡堂，用水量肯定不一样，这就是业务需求的不同。不同的业务需要的水管粗细也不同，用水量越大就需要水管越粗，传送网速率从 2 Mbit/s 到 155 Mbit/s 到 10 Gbit/s 再到波分的 $N \times 100$ Gbit/s，不同的速率说的就是水管粗细的问题。

我国采用的 PDH 体系中，高次群和低次群容纳 E1 数量是 4 倍的关系，支路侧低次群装到线路侧高次群中的过程是时分复用，4 个 2 M 被装到 8 M（二次群）里，4 个 8 M 被装到 34 M（三次群）里，以此类推。从技术考试的角度讲，我们的标准就很人性化，全部是乘 4，比日本和北美的标准好记得多。

低次群采用按位复用的方法形成高次群，如图 2-2 所示。

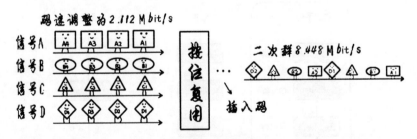

图 2-2 按位复用

有了这些规定的速率之后，我们在建设 PDH 传送网的时候，线路侧就有二次群至五次群多个速率等级可以选择，业务侧需要多大带宽，传送网就选择相应的线路接口。前面讲过，线路侧和支路侧接口是根据接口功能来区分的，和速率没有必然的对应关系，比如线路侧采用二次群，支路侧采用一次群，也可以线路侧采用四次群，支路侧采用三次群，总之线路侧的速率要大于支路侧。

2.1.2 "TM"组网很麻烦

遵循 PDH 规定的这些速率等级，我们就可以建设 PDH 传输系统了。

采用二次群（8 M）作为线路侧，采用一次群（2 M）作为支路侧，就可以搭建一张系统容量为 8 M 的 PDH 传送网，每两个 PDH 设备为一对，组成一个点到点的链型系统，完成两点间的线路侧传送功能。

一对 PDH 设备的光口之间需要占用 2 芯光缆，对于一个光口来说，2 芯光缆分别用来收、发光信号，也有支持单芯光缆收发的光模块，但应用比较少，常用的还是收发分离的方式。

图 2-3 中方框内表示同一站点设备，PDH 一个站点需要连接几个光方向，同机房就需要几个设备，图 2-3 中 A、B、C 站都有两台设备。为什么 PDH 不能一个站点用一台设备解决？这一点有必要解释一下，因为后面还会碰见同样的问题。

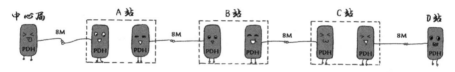

图 2-3 PDH 设备组网模型

PDH 设备实现的是复用和解复用的功能，由于复用和解复用的对应关系，因此需要成对配合完成，一端将 4 路 2 M 复用成 1 路 8 M，另一端将 1 路 8 M 解复用成 4 路 2 M。由于每台设备只有 1 个线路口，所以一个站点有多少个光方向，就得需要有多少个 PDH 设备，这样只有 1 个线路口的设备叫作终端复用器（TM，Termination Multiplexer）。

与 TM 相对应的是分插复用器（ADM，Add–Drop Multiplexer），ADM 可以支持两个以上的光方向，所以一个 ADM 的站点无论有几个光方向，都只需要一端设备就能搞定。还有一种站型叫作再生器（REG，Regenerator），REG 顾名思义就是对信号起到再生放大的作用，并不对信号内部进行处理，所以只有两个线路接口，没有支路接口，在光缆线路距离太远信号无法送达的时候，就需要在中间加上 REG 设备。

既然 PDH 的一对设备只负责相邻的两点间业务，那如果业务要传送到相隔几个站点的地方怎么办呢？

打个比方，一个快递员从中心局出发，骑着车拉着一个箱子去送货，箱子里装有 4 个包裹，分别要给 A、B、C、D 这 4 户人家派送。从库房出来到 A 那里把箱子打开，哗啦一下 4 个包裹全倒出来，A 拿走自己那一件之后，快递员再将其余的 3 个装回箱子，继续给下一家派送。这就和一对 PDH 的工作方式一样，看起来着实有点笨，我们都知道只要把 A 的包裹拿出来就好了，但是没办法，TM 就是这样的一种设备，还没有那么"智能"，只会把全部的包裹装箱子和从箱子里取出全部包裹这样简单的操作。

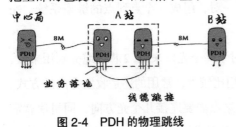

图 2-4　PDH 的物理跳线

西边来的 8 M 信号解出 4 个 2 M，本站只用其中 1 个，其余的是下游站的业务，就要用电缆从西向设备的支路口再连到东向，由另一个设备再复用，向其他站点传递，也就是要线缆跳接，要靠人工一条条地去完成，如图 2-4 所示。

2.1.3　公交车和机场巴士

第 2.1.2 节介绍了一个中心局→ A → B → C → D 的二次群的 PDH 系统，我们知道二次群 8 Mbit/s 速率的容量是 4 路 E1，那么这个 PDH 系统一共能传送多少业务？这得看是承载哪一类的业务需求。

传送网的业务需求可以分为集中型业务和分散型业务两种模型。

集中型业务指所有业务的终点只有一个或者相对非常集中，如 A、B、C、D 站点都只是与中心局有业务需求，而分散型业务是指每两个节点之间都有可能有业务，或者换一种说法，集中型业务的模型是星形的，而分散型业务的模型是网状的。GSM 移动网的业务需求就是集中型业务，所有 BTS 的 E1 都要汇聚到 BSC 处。

打个比方，集中型业务就像机场大巴，大家从不同站点上车，但目的地只有一个：机场；而分散型业务就像公交车，乘客在每一个站上上下下，没有固定的终点站。

我们来考虑一个数学问题，如果一辆 40 座的机场大巴，在市区沿途接上乘客之后送到机场，那么机场大巴最多可以拉多少个乘客（规则是乘客必须有座，不能站着）？很显然最多就是 40 个乘客，也就是大巴的 40 个座位全部坐满。

如果是一辆 40 座的公交车，从始发站到终点站一共 10 站，那么最多可以拉多少个乘客？最多就是 40 ×（10-1）=360 个乘客，这种情况很极端，从始发站上来 40 个人之后到第二站全部下车，又上来 40 个人到第三站全部下车，以此类推，所以公交车的最大容量 360 人只是理论容量，这种情况一般不可能发生，所以实际拉多少人不一定，但是，肯定比机场大巴要多，如图 2-5 所示。

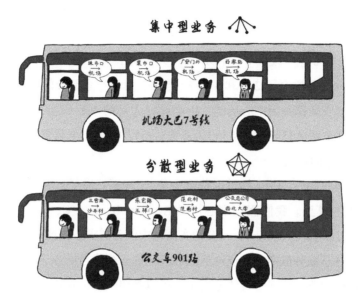

图 2-5　集中型和分散型业务

对于集中型的业务，我们可以建立一个模型，中心局到 A、B、C、D 各有一个 E1 业务，PDH 系统传送业务如图 2-6 所示。

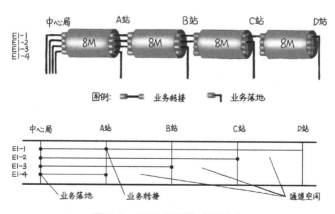

图 2-6　PDH 承载集中型业务

图 2-6 上下两图是同样的意思，体现了对系统资源的分配情况，叫作通路组织图。实际中我们不会画得像图 2-6 中上图那么立体，一般画成下图的样子。

通路组织图每一行、每两点之间都代表此 PDH 系统可以利用的 E1 通道资源，根据业务需求分配通道之后，每条业务占用的时隙序号和段落都清晰可见，在哪些站点落地和转接也都一目了然。

我们发现，A→B 这一段的 8 M PDH 系统只使用了 3 条 E1，空余了 1 条 E1 电路，B→C 和 C→D 站也分别空余了 2 条和 3 条 E1 电路，可是空余部分的电路已经无法承载业务了，因为集中型业务都是到中心局的，中心局到 A 站的 4 条 E1 已经全部被占用，没有空余电路可用，这个系统只能承载 4 条 E1 业务，所以 PDH 在承载集中型业务时，传送的最大电路数等于线路的容量。

而对于分散型的业务，PDH 能够承载多少条 E1 就不好说了，因为分散型的业务是随机的，没有具体的模型。我们假设中心局→A、A→B、B→C、C→D 各有 4 条 E1 需求，那么系统就可以承载 16 条 E1，一般现实网络中业务需求不会这么"巧"，所以只能得出一个结论，PDH 承载分散型业务理论上的最大容量 = 线路容量 × 段落数。注意"理论"二字，实际应用中就要具体问题具体分析了，可以参照图 2-6 画出通路组织图，再把一条条业务画上去，只要是未被占用的电路资源都可以使用，能画多少条就说明可以承载多少业务。

2.1.4 为什么叫"准"同步

细心的人可能会发现，既然各次群容纳的 E1 数量是 4 倍的关系，可是为什么各次群速率不是严格的 4 倍关系，8 Mbit/s × 4 怎么就成了 34 Mbit/s 而不是 32 Mbit/s？这一点就要从 PDH 的名字说起，准同步数字体系，为什么说要"准同步"呢，"准"这个字我们很常用，例如准新郎官、准女婿，就是即将实现但还没实现的事情，准同步也是一个意思，要较真说那就是不同步，即异步。

时钟同步从实现方式上主要分为主从同步方式、准同步方式，生活中要对表，一般是将电视和广播里的报时作为时钟源，一听到"北京时间 7 点整"，我们就把表调准。我们还可以作为时钟源给别人对表，告诉对方"我的表是准的，刚跟新闻联播对过"，这就是主从同步方式，如图 2-7 所示。但是我们不用每时每刻都对表，隔一段时间发现表不准了再重新对一次，而两次对表中间的这段时间内表就在独立运行，这就是准同步方式。

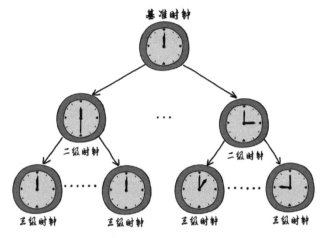

图 2-7　主从同步时钟

准同步方式也叫独立时钟方式，网内所有的时钟独立运行，虽然每个节点时钟精度都很高，但是因为时钟之间彼此不通气，微小偏移的效果会积累，所以叫作准同步，如图 2-8 所示。

图 2-8　准同步方式

PDH 没有使用全网严格统一的精准时钟，而是每个节点使用独立的内部时钟，节点时钟之间总会有小范围的误差。虽然 E1 的标称速率是 2.048 Mbit/s，但是由于时钟略有差异，各路 E1 的速率会有小幅的偏差，所以 PDH 进行低次群到高次群复用之前，要通过码速调整使信号完全同步，再进行同步复用。

如果货物大小差不多但略有不同，箱子的尺寸就要比最大的还大一些，才能保证都能装得进去，所以装箱子的时候就要塞一些泡沫填充物，这就是码速调整。码速调整就是让各路准同步的信号变成完全同步，PDH 将各路 E1 速率全部调整到 2.112 Mbit/s。这也就解释了开头提出的为什么低次群和高次群速率不是严格的 4 倍关系，因为里面有"泡沫"。

既然这些低次群和高次群之间不是严格的 4 倍关系，中间插入了多少"泡沫"是未知的，要打开箱子才知道，否则就不知道里面哪些是"泡沫"，哪些是信息，所以 PDH 的复用和解复用需要一级一级地进行，如图 2-9 所示。

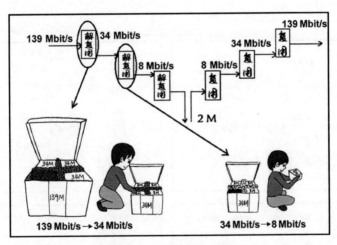

图 2-9 PDH 逐级解复用

支路信号是一次群时，线路只能复用成二次群，无法直接复用成三次或四次群，如果想要复用成更高的群，需要另外的设备来完成，需要多个复用、解复用设备。如果我们需要四次群作线路侧，一次群作为支路侧，可以想象一下，组网的场面会相当壮观。

关于同步的详细内容此处不过多说明，因为第 5 章部分还要介绍时间同步，所以一并放到第 5 章详细讲解。

2.1.5　PDH 问题多

其实对于话音侧接口已经逐步 IP 化的今天来说，PDH 各次群之间如何复用可以不必过于详细地去了解，我们只要明白为什么 PDH 会被 SDH 替代就可以了，说了这么多 PDH 的问题，我们来总结一下：

- PDH 是一对对的组网，站点的每个光方向需要一端 PDH 设备，不同方向的业务调度要通过跳线实现；
- PDH 由于不是完全同步，只能逐级地复用、解复用；
- PDH 只支持点到点的链型网络，无法形成环路保护；
- PDH 中的开销字节少，导致能够携带的信息量就小，所以很多复杂的监控、管理功能都无法实现，这给维护工作带来了很大的不便；
- PDH 存在两大体系三个标准，没有全世界统一的标准，系统间互通困难；
- PDH 实际应用只到了四次群 139 Mbit/s，系统速率偏低，而 SDH 的起步速率 STM-1 就是 155 Mbit/s，和四次群的传送能力相当，已经赢在起跑线上了，这很正常，长江后浪推前浪。

因为上述问题，在 20 世纪 90 年代开始，我们逐步发展 SDH，以替代 PDH。

可能有人会说，为什么不一开始就制定一个很强大的、全面的同步系统呢，这就像我们不可能一毕业就买奔驰、宝马、海景大别墅一样，技术发展也是一步一步来的，有了前面技术和经验的积累，才能使技术向前发展。

PDH 是光纤通信的第一步，有了第一步才能有第二步，才能有两万五千里。这就像年轻人有着创业的梦想，不是感觉资金不够就是人脉不足，又或者经验积累还没能让自个胸有成竹，但是真正的创业者已经顶着狂风暴雨义无反顾地启程，在前进的道路上摸爬滚打直到屹立山顶，感受巅峰的辉煌。通信设备厂商也是这样，如果要等到技术、标准、经验完全成熟才推出产品，那产品也就永远停留在实验室里，任何的想法、技术、产品都要经过市场的检验，不断地总结、完善，才能成就像曾经的"巨大中华"这样的通信界的巨人。

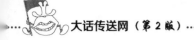

2.2 SDH——长江后浪

2.2.1 SDH——"神"一般的存在

还记得上学的时候老师讲，想当年啊，别的国家的 PDH 发展到了四次群，只有我们国家研究到五次群！我们心中油然而生一种民族自豪感，紧接着老师说——然而并没有什么用，因为其他国家已经开始发展 SDH 了。时间过得真快，现如今，SDH 这个纵横江湖 20 来年"神"一般的技术终于也要淡出历史舞台了。

首先照搬一个定义。同步数字体系（SDH，Synchronous Digital Hierarchy）：根据 ITU-T 的建议定义，是为不同速度的数字信号的传输提供相应等级的信息结构，包括复用方法和映射方法以及相关的同步方法组成的一个技术体制，SDH 采用的信息结构等级称为同步传送模块 STM-N。

我们将这段概念来解读一下。

不同速度的信号就是客户货物的大小，相应等级的信息结构就是包装箱的大小，我们寄快递的时候，要告诉快递员我要寄多大一个东西，快递员会带一个差不多大小的箱子过来，SDH 根据客户侧的信息速率去选择用什么规格的容器，这叫作映射。

SDH 作为 PDH 更新换代的技术，需要考虑对 PDH 的兼容，SDH 的大、中、小号包装箱分别是 C-4、C-3、C-12，分别对应 PDH 信号的 E4、E3、E1，也就是四、三、一次群，这样 SDH 就可以直接对接 PDH 设备，传送 PDH 信号。

这些 C 容器还要装在 VC-4 里，最后装上 STM-N 送上线路侧，那么对于这么多箱子之间的关系，SDH 还要规定到底怎么装、装几个，这是复用的问题，比如一个 VC-4 容纳 63 个 C-12，每个 C-12 都要有安排好的位置。

SDH 里最终上路运输的集装箱大小有不同规格，容量等级叫作 STM-N，这里的 N 就是指集装箱里可以容纳 VC-4 箱子的数量，N 可以取 1、4、16、64、256，等级间依次是 4 倍的关系，和 PDH 中的几次群是一个意思。

STM-N 的速率等级如图 2-10 所示。

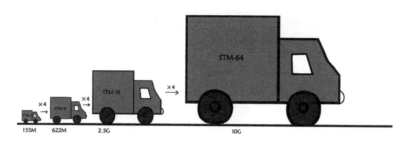

图 2-10　STM-*N* 速率等级

前面关于 PDH 的缺点有详细总结，PDH 的缺点基本上就是 SDH 的优点。

- SDH 采用主从时钟同步方式，是严格的时钟同步系统，站点之间从上而下地传递时钟信号，STM-*N* 之间是严格的 4 倍速率关系，通过交叉单元从 STM-*N* 中直接上下低速信号，比如可以从 10 G 信号中直接解出 2 Mbit/s，省去大量背靠背设备。
- SDH 消除了七国八制，方便互通，虽然在北美和日本采用 SONET 标准，SONET 除了 OC-1 之外，其他速率都是可以和 SDH 互通的，基本上可以统一。
- 单光口系统速率大幅提高。
- SDH 帧结构中定义了丰富的开销字节，能够实现强大的网管能力，可以在网管系统上对 STM-*N*、VC 等不同等级的颗粒实现全面的监控、管理。
- 具有环网自愈保护能力，在具备两条不同路由光缆的前提下，可以在发生故障时业务自动倒换到备用路由，保证业务不会中断，网络可靠性高。

2.2.2　跟着老司机拉货物

PDH 的复用过程相对比较简单，因为 PDH 的复用只有一条路线：一次群→二次群→三次群→四次群→五次群，而 SDH 有 C-3、C-4、C-12 这 3 种容器都要复用到 VC-4 中去，有时还要用不同的箱子混着装，这些都要事先规定好，而且 SDH 的复用还包含了映射、定位等过程，复用过程也比 PDH 略复杂一些。

SDH 规定了一系列的映射复用路线，图 2-11 是我国使用的复用方式的示意图，与国际标准的复用图相比去掉了我国未使用的一些接口。

图 2-11 中的各个单元说明如下：C：容器；VC：虚容器；TU：支路单元；TUG：支路单元组；AU：管理单元；AUG：管理单元组。

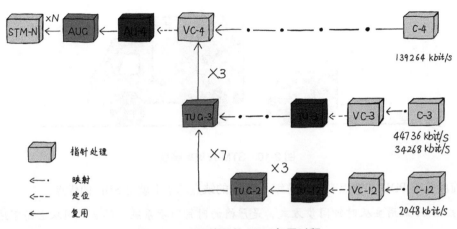

图 2-11　我国使用的 SDH 复用过程

一下子冒出这么多的名词的确让人头疼，不过好在我们并不需要掌握太深，只需要了解每个"颗粒"在复用过程中的大致意思就可以。

如果一端 SDH 设备支路有一个 E1 业务，而线路侧是 STM-N 的接口，设备的复用模块会经历一系列的过程将这个 E1 复用到 STM-N 这个大车中。

SDH 的映射复用这波操作好比跟着司机拉货物，我们把 E1 当作一个货物来看待，首先 SDH 提供了一个叫作 C-12 的箱子，这个箱子尺寸略大于 E1，E1 装入 C-12 时要塞一些泡沫固定（码速调整）。SDH 不是同步系统吗，怎么还要塞泡沫呢？ SDH 规定的速率等级是 STM-N，STM-1 以上都是严格同步的，而 E1、E3、E4 这些属于 PDH 信号，装入 C 之前会遇到和 PDH 系统同样的问题。

C-12 贴上标签（通道开销）之后形成了带标签的箱子 VC-12，开销就是对这个箱子里的货物进行监控，以便网管能够知道这箱货物有没有丢失或者出错，SDH 在每一层都会贴上这么一个标签，所以能够做到"层层监控"，哪一层的箱子出现问题都能够及时发现，定位故障。

VC-12 被绳子绑在了固定的位置（指针定位）之后形成 TU-12。什么是指针呢？ SDH 虽然是同步系统，但是如果要一个比特位都不差地传递信号也太强人所难了，毕竟设备接口的性能无法做到无懈可击，少量的偏移是允许的，指针就是用来告诉接收端，我这个箱子在运输的过程中稍微挪动了一点位置，移动了多少。

三个 TU-12 组合在一起（复用）形成了 TUG-2，7 个 TUG-2 组合在一起形成了 TUG-3，三个 TUG-3 又组合在一起装在了 VC-4 的大箱子里。这里 SDH 的复用是采用字节间插的方式，字节间插可在一定程度上保证信号的完整性，但需要的缓存稍大一些。

VC-4 又被绳子定位后形成 AU-4，AU-4 加上车头（SOH 段开销）后最终形成了货车集装箱 STM-1。STM-1 就可以直接上路运输了，如果 STM-1 带宽不够，就需要 N 个货车集装箱组成车队，形成 STM-N 之后上路运输，STM-1 到 STM-N 还是一个复用的过程，整个复用过程如图 2-12 所示。

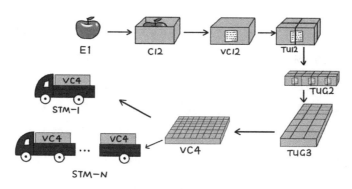

图 2-12 E1 复用到 STM-N

E1 到 VC-4 经历了 ×3、×7、×3 这样三个过程，所以我们能够算出一个 STM-1 就容纳了 63 路 E1 信号，STM-4 容量是 252 路 E1，往上依次乘以 4，如果工作中还要用到 SDH 技术，这些关系我们必须非常熟悉。

其他速率的信号复用的过程也大致类似，无非就是装箱并塞泡沫固定（码速调整）、贴标签（通道开销）、绑定位置（指针定位）、组合（复用）、加车头（段开销）几个过程，我们都可以从复用的路线图中去理解。

SDH 的 STM-N 到 STM-1 不像 PDH 那样需要一级一级地解复用，因为 STM-N 中的 STM-1 的排列是非常整齐的，里面没有"泡沫"，每个 STM-1 的位置都十分精确，微小的偏移可以根据指针定位，所以闭着眼睛都能找到任何一个 STM-1 的位置，可以跨级随意地复用和解复用，这是同步系统的优势。从 STM-N 中解复用出 STM-1，如图 2-13 所示。

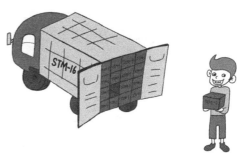

图 2-13 从 STM-N 中解复用出 STM-1

C、VC、TU、TUG、AU、AUG 这么多的概念当中，VC（虚容器）在我们工作中耳熟能详，也是最重要的一个。SDH 的交叉就是基于 VC 的交叉，多个光方向之间信号交叉的基本单元就是 VC，从我们举的装车的例子也容易理解，被贴上了标签的箱子 VC-4、VC-12 作为调度、运输的基本单元被搬来搬去，而没有必要带上绳子和车头。

交叉是我们了解 SDH 时会频频接触的一个概念，也是每一个站点设备都要做的事情。

2.2.3　箱子很忙——交叉

第 2.1.2 节介绍的 TM，有一个快递员，他每到一个客户那里都把所有的货物倒在地上，派送完之后再将剩余的包裹全部装回箱子。可能有些人觉得也算不上有多麻烦，分分钟就搞定了，可这只是举个简单的例子而已，我们设想一下：要是一个大型的物流中转站也这样操作呢？那就不是电动车了，而是汽车、火车、飞机，这些庞然大物到站之后，成千上万的包裹全部倒在地上，让工作人员去手工分拣，那是无法想象得复杂。

一个汇聚节点会有多个 10 G 光方向传过来的信号，一个 10 G 里面就是 4 032 条 E1，在本站需要落地的信号只是九牛一毛，大多数都要经由本站去往其他地方，如果都是 TM 那样解复用怎么办？这成千上万的电路解复用之后，需要直通的全部用电缆去一条一条地跳接，这是无法实现的，我们一定得有一个更好的办法。

设想一下，如果物流公司有这样一个系统，每个包裹从发件人手中接收开始，这个包裹就被全程追踪定位，在哪个车厢哪个位置都一目了然，我们把需要调度的业务都输入一个智能系统中，控制一个自动搬运货物的机器人，那不就简单多了，如图 2-14 所示。

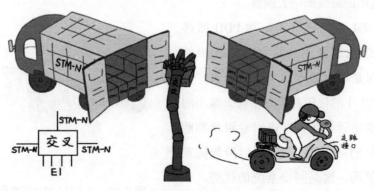

图 2-14　SDH 的交叉

再举个例子，高速公路如果是按照 TM 这种方式，每一条高速就相当于一对 TM 组成的链型系统。我们如果要从黑龙江黑河开车到新疆伊犁，这中间会走很多条高速，而每一条高速到了终点之后，要重复交费、下高速、领卡、上高速这样的动作，在两条高速之间还要走普通公路，也许还会走错（跳接的线缆增大了故障概率）；而支持了交叉功能的系统就像我们国家现在的高速公路一样，高速之间可以通过立交桥自由切换，而不用频繁地下高速、上高速，无论要去什么地方，上了高速之后都是一站到底。

这就是 SDH 非常重要的功能——交叉，几何学的交叉指方向不同的几条线或条状物互相穿过，这个定义套在 SDH 的交叉上也很形象，因为有了交叉，信号可以在多条线路接口、支路接口之间来去自如，交叉就是将 STM-N 打开，对里面 VC-4、VC-12 等颗粒进行上下调度的过程。

交叉是一个节点技术，它相当于信息高速之间的互通立交；交叉节点就是不同高速之间的连接点，线路口和支路口都接到交叉板，SDH 的交叉单元将各个方向来的各种级别的信号进行调度，是要上下业务还是直通到哪儿去，原本这些需要人工连线的操作，都由交叉板来完成。

SDH 交叉分为高阶交叉和低阶交叉。高阶交叉对应的颗粒是 VC-4（大箱子），低阶交叉对应的颗粒是 VC-12（小箱子），高阶交叉和低阶交叉的区别也就是箱子的大小，这要根据实际的业务需求而定，如图 2-15 所示。

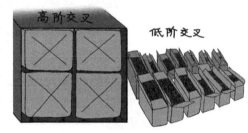

图 2-15　高阶交叉和低阶交叉

比如单位发福利，每人一袋洗衣粉，洗衣粉买回来肯定是成箱的，分发时就要把箱子打开每人发一袋，这就是低阶交叉；可能有的单位福利好，每人一箱洗衣粉，那就不用拆箱了，大家直接把箱子抱回家，这就是高阶交叉。

交叉能力是 SDH 设备的重要指标，一个站点需要将多少个箱子搬来搬去，这是对交叉能力的需求。交叉能力一般有两种表示方法，一种是多少个 VC，另一种是多少个 Gbit/s，两者之间可以换算，比如 128×VC-4 换算过来就是 128×155 Mbit/s，大约就是 20 Gbit/s。

高阶交叉能力是对一个设备层次的定位，高阶交叉能力都是略大于接入能力的，也就是说一个设备既然能够接入这些接口，就必然要能够实现这些接口之间的全交叉，否则交叉能力就成了短板，就像一个饭店很大，但是上菜很慢，接入能力和服务能力不匹配。

低阶交叉反映的是设备对小颗粒业务的处理能力，靠低阶交叉模块来实现。高阶交叉能力强的设备，低阶交叉能力不一定强，只对 VC-4 级别进行调度的站点可以不需要低阶交叉；一些定位于纯核心层的大容量交叉设备一般不提供低阶交叉能力，核心层设备一般都会下挂扩展子架，也就是低端的设备，进行低阶业务的处理，这是因为核心层设备都比较贵，核心设备的槽位也是"寸土寸金"，占用一个大容量的槽位去接入、处理 E1 这样小的业务非常浪费。就像公司的总经理事务繁忙，一些端茶倒水的小事让他去做大材小用，所以公司给总经理配助理或秘书。

2.2.4　打开箱子看一看——帧结构

要了解 SDH 的工作原理，需知其所以然，我们可以大致了解一下 SDH 的帧结构，设备间在发送数据的时候，双方会按某种协议约定一个发送的顺序，每一部分代表固定的意义。

对于 SDH 而言，有些字节告诉你这一帧的起点在哪里，有些字节告诉你这整个一帧的工作状态或者里面某一通道的工作状态，有些字节告诉你这里面有没有比特串位，有些字节是真正要发送给你的数据，这些就是 SDH 帧的组成部分，如图 2-16 所示。

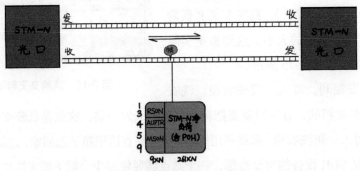

图 2-16　SDH 帧结构

对于接收端来说，也要按照这个标准去接收分析，才能将这一个长长的序列拆分开，能看懂里面的每一部分内容。就像手机号码，前面"+86"代表国家，后面 3 位代表电信运营商，再后面 4 位代表地区，最后 4 位是卡的编号，利用这个规则，通过归属地查询软件就能够知道这个号码是北京移动的还是上海联通的，等等。

SDH 帧包含了 RSOH、MSOH、AUPTR、POH:

- 再生段开销（RSOH）——对 STM-N 整体信号进行监控；
- 复用段开销（MSOH）——对 STM-N 中的每一个 STM-1 信号进行监控；
- 指针（AUPTR）——对帧的微量偏移进行校正；
- POH（通道开销）——对 VC 通道进行监控。

所谓开销，就是为了实现某些功能，需要额外传送的一些字节，也就是除了货物本身还要额外运输东西。我们要传的信息是 8 bit，传的时候变成了 10 bit，这加上去的 2 bit 就是开销。就像我们买东西，除了商品本身一定还包括包装箱、说明书等一些附属品，这些虽然是额外的，但肯定有它的作用，也需要为之买单。

每一个级别的通道都有相应的开销，才能够实现对每一层的信号工作状态进行监控和管理，出现问题也能够迅速地定位到出问题的那个环节。试想一下，如果没有这些开销，就像物流公司运输过程发现丢失了一个包裹，发到目的地，物流公司对你说："据我们所知，这批货物有部分丢失，至于丢了什么，你自己清点一下看看吧。"让人情何以堪。

记得以前我们寄包裹寄信，只能一遍一遍打电话问收货人东西收到没有，现在网上就可以查到每一单货的踪迹，货到哪儿了、由谁在派送都一清二楚，这个就是物流体系的发展进步；但另一方面我们也能想到，这个查询服务系统的背后一定有一个庞大的团队和管理体系，势必会增加不少成本，物流的飞跃就与 PDH 到 SDH 的发展颇为相似。有人说 SDH 的缺点就是开销大，带宽利用率低，其实这算不上什么缺点，只是为了实现我们需要的功能付出的代价。

SDH 到底是如何利用开销实现各种功能的呢？SDH 段开销如图 2-17 所示。下面再将帧结构中的段开销部分放大来看一看，开销中各字节的名称和作用都有着详细的定义，我们至少需要知道开销起什么作用，为什么要规定每一个"格子"里面的内容，下面简单介绍一下其中的一部分字节。

A1、A2: 定帧字节。A1 固定是 11110110，A2 固定是 00101000，当接收端收到连续 3

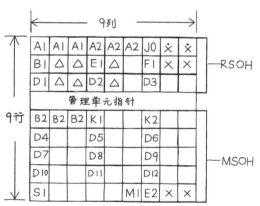

图 2-17　SDH 段开销

×N 个正确的 A1 和 A2 帧时，便知道这是一帧的开头，也就表示新的 STM-N 帧已经到来。

D1–D12：数据通信通路。它是用来传送网管信息的，包括网管的操作命令、管理维护信息等，SDH 就是靠这个字节实现强大的网管功能的。

E1、E2：公务联络字节。SDH 设备上都配有一个公务电话，便于在开通设备的时候上下游站点间联络，公务联络字节就是用来传送公务电话的话音信号的。

B1、B2：比特间插奇偶校验码。校验在生活中也会用到，比如我打电话告诉你我的银行卡号，卡号一共是 16 位数字，记完之后，你数一下发现不是 16 位就说明记错了，这 16 位数字就相当于一个校验码，帮助你验证是否有漏记。

奇偶校验，就是看发送的所有比特中"1"的数量是奇数还是偶数，如果是奇数，就在后面加校验码 1；如果是偶数，在后面加校验码 0，这样到了接收端，无论信息净荷是奇数还是偶数，加上校验码就一定是偶数。如果中间有单个比特出现了误码，0 变成了 1 或者 1 变成了 0，收端校验计算得出的是奇数，则判定误码。如果有两个比特同时误码则是无法判定的，但是同一帧中有 2 bit 误码的概率是极低的。

S1：同步状态字节，用于传递同步状态信息（SSM），详见表 2-1。SDH 设备有多个线路接口都可以提取时钟，到底哪个接口的时钟更精确呢？为了能够正确地选择时钟源，必须传递 SSM，SSM 就是要告诉对方此时钟的等级，SDH 节点设备可以根据 SSM 信息去选择精度最高的时钟来跟从。

表 2-1　同步状态信息编码

S1（b5 ~ b8）	SDH 同步质量等级描述
0000	同步质量不可知
0010	G.811 时钟信号
0100	G.812 转接局时钟信号
1000	G.812 本地局时钟信号
1011	同步设备定时源信号
1111	不可用
其他	保留

图 2-17 中还有一些空白的格子，作为保留字节，这些字节目前并没有明确规定用途，厂商可以自己去定义，从而实现厂商的特有功能和专利技术。当然，这也只有本厂商的设备可以使用。这些空白字节也可以在以后 SDH 需要扩展新功能的时候，由标准化组织重新给出定义。

2.2.5　SDH 分层结构

任何系统都有其分层结构，业务都是从上层打包，然后经层层封装交到下层处理，直到最底层后在物理链路上传送，SDH 也不例外。分层的处理信息可以将各部分的功能模块化，每一个模块需要扩展、更改的时候不至于牵一发而动全身，比如我们的电脑，硬盘和内存不够都可以单独扩充容量，而不会因为硬盘不够大而去更换一台电脑。

SDH 从 E1 逐层封装到 STM-N，依次经历了通道层、复用段层、再生段层，分别对应业务颗粒 VC、STM-1 和 STM-N，设备要对哪一个层面的帧进行检查、修改等，分别需要各自层面的功能单元去完成。

举个例子，从北京途经石家庄发往郑州、西安等地的一个货物集装箱，每个货物被分别装在了一个个纸箱里，若干个纸箱被贴上标签装到木箱里，若干个木箱贴上标签后再装到集装箱里，这个层层包装的过程需要不同的工作人员去处理，我们一共有三种职能的工作人员，对应负责三个不同级别的箱子，分别是纸箱检查员 Z、木箱检察员 M 和集装箱检察员 J，如图 2-18 所示。

石家庄站：这是一个检查站，只负责检查一下集装箱有无破损，给车辆加满油，确认后继续上路发往郑州，石家庄就不需要处理"木箱"和"纸箱"，所以只需要 J 一个员工就搞定了，不需要 Z 和 M。

郑州站：郑州方面由于有一整个木箱的货物要接收，需要 J 检查集装箱之后，M 将集装箱打开，取出郑州站对应的木箱，然后发往下一站——西安。

西安站：西安有纸箱货物需要接收，所以要 J 检查之后由 M 打开集装箱，然后由 Z 打开木箱取出纸箱，然后同样一层层装回去，继续上路。

对于 SDH 设备来说，J、M、Z 就是三个层面的处理单元，再生段层就是对信号进行整形放大，不进行其他处理；复用段层就是需要打开 STM-N，对里面的 VC-4 进行调度；通道层就是要把 E1 业务通道中转或者终结落地，要打开 VC-4 去处理 E1 信号。

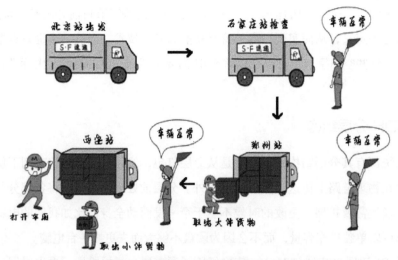

图 2-18　不同站点处理不同层面的"箱子"

每个站点之间的交流都是要层面对等的，J、M、Z 这三类人员检查之后，不管货物是正常还是有误，都会通知上一个站点的对应层面的人员，两个层面去协调这一层相关的事，两个公司之间一定也是对应层面的人互相沟通，如果一个食材供应商给饭店打电话，那必须得让饭店负责采购的经理接电话，如果让厨师和服务员去接，他们根本处理不了问题。

复用段层检查了 VC-4，那么任意一个 VC-4 是正常还是有误，也要跟上一个站点的复用段层去沟通具体的情况，其他层面的单元也没有 VC-4 的概念，也听不懂你说什么；而通道层对应的是 E1，一条 E1 如果在终点处或者中转过程中检查发现了问题，也要给这条 E1 的起点站发通知。

2.3　MSTP 与时俱进

2.3.1　数据风暴来袭——3G 移动网

虽然 2G 时代 GPRS 和 EDGE 也提供了低速上网的功能，但是 GPRS 和 EDGE 都是利用语音信道实现的，也就是利用 E1 中的时隙传送数据，所以上网速度很慢，GPRS 的速度是每秒几十千比特，EDGE 也只能达到 200 kbit/s，这个速率只能够聊 QQ、浏览网页之类，只是作为临时的一个过渡性技术，站在现今的角度去看，那个速率让人几乎无法忍受。

另外，GPRS 和 EDGE 还是靠 E1 接口接入传送网，接口类型和带宽需求与语音业务并没有什么区别，虽然也被称作 2.5 G 和 2.75 G 时代，但对于传送网来说，同样都归类于 2 G 时代，不需要区别对待。

真正的变革是从 3 G 开始的，随着 2009 年 1 月 7 日工业和信息化部宣布三大电信运营商拥有 3 G 牌照，至此移动网络跨入了 3 G 时代，用户的感知有了明显不同，越来越多的人开始用手机上网了，手机上网速度明显快了，看视频、听音乐、下载电影都游刃有余，我们可以通过移动网在网络世界中"畅游"了。

这么历史性的技术革命，要各方面都焕然一新，首先 3 G 的网元命名上就不再延续 2 G 的叫法，手机 MS 改名叫用户设备（UE，User Equipment），BTS 改名叫 Node B，BSC 改名叫 RNC，Um 接口改名叫 Uu 接口，Abis 接口改名叫 Iub，A 接口改名叫 Iu-cs，Gb 接口改名叫 Iu-ps，而核心网部分的 MSC、GGSN、SGSN 等还延续 2 G 的名称，如图 2-19 所示。

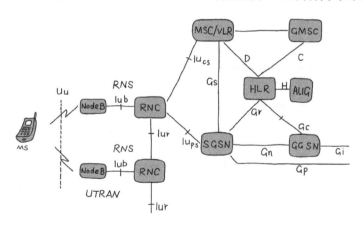

图 2-19　3 G 移动网结构

3 G 的组网结构和 2 G 相比基本没有区别，各网元的功能就不介绍了，下面说一说 3 G 相比 2 G 主要的不同点。

3 G 的空中接口（Uu）增加了对数据业务的支持，Uu 是移动网内部的接口我们不去关注。重点是，由于增加了数据业务，Node B 至 RNC 之间的 Iub 接口也对传送网提出了更高的要求，需要传送网同时传送语音业务和数据业务，这个多出来的数据业务给传送网带来了什么样的变化呢？

SDH本身的支路接口中并没有针对数据接口的支持，要满足3G移动网的业务需求，SDH面临着这个必须解决的问题，而且数据业务对于做SDH的传输人员来说，也是一个新的领域，在此之前传输人员几乎每天只和E1业务打交道，他们也同样面临着新的折腾和挑战。

从两种业务的带宽上来讲，语音业务占用的带宽很低，不管网络演进到什么地步，对于话音电路E1的需求几乎不再增长；而数据业务从几兆到几十兆，再到LTE时代的上百兆，这几十甚至几百倍于2G时代的数据带宽用"风暴来袭"形容恰到好处，如图2-20所示。数据业务这个后起之秀正在迅速地替代语音业务成为新的主宰，无论是3G、4G，还是已经到来的5G，带给我们传送网的都将是一场场脱胎换骨的变革。

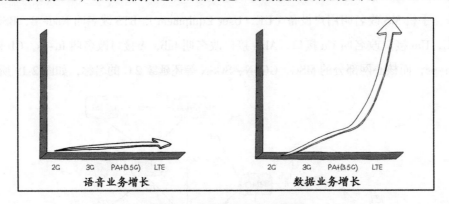

图2-20　数据业务的飞速发展

不过"变革"这话放在这里说稍稍有点早，我们还是一步一步来，当下的首要问题是先解决对数据业务接口支持的问题。前面也说过，业务的接入要有一个标准的接口，语音业务采用E1接口，而数据业务的接口叫作以太网接口，我们来认识一下这个接口。

2.3.2　又一个重要接口——以太网

前面说过的重要的概念再重复一遍，E1的主要特点是固定帧频、固定带宽，是面向连接的刚性通道，这样的接口和技术适用于传送恒定速率的业务，最典型的就是语音业务，还有视频的实时监控等。

按照这个特点，我们将所有的业务分为两类，一类是恒定速率业务，称为语音业务；另一类就是突发业务，也就是数据业务。语音业务和数据业务是传送网面对的两大类业务，各自的"脾气秉性"截然不同。

数据业务就是上网，我们通过手机、电脑上网，这些都属于数据业务的范畴。有些软件也可以实现实时的语音、视频聊天，但是效果怎么样不一定能保证，这也是两种接口、两种技术体制之间差别的体现。

数据业务的最大特点就是"突发性"，突发就是业务量有时大有时小，大的时候可以很大，小的时候可以小到几乎没有。我们都有这样的经验，无论是电脑宽带还是手机上网，产生的数据流量和你的上网行为是有关的，在你看视频、下载电影的时候数据流量很高，但是在浏览网页、聊 QQ 的时候数据流量很低，在你不上网的时候，虽然宽带或 3 G 数据保持连接，但是基本没有流量产生。数据业务发送的是数据包，数据包的大小和发送时间是不固定的，在没有数据的时候只发送一些信令，例如，设备间打打招呼等。

以城市交通为例子，E1 就好比地铁，每隔几分钟一班，基本上不会延误，不管是平日、周末、早晚高峰，都以一个不变的速度运行着，人少了座位就空着，人多了地铁还可以挤一挤，但 E1 是不能挤的，31 个座位多一个人也坐不下。

如果是某个地铁站附近有一个大型的会议、演唱会之类的活动，散场之后人流汹涌而出，这就是突发业务，面对这样的需求地铁一定不堪重负，而平时地铁座位的空闲又是一种浪费，这就是恒定速率接口面对突发业务的一种不适应。不适应归不适应，能不能传呢？可以，只是比较浪费资源。

那突然间这么大的人流量，怎么办才更好？出租车可以解决，客流量大了，就多调度一些出租车过来，需要多少就调多少，问题就迎刃而解了，平时那个地点没有多少人，出租车也不往那里跑，就不存在浪费的问题了，如图 2-21 所示。

以太网接口就是为数据业务而生的接口，以太网发的是以太网帧，特点就是业务量大就多发，业务量少就少发，没有就基本不发。就像我们家里的自来水管，平时就关着，不占用主干供水管道上面的资源，需要用水了，可以按需调大调小；对于自来水公司需要多大的供水管道，不用去管有多少用户多少根水管，只要统计总的用水量就可以。

下面我们简单介绍一下以太网帧结构，如图 2-22 所示。

图 2-21　E1 和以太网接口承载数据业务

图 2-22　以太网帧结构

　　DMAC、SMAC：目的地 MAC 地址和源 MAC 地址。以太网和 E1 相比多了地址的概念，E1 里面没有地址是因为 E1 是面向连接的，起点和终点都是唯一确定的；而以太网是无连接的，网络需要根据地址知道我们去哪里，然后根据这个地址去找到我们想去的目的地，我们并没有一条电路是连到腾讯、优酷这些服务器的，这张网络的资源是所有用户共同享有的。面向连接就像直达的列车，到达的车站就是唯一的目的地，绝对不会走错；而无连接就像自己开车，要去哪儿就得知道地址，知道了地址才能通过导航找到地方，才不会迷路。

　　Length/T：大于 1 500 时为 Ethernet Ⅱ，表示类型；小于等于 1 500 时为 802.3，表示长

度。以太网的一帧的长度是 64 ~ 1.5 KByte，是可变的，不像 E1 每一帧固定 256 bit。

FCS：Frame Check Sequence，帧校验。

以太网接口从速率上可以分为 FE（百兆以太网）、GE（千兆以太网）、10 GE（万兆以太网），还有 40 G、100 G 的以太网，前三种是我们本地网大规模应用的接口。3 G 移动网的数据业务使用 FE 接口，而 LTE 的单站带宽超过 100 Mbit/s，使用 GE 接口。以太网接口的速率和 E1 的不同，指的是接口的最大速率，而不是恒定速率，家里的电脑网口都是 100 Mbit/s 或者 1 000 Mbit/s 的，但是宽带只开通了 8 Mbit/s，这 8 Mbit/s 就是实际分配给我们的带宽。

2.3.3 修车还是换车

当数据浪潮汹涌而至时，SDH 网络该如何面对，这是我们必须要考虑的问题，我们面前有两个选择。

1. 方案一：SDH 升级到 SDH+

SDH 虽然没有以太网接口，但这个比较表象的问题很容易就可以解决，一个接口从无到有通过研发生产一块支路单板就可以搞定。以太网接口将数据业务接进来之后怎么办呢？第 1.4.4 节讲过 E1 有非成帧的用法，E1 里面可以不区分 64 kbit/s 时隙，用来封装数据，C-4 容器也是一样，我们用一些技术可以将以太网的数据装到 SDH 的容器中，如果带宽需求大，可以将几个 VC-4 捆绑在一起使用。

这些问题都解决了，可有一个问题我们无法回避，SDH 的内核是 C、VC、STM-*N*，这些都是刚性的通道，用恒定带宽的 SDH 去承载突发的数据业务，会造成带宽的浪费。比如数据业务带宽在 0 ~ 20 Mbit/s 波动，如果我们用 10 条 E1（20 Mbit/s）去承载，也就是固定给业务预留 20 Mbit/s 的带宽，在业务量小的时候会造成带宽的很大浪费。一般情况下，我们都会按照数据流量的均值去配置，比如 10 Mbit/s，可是在流量达到峰值的时间段带宽又不够用，会发生拥塞、丢包，导致用户上网体验变差。

2. 方案二：用新技术新建网络

既然 SDH 升级存在一些问题，我们也可以新建一张为数据业务而生的网络，全部换成数据网 IP 的那一套内核，这个办法从技术上来说固然是理想的，但问题是新建一张网络的投资是巨大的，我们是否有能力一下拿出这么多钱、有必要花这么多钱，还必须慎重考虑一番。

两个方案的优缺点都很明显，到底要怎么抉择先不急下结论，我们来思考一个类似的现实问题。

　　家用汽车买回来后，随着使用年限的增加，车的性能和残值逐年下降，而维修、保养成本都逐渐增加，而另一方面市场不断推出新车，价格也不断下调，性能和配置又在逐步升级换代，什么自动泊车、360°影像、无人驾驶等各种功能，实在让人忍不住诱惑想换一辆。换肯定是要换的，可是什么时候换，一辆新车开几年换是最合理的？肯定不是1年，也不会是15年，车子临近报废的时候，有修车的钱真不如买一辆新车实在。到底几年换车的问题我们不讨论，我们不是搞汽车消费指南的，不能误导大家，但SDH面临的与修车还是换车是同样性质的问题，如图2-23所示。

图2-23　修车还是换车

　　一方面，SDH网络建设十多年来投入了大量的建设成本；另一方面，任何事物的发展都有个过程，无线数据业务也是逐步发展的。在3 G网络建设初期，单站数据带宽为10 ～15 Mbit/s，还不至于太疯狂，一个622 Mbit/s的接入环也可以带30个左右的基站，这个接入能力还是可以的，至少，此时此刻说淘汰SDH技术还为时尚早。虽然对SDH的改造需要扩容价格不菲的以太网板，每个站点要几千元，但是比起新建一个网络来说，还算较为经济的方案。

　　综上所述，在3 G时代数据流量发展的前期，我们可以对SDH设备做一些升级改造，使其支持以太网业务接口，实现对数据业务的承载，让这张网继续发光、发热，于是就有了这个新的名词——MSTP。从SDH到MSTP，除了接口的增加，以及数据业务到C容器的封装，其他本质的东西没有变化，以至于传输人有些时候对SDH和MSTP两个专业名词区分得并不是非常清楚，两者几乎是划等号的关系。

多业务传送平台（MSTP，Multi-Service Transfer Platform）指基于 SDH 平台同时实现 TDM、以太网、ATM 等业务的接入、处理和传送，提供统一网管的多业务节点。

为什么叫多业务传送平台，很显然 SDH 传送的业务太单一，只能接入 E1 等 PDH 信号，MSTP "多业务" 多出来的除了以太网接口，还有 ATM 等接口，我们主要用到的就是以太网接口，其他接口的实现原理与以太网基本相同。

SDH 通过 FE 或 GE 接口收到以太网数据，将完整的一帧缓存后，可以通过一种叫作通用成帧规程（GFP）的协议，对应封装到 SDH 的 C-12、C-4 等容器中，剩下的步骤就是 SDH 体系的那一套复用、定位、映射，一层层地封装成 STM-N 在线路上传送，到了接收端再将以太网帧数据从容器 C 中取出，发送给业务侧。SDH 封装以太网帧如图 2-24 所示。

图 2-24　SDH 封装以太网帧

 # 2.4　东方不亮西方亮——保护

2.4.1　保护的前提是冗余

保护是传送网永恒的话题。所谓保护，是指不需要人为干预，网络能够在极短的时间内从失效的故障中自动恢复自身所携带的业务，以至于用户感觉不到网络已经出现了故障，具备这种保护能力的网络就是自愈网络。

SDH 网络由设备和光缆组成，设备又包含各种单板，这些都是我们看得见，摸得着的实物，这每一部分都难免会出现问题，为了避免由于某个故障点而导致传送网的功能中断，就需要采取一系列的技术、方法去"保驾护航"，这就是通信系统常说的保护。传送网中每一种不同技术体制的网络，网络的不同层面、不同单元，都有着相对应的保护技术。保护是我们经常要打交道的一个非常重要的概念。

1. 单板级保护和网元级保护

生活中，如果钥匙丢了我们可以用备用钥匙，轮胎爆了有备用轮胎，这些都是我们为了应对突发情况采取的一些措施，同样，一个 SDH 的设备可以成对地配置电源模块、交叉板、时钟板，一个坏了还有另一个，也就是我们常说的电源、时钟、交叉 1+1 备份。通过关键单板的冗余配置，一块板发生故障的时候，另一块板可以立刻扛起重任。

这些单板都是一台设备工作的最关键的核心部件，缺了谁设备都无法工作，这类关键单板的保护也是为了保护整个设备能够正常运转，所以称为网元级（设备级）保护。支持关键单板 1+1 备份的设备从图 2-25 中就可以看出，SDH 设备的电源、交叉、时钟板都分别有两个槽位。除了一些低端的末梢设备不支持网元级保护外，多数设备都具备这样的功能。

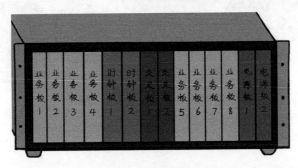

图 2-25　网元级保护

如果某一块支路板出现问题，也可以通过保护使支路业务不受影响，一些 MSTP 设备可以通过支路板 1: N 的配置，比如需要 4 块实际就会配置 5 块，任何一块坏了，备用板可以切换过去，不使业务中断，就像球场上的替补球员一样，谁受伤了就代替谁，这种保护叫作支路保护（TPS，Tributary Protect Switch）。这类保护针对一个单板的业务，所以归类为单板级保护。

单板级 TPS 保护是在一定层次以上的 SDH 设备都支持的功能，同时由于单板故障的概率很低，所以在一些非重要的站点中可以不配置 TPS 保护。

2. 网络级保护

如果两个站点之间的光缆断了怎么办？ SDH 环上的每一个设备可以选择东向和西向去传递信号，这样如果一边的光缆断了，还有另外一条光缆路由可以传送，业务不会中断。

如果是一块光板坏了怎么办？我们可以将东向和西向的光口分别配置在不同的光板上，这样就做到了两条光缆路由和两个光接口之间的同时备份。

如果一台设备整个都坏了怎么办？一般情况下，一张网的每个站点只配置一台设备，设备如果瘫痪了那确实没办法，这个站也就彻底失联了。但是我们还要采取一些措施，防止其他站的业务也受到影响，道理同上面一样，此路不通，择路绕行。

上述的三种情况，都需要一些机制去选择另外一条路去传送业务，这类保护我们称之为网络级保护，而两条光缆线路之间的信号如何切换达到互为备份的效果，各种保护方式孰优孰劣，是网络级保护要关注的内容。

网元级保护和单板级保护本书中不会过多介绍，这类保护没有什么太深的道理，设备支持与不支持是能力问题，配置与不配置是在节省成本和抵抗风险之间进行权衡，而实际上影响网络安全性的主要因素是光缆线路的中断，光缆会遭受各种人为和自然的破坏。对于光缆中断，传输系统如何去配置倒换保护是我们要重点关注的，所以网络级保护也是主要介绍的内容，如图 2-26 所示。

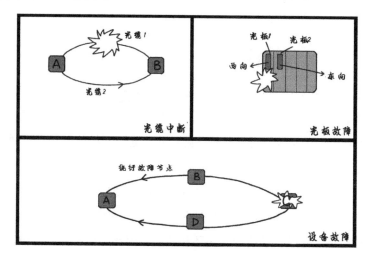

图 2-26　网络级保护

假设我们只有一把钥匙，如果丢了谁也没有办法，只有两把钥匙才能做到互为备份。通信系统的保护也是一样的道理，不管是哪个层面、哪种保护，通过什么样的技术去实现，首要前提都是需要额外的资源去支持，问题发生了我们可以有另一种选择，这也就是保护的本质——资源的冗余。

无论光缆、光板、电源都是两倍的资源配置（也可以是两倍以上），就算不需要配置多余的硬件，也需要电路资源的双倍占用，向东和向西原本可以传送两路业务，为了保护牺牲了一个方向的电路资源，这也同样是资源冗余。不管是硬件还是电路，本质上都是资源，换句话说，我们都要为其安全性付出代价。资源的冗余确保每一个风险点不会成为业务传送、处理的必经之路，也就是不把鸡蛋放进同一个篮子里，这是保护的前提。基于此，我们才能谈如何实现保护，哪种保护方案更加合理。没有资源的冗余，一切保护都是浮云。

如果我们要从 A 点送一份重要情报到 B 点，有西线和东线两条路可以走，但是路上有可能被敌人封锁而无法通行，那我们怎么办？

方案一，我们可以同时派出两个人送情报，两个人携带同样的情报，同时出发，如果一个方向路被封了，另外一个人可以将情报安全送达，这就是通道保护。

方案二，我们派一个人走西线送情报，如果发现路不通，赶紧掉头走东线，也可以将情报安全送达，这就是复用段保护。

如果仅有的两条路都被封了呢？

2.4.2　双管齐下——通道保护

通道保护是最常用的、简单快速的保护方式，也就是我们常说的 PP（Path Protect）环，通道保护的原理概括为"并发选收" 4 个字，也叫"双发优收"。字面上意思就很明白，就是同时发送两路信号，由接收端选择从哪一路接收。通道保护的颗粒是以通道（VC）为基础，可以灵活地选择 VC–4、VC–3、VC–12，最小能够以 E1 为单位单独进行倒换。

通道保护分为二纤单向通道保护和二纤双向通道保护。二纤指组环使用的两根纤芯，这二纤的信号传送的方向是相反的，一根顺时针，另一根逆时针。我们坐过环线的地铁和公交，比如北京地铁 2 号线，环线分为内环和外环，内环顺时针跑，外环逆时针跑，车辆驶离的站点就是发送端，车辆到达的站点就是接收端，这就和二纤环的信号传送非常相似。

什么是单向和双向呢？我们先不考虑保护，只考虑主用业务传送，有两种方式，以 A 和 C 之间的业务为例：如果 A 发 C 收和 C 发 A 收的主用业务都是沿着顺时针或者都沿着逆时针传送称为单向，这样传送主用业务用一根光纤就够了；而如果 A 发 C 收和 C 发 A 收的主用业务方向相反的就是双向，需要占两根光纤，但是只占用一个方向的两根，则另外一个方向的两根光纤空闲，如图 2-27 所示。

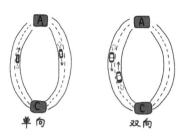

图 2-27　单向和双向

通道保护就是发送端将主用和备用信号从东、西向同时发送，接收端接收主用信号，当主用信号中断或劣化时，接收端根据信号质量决定是否切换到备用通道接收信号。二纤单向通道保护和二纤双向通道保护的原理基本相同，区别是收和发两个主用信号单向和双向传送的区别。

保护分为恢复式和非恢复式的。恢复式指业务切换到备用通道之后，如果主用通道恢复正常，业务再重新倒回到主用通道上去；而非恢复式的就是主用通道恢复也不进行倒回，直至备用通道中断则再次倒换。

我们在图 2-27 中再加上备用业务，就是通道保护的原理图，保护的过程从图 2-28 中看就很直观。

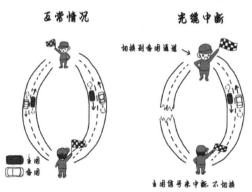

图 2-28　二纤单向通道保护

一个使用通道保护的 MSTP 环，每一个通道就只能传送一条业务。以 STM-1 环路为例，我们将一个 155 M 环逻辑上想象成 63 个 E1 环，每个 E1 都有中心局→A→B→C→D→中心局这几个段落，这每一个 E1 环就只能传送一条 E1 业务，因为使用通道保护，主用路径 + 备用路径 = 整个环路，不管业务需求是从哪儿到哪儿，比如中心局→B，那么相反方向的 B→C→D→中心局就作为备用通道不能使用。如此一来，一条业务就将整个环都占满，这一条通道也就只能为这一个业务服务。

所以通道保护环的最大容量等于系统速率 STM-N，系统容量指能够传多少业务，而系统速率是指线路侧的接口速率，相当于线路侧横截面积。回忆一下，第 2.1.3 节介绍的

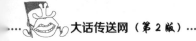

业务类型，一个 5 点组成的二次群的 PDH 系统最多可以传送 16 条分散型的 E1 业务，这个例子中，系统容量就是 16 条 E1，而系统速率是 8 Mbit/s，也就是 4 条 E1，两者差了 4 倍，可见系统容量和系统速率两者不一定相等。而如果采用通道保护，系统容量就等于系统的速率 STM-N，比如 STM-4=252×E1，STM-4 的通道保护环的最大容量就是 252 个 E1。

2.4.3 择路绕行——复用段保护

复用段保护原理概括一下就是：此路不通，择路绕行。

复用段保护需要启用 APS 协议去实现切换。

为什么通道保护不需要协议？协议就是设备间互相商量、协调一件事情，通道保护是单端切换，不管你从哪路接收，反正我是一厢情愿地发送两路信号，到了接收端你从哪边接收也没必要和发送端商量，所以倒换完全在于接收端，用不到协议。而复用段保护的发送端从主用路径发送信号，如果前方此路不通，需要通知接收方我切换了发送路径，请倒换到备用通道接收，所以就需要各站点之间对于线路的"通"与"断"互相通气。

复用段保护是利用段开销的 K1 和 K2 字节实现的。复用段保护顾名思义是工作在复用段层，复用段层看不到通道层的情况，所以只能以 VC-4 为单位进行倒换，这一点和通道保护有所区别。复用段保护分为二纤单向、二纤双向、四纤双向，下面重点对常用的二纤双向复用段保护进行介绍。

二纤双向复用段保护需要预留一半的带宽作为备用通道，所以复用段保护需要系统速率至少是 STM-4，因为 STM-1 就只有一个 VC-4 没办法再分割主备用通道。复用段保护由于需要启用保护协议，设备间商量需要一定的时间，所以保护时间要比通道保护稍微长一些。

以 STM-16 环路为例，容量共 16 个 VC-4，复用段保护将 1-8#VC-4 用作传送业务，其余 9-16#VC-4 留作备用。当线路发生中断时，设备检测到故障之后，在故障点两端的设备内部进行倒换，将中断的业务倒换到反向的 9-16#VC-4 中传送，如图 2-29 所示。

图中的 BC 站点间发生了中断，A—B、C—D、D—A 之间的业务均不受影响，而 B—C 间的业务则由备用通道从 B—A—D—C 反向传送过去。复用段保护的备用通道在正常情况下是空闲的，所以可以用来传送一些额外的业务，当遇到故障需要切换到备用通道时，额外的业务就直接丢弃。

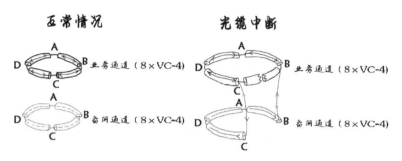

图 2-29　二纤双向复用段保护

复用段保护的优势在于理论容量大于通道保护，二纤双向复用段保护的理论容量 $=M/2 \times \mathrm{STM}\text{-}N$，其中 M 为节点数。这个容量是怎么计算得来的呢？

首先，由于复用段环要预留一半通道，所以可用的通道数量为 $1/2 \times \mathrm{STM}\text{-}N$，然后，剩余的一半通道可以传送任意两点之间的业务，就像第 2.1.3 节介绍的承载分散业务那样，在极端情况下任意相邻节点之间均有业务需求，这种情况下 M 个站点组成的环路的一个通道就可以传送 M 条业务，因此 $\mathrm{STM}\text{-}N$ 的复用段环就可以达到 $M/2 \times \mathrm{STM}\text{-}N$ 的容量。如图 2-30 所示，一个 4 节点的 STM-4 复用段环最大可以传送 8 条 VC-4，也就是 $4/2 \times \mathrm{STM}\text{-}4$。

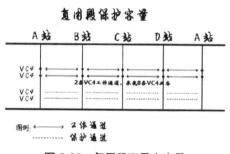

图 2-30　复用段环最大容量

这个容量是理论容量，在环路业务为集中型业务的时候，复用段环的容量与通道环容量是相同的；在分散型业务的情况下复用段环的容量大于通道环，具体大多少，就要看业务有多分散。

一般来讲，接入层的业务通常为集中型业务，业务往往都集中于汇聚节点，这种情况下两种保护容量相同，通道保护的倒换时间较短，所以在接入层一般选用通道保护。而核心汇聚层的业务通常为分散型业务，各节点都可能承担某个业务网的核心节点功能，业务流向比接入层复杂一些，这种情况下复用段保护的容量优势比较突出，所以核心汇聚层一

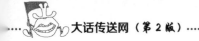
般选用复用段保护。

至于四纤双向复用段保护，实际应用的较少，四纤不像二纤那样预留一半通道，而是预留两根光纤，也就是两根光纤作为工作光纤，另两根光纤作保护光纤。我们可以把四纤复用段的保护光纤想象成二纤复用段的保护通道，原理大同小异。

2.4.4 八仙过海——子网连接保护

子网连接保护（SNCP，Subnetwork Connection Protection）指对某一子网连接预先安排专用的保护路由，一旦子网发生故障，专用保护路由便取代子网承担在整个网络中的传送任务。

什么是子网？听起来很神秘，其实子网就是网络的一部分，可以是链、环、网状网、一个网络的部分通道。

通道保护的原理是并发优收，SNCP的原理也一样。事实上，通道保护是SNCP保护的一个特例，SNCP的主备业务经过了两个"子网"，通道保护的主备两条业务经过的是一个环的东、西两个方向，是特殊的两个子网，通道保护的收端和发端两个站点在一个环上，而SCNP对于网络结构没有限制。

我们用公交环线比喻环路，通道保护就像是两个人同时坐内、外环的公交车，一个顺时针另一个逆时针，他们都到达终点。而SNCP不局限于公交环线，代表主备业务的两个人可以乘坐不同线路的公交，也可以乘坐地铁、出租车，骑自行车也行，两条业务可以"八仙过海，各显神通"，可以自由穿过任何形式的子网，只要能够找到一条路径到达同一个终点就可以，如果一个方向的子网出现了问题，接收端就从另一个方向接收备用信号。

不是所有地方都有公交环线的，可见，SNCP的应用场景灵活得多，比如一个单链本来是没有保护的，但是其中某条重要业务需要保护，就可以借助于其他链路、环路甚至其他单位的网络形成保护子网，实现SNCP保护。

SNCP还可以实现相交环的保护，相交环就是接入环和汇聚环通过两个站点互联，用传统的通道和复用段方式保护，主备业务都是同源同宿的，如果一个汇聚节点出现故障，业务自动倒换到另一个汇聚点上。而SNCP的主备业务可以分别通过两个汇聚节点到达中心局，有效防止汇聚节点出现问题。子网连接保护模型及其应用如图2-31所示。

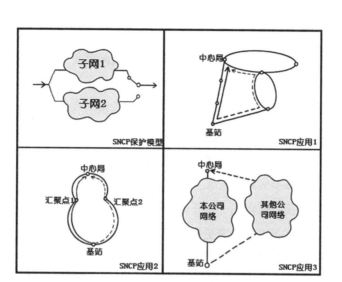

图 2-31 子网连接保护模型及其应用

 ## 2.5 与 MSTP 的亲密接触

2.5.1 读懂设备的名片

MSTP 原理的介绍先告一段落，这一节我们把
这些抽象的概念具体化，去了解一下 MSTP 设备，
理论与实际结合，更容易加深印象。各大厂商都有
多款 MSTP 设备，我们不介绍具体的设备，只是
介绍设备的组成和主要参数，读者需要用到具体
设备的时候可以查询厂商资料，掌握这些资料是
一个熟能生巧的过程，用得多了自然就能熟记。

1. MSTP 设备组成

MSTP 设备由子架（机箱）、单板组成，单板可
以分为公共单板和业务单板两类，如图 2-32 所示。

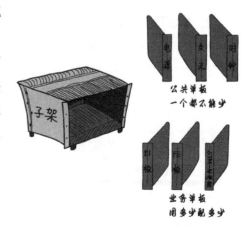

图 2-32 MSTP 设备组成

后面要讲到的 OTN、分组网设备也都是这个结构组成。

子架是设备的骨架，一端设备没有插任何单板的时候就是一个子架，也就是一个空壳子，子架提供一定数量的槽位，可以插入各种类型的单板，就像我们的台式机有内存、显卡等部件的插槽一样。子架背面是设备背板，插入的单板与背板相连接，各单板之间通过背板互相通信，电源板也通过背板向各单板供电。

公共单板一般包括电源、主控、交叉、时钟、风扇等，公共单板是一个设备能够正常运转所必需的板件。公共单板除了交叉板之外，其他的我们一般关注较少，因为这些单板都是在设备新购的时候按套配置的，属于必配的部分，特点是一次配置终生使用，一般情况不需更换和扩容，起码不需要频繁更换和扩容，这是和业务单板的最大不同。这就像我们吃火锅，业务单板就像菜品，根据需求来选择，想吃什么吃什么，想来几盘来几盘，而公共单板就像调料，想吃你就必须得来一个。

有些设备能提供不同容量的交叉板，比如同时提供 40 Gbit/s 和 120 Gbit/s 的高阶交叉，选用的交叉板不同就决定了设备的能力不同。比如，我们要使用 10 Gbit/s 的速率组网，就要选择能力大点的交叉板，前期选用小容量的，后期还可以替换升级。

业务单板是我们用得最多的单板，是负责业务的接入和处理的单板，业务单板有以下几个参数：接口数量（多少路）、接口速率（STM-N、E1 等）、接口类型（光 / 电、光口还包括传输距离），比如我们通常说的 2 口长距 10 G 光板、4 路 FE 电接口板等。业务单板是根据需求来选配的，用多少配多少。

2. MSTP 设备主要参数

我们工作中如果要用到一款不熟悉的 MSTP 设备，要通过厂商提供的技术资料去了解，可是厂商的资料往往都是厚厚的几百页，不能将这么多的内容全部看完，必须要抓住重点问题去了解，也就是关注一款设备的主要参数，如图 2-33 所示。

首先是交叉能力，交叉能力是一个设备能力的表达，类似于我们的电脑是 i3、i5 还是 i7，虽然这个参数有些抽象，但了解了交叉能力，就知道

图 2-33 MSTP 设备主要参数

这个设备大概在什么档次。

接下来就要详细地了解设备的具体能力，包括最高速率、槽位数、最大接入能力、单业务接入能力。

最高速率指设备可以提供的最高速率端口是多大速率的，就是我们常说的这个设备是10 G 的还是 2.5 G 的，表示该设备最大可以组成多大速率的系统。

最大接入能力指设备插满最大速率的单板之后可以接入多少业务量，比如共有 12 个槽位，每个槽位最大可插两路 10 G 的单板，设备最大接入能力是 $12 \times 2 \times 10\ G=240\ G$。这个能力一般略小于高阶交叉能力，接入能力的表达更为直观具体，是实实在在的能力体现。

业务槽位数指设备可用于插入业务单板的槽位数量，槽位数越多，设备可插单板就越多，设备接入能力就越大，配置就越灵活。

单业务最大接入数量指对于单一业务而言，设备最大可以提供多少路接入，比如设备所有槽位都用来插入 622 M 单板，可以插入 12 块 4 路 622 M 单板，622 M 的最大接入能力就是 48 路。

接下来就是了解设备都支持哪些单板，了解单板集成度（如 155 M 单板最大是 4 路还是 8 路）。每一种单板可以插在哪些槽位上，有些设备的不同槽位背板带宽是不同的，如果是 2.5 G 的背板带宽就不能插入两路 2.5 G 或 10 G 的单板，因为背板的处理能力不够。

最后是一些物理特性，如尺寸、重量、功耗，可以用来判断机柜内是否有空间安装，机房承重是否满足要求，电源端子、整流模块、蓄电池是否满足设备供电需求。

3. 设备选型

设备选型就是在众多厂商的多款设备中选择一个适合我们需求的设备。我们常说，根据业务需求，合理考虑业务长期发展，综合多种因素去选择，这像是一句空话，说得天衣无缝，实际上也确实是言之有物的，我们来解释一下。

如果我们要买房，根据业务需求就是我们现在要住几个人，考虑业务发展就是以后可以预见的还要住几个人，可能目前是两口之家，有孩子之后还要有父母来照顾，需求从两个人变成 7 ~ 8 个人也是有可能的。有些家庭最多 5 个人，有些家庭可能最多有 8 个人，要具体问题具体分析，这就叫合理考虑业务长期发展，最后决定要买多大的房子。

设备价格每年"集采"都要降价的，所以综合考虑的因素还要更谨慎地把握。

首先我们需要知道设备的层次是什么，如果是接入层的，就看对应的这一档次的设备，比如你要买两居三居就不用去看别墅了。

我们这里不谈厂商的选择，只说选定了厂商之后，有几个型号的设备可以选择。这些设备的尺寸、交叉能力、槽位数都不相同，我们肯定需要的也不是一端设备，可能是几十端或者几百端，这就需要把这些站点分个类。

虽然同样属于接入层，有些站点位于城区、县城，有些站点位于农村、交通干线，这些站点目前的需求是确定的，需要怎样组网，要带多少业务都很好计算，而后期的业务发展就有很大区别。农村的站点可能最多再带 1 ~ 2 个站点，而城区的业务发展的种类和数量的潜力都更大，所以我们可以给边远的基站配置低端的设备，在城区配置插槽式的可扩容的设备，万一某个边远基站的业务量暴增，可以具体问题具体对待，个别问题不影响大局，这样分档选型就做到了投资的合理利用。

4. 设备配置

设备选型定下来之后，配置要怎么配，还是根据业务需求来定。

就拿 GE 口来说，到底要配多少口的板子，比如目前我们需要 4 个口，设备有 4 口、8 口、20 口几种单板，那么配 4 个口就可能不合适，一个富余接口都没有，很可能马上就不够用而需要扩容；如果我需要两个口，站点又比较偏远，那么配 4 口就够了。其他接口的配置也是一样的考虑，考虑所有接口后，设备配置也就完成了。

上述这些工作多数都是数字统计的工作，对设备有了初步的了解之后我们可以知道这款设备大致定位于网络的哪一层，在工作中可以根据组网的端口实际需求，去选择适合的设备和确定设备的单板配置。

接下来一节，我们介绍如何用这些设备去组建传送网。

2.5.2 环和链的世界

MSTP 网络发展到现在，其实组网结构上没有太大变化，基本结构就是两种：环型和链型，绝大多数都是环带链，也就是这两种结构的组合体。而其他的结构比如星形、树形等，站在传送网的角度都归入链状结构，而网状结构由于对光缆路由要求较高，而且需要加载 ASON 控制平面去调度业务，实际应用较少，一般只在核心层可能采用网状结构搭建。

1. 链型系统

几端配置 155 M 光口的 MSTP 设备可以组一个链型系统，由于 MSTP 支持 ADM 站型，所以每个站点只需要一端 MSTP 设备，如果将这些设备比作几个人，那么光口就是设备的左右手，大家手牵手一字排开，如图 2-34 所示。

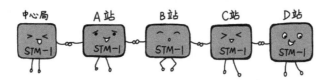

图 2-34　MSTP 链型系统

图中这些站点设备的光口需求数量不同，中间的 A、B、C 三个人要伸出双手，就需要两个光口，而两边的人只需要一只手，即只需要一个光口。STM-1 链搭建起来之后，这个系统就有 63 路 E1 通道，这 63 条 E1 是大家共有的资源，每个站点都可以占用，但这一占用基本就是永久性的，直到业务撤销或者调整，63 条 E1 用一个少一个。

比如中心局→D 站需要 1 条 E1 电路，我们给这条业务分配 1 号 E1，那 1 号 E1 这个通道从中心局→D 站的全部段落就被这两个站点占用。如果是中心局→B 站需要 1 条 E1 电路，分配 2 号 E1，那么 2 号 E1 的相应段落被占用，2 号 E1 剩余的 B→C→D 的段落空闲，还可以继续使用。

我们可以按照业务需求去分配这 63 路 E1，按照第 2.1.3 节介绍的方法画出 MSTP 系统的通路组织图，每占用 1 条 E1 就在图上将对应的资源"划掉"，直到用完为止。MSTP 链型系统和 PDH 系统的通路组织图除了通道数不同，其他基本一样，我们就不再附图展示。

STM-1 列车开过每个站点的时候，大家都将分配给自己的那部分电路通过交叉矩阵用支路接口接出来，装上自己要传递的信息，而非本站的其他站点的业务，本站可以忽视它们的存在，通过交叉矩阵穿通过去，"穿通"和"跳接"是 MSTP 和 PDH 的区别，也是 ADM 和 TM 的区别。

如果是 STM-16 以上的系统，速率上升了一个层次，可能不需要关心每一条 E1 通道的利用情况，只需要关心 16 个 VC-4 的分配使用情况，那么也可以画出以 VC-4 为单位的通路组织图，方法都一样。

2. 环型系统

如果中心局和 D 站各自伸出另外一只手牵起来，几个站点间就围成了一个圆圈，即组成了一个环形系统，如图 2-35 所示。

对于环形 MSTP 系统，我们没办法将通路组织图画成圆形的，须有一定的绘画功底去绘制 3D 的通路组织图。如果用首尾站点相同代表这是一个环，可以想象一下，这相当于将环从该站点处断开，然后展开成一条直线。

通路组织图对于 MSTP 至关重要，它表示了 MSTP 系统的资源分配、使用和空余的情况，我们不一定要去画这样一张图，但至少心里可以通过空间想象去呈现。配置业务、统计时隙利用率、整理时隙资源等工作都是建立在这张图的基础之上，MSTP 环通路组织图如图 2-36 所示。

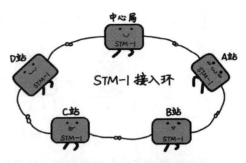

图 2-35　MSTP 环形系统

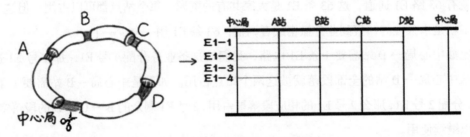

图 2-36　MSTP 环通路组织图

我们如果乘坐北京地铁 2 号环线从西直门到火车站，乘坐内环和外环都可以到达，同样对于环形系统的一个 E1 通道来说，比如 C 站点，向西向东都可以到达中心局，也就是说 1 条 E1 通道可以传送 2 条 C 站到中心局的业务，如果配置的是通道保护，反向通道就要随时准备切换，不能他用。

2.5.3　能传多远——传送距离的计算

我们说传送网是解决业务网无法到达的远距离传送，那到底传送网可以传多远呢？我们怎样去计算一个光口的最远传输距离呢？

我们上学时都接触过下面这张光谱图，可见光部分波长范围是 390 ~ 760 nm，大于 760 nm 部分是红外线，小于 390 nm 部分是紫外线，如图 2-37 所示。光谱中不同波长的光有着不同的特性（穿透力、能量、折射率、杀伤力等），使其可以应用到各个领域中。如果站在光通信的角度，我们关注的是各种波长的光在光纤中传送的特性：衰耗、色散。

光纤通信是利用光的全反射原理，如果入射光大于一定角度，入射光在纤芯和包层的分界面会全部被反射，在光纤中不停地反射从而到达另一端。

如果两个人隔一定距离说话，离得越远越听不清楚，这是因为声音信号在传播过程中产生了衰耗，也就是声波能量在传播途中转化为其他能量而损失掉。传送网的衰耗指发送的光信号经过光纤传送之后功率的衰落，也就是信号由强变弱，当信号衰落到接收端无法正确识别时，便产生误码或中断。

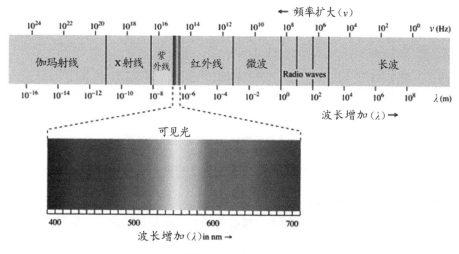

图 2-37　光谱图

我们在大学的时候组过乐队，当在四楼的宿舍排练时，如果同学站在排练室听，就只听得到吉他、主唱、鼓的声音，基本听不到贝斯声，而如果是站在一楼就只听得到鼓和贝斯的声音，这是由于不同频率的声音传播效果不同。MSTP 发送的光信号是有一定的波长范围的，并不是一个精准的、单一的波长信号，不同波长的光信号在光纤中的传播效应也会不同，由此就会导致信号脉冲变形，这就是色散。

从脉冲信号的形状上来看，衰耗是脉冲由高变低了，色散是脉冲由窄变宽了。

在光谱中不是所有的频段都适合光传输的，要考虑不同频率光信号的色散和衰耗性能，选用合适的频段才能使信号传得更远。不同波长的光在光纤中的衰耗和色散曲线不同，如图 2-38 所示。

衰耗较小的波长主要集中在 1 310 nm 和 1 550 nm 左右两个窗口上，而色散是随着波长的增加而增大的。1 310 nm 信号的衰耗较大但色散较小，因此一般称为零色散窗口；

1 550 nm 附近信号的衰耗较小但色散较大，称为低损耗窗口。1 310 nm 窗口光信号的低色散特性可以通过某种技术（利用光纤材料中的石英材料色散与纤芯结构色散的合成抵消特性）位移到 1 550 nm 窗口附近，因此长距离的传输一般使用 1 550 nm。

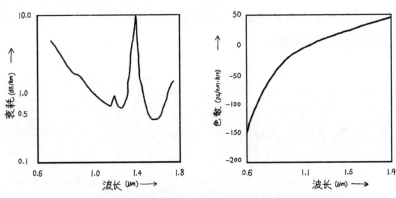

图 2-38　光信号衰耗、色散和波长的关系

下面我们分别针对衰耗和色散，来说明一下光信号的最大传输距离的计算。

1. 衰耗受限传输距离计算

衰耗对传输距离的限制由发光功率、接收灵敏度、线路损耗决定，这个比较容易理解，举一个隔空喊话的例子，声音能够传多远受三个因素影响，第一是你的声音的大小，第二是我的耳朵灵敏程度，第三是传播途径的风和噪声大小，也就是源、宿、传播介质三个要素。

衰耗（增益）的单位是 dB，dB=10log$X$，其中，X 是衰耗的倍数。为什么用 dB 来表示呢？因为信号的衰耗和增益可不是增减多少瓦（W）这种小数据，动辄就是 10 的 N 次方倍的数量级，如果用多少瓦来表示会非常不直观，就需要数小数点之前或之后 0 的个数才能知道衰耗（增益）了多少倍。用对数来表示就简单很多，比如增益（衰耗）10 倍就是 10dB（−10 dB），100 倍就是两个 10 倍就是 20 dB，增益 1 000 000 000 000 000 倍就是增益 150 dB，是不是用 dB 表示清楚简单了很多？

这里强调一点，dB 之间是相加减的关系，不是乘除。

下面我们看一下衰耗受限的传输距离计算公式：

$$L=（P_s-P_r-P_p-C-M_c）/（a_f+a_s）$$

$$L=（P_s-P_r-P_p-C）/（a_f+a_s+\Delta M_c）$$

不要被公式的长度迷惑了，仔细看一下就会发现只有加减乘除，也就是小学数学的难度。这两个公式差不多，唯一区别就是 M_c 的计取方式不同，我们来解释一下公式中的这些参数。

L——再生段最大距离（km），就是我们要计算的结果——最远传输的距离。

P_s——s 点"寿命终了"（EOL）最小平均发送功率（dBm），也就是发端可以发的信号强度的最小值。

P_r——r 点"寿命终了"（EOL）最差灵敏度（dBm），也就是接收端能够接收到信号的最低的强度，再低就无法识别了。

什么叫"寿命终了"？一个设备从生产出来开始，光接口的性能是逐年降低的，我们要以设备退网时还能够达到的最坏的指标去计算，才能保证设备在"服役"期间都能够满足要求，直到"光荣下岗"，即所谓的"最坏值法"。

P_p——光通道代价，它包括反射、码间干扰等产生的光功率代价，该参数一次性记取一个数值。

C——所有活动连接器衰耗之和，也就是经过 ODF 端子的衰耗，如果每个连接器衰耗取 0.5 dB，两个连接器就是 1 dB。

M_c——光缆富余度，单位为 dB，光纤长短不同取值不同，ΔM_c 单位为 dB/km，M_c 和 ΔM_c 的区别是将富余度一次性计取，还是分摊到每公里线路中，就像我们租车一样，是一次性付费全包还是按照每公里多少钱计价。

a_f——光纤衰耗系数（dB/km），即光信号在光缆中传输每经过 1 公里的衰耗值，也就是第 1.5.2 节提到的科学家绞尽脑汁要降低的指标。a_f 与工作波长密切相关，在不同工作波长上，光纤的衰耗为不同值，具体值与光纤的质量有关，一般在光缆性能较好的情况下可以按照经验估算，如果是一些严重劣化的光缆段落，应以实测值为准。

a_s——光纤熔接接头每千米衰耗系数（dB/km），光缆一盘一般是 2 ~ 3 km，在中途经常需要光缆熔接，熔接就会产生额外的衰耗，a_s 与光缆质量、熔接机性能、操作水平有关。

这个公式的计算方法很简单，就是用发光功率减去接收灵敏度，得到线路上可供衰耗的容限，这个容限再减去接头损耗、富余度等固定会发生或预留的值，剩下的就是可以在光纤中容忍的衰耗值，用这个值除以两个衰耗系数的和（a_f+a_s），得出的就是最大传输距离，如图 2-39 所示。

上述的计算过程我们来举个例子，我们要出去旅行，手里有 10 000 元（发送功率），旅游完回来要剩5 000元（接收灵敏度）作为生活费，这10 000-5 000=5 000元就是旅行总共可以花的钱，减掉来回飞机票固定的2 000元（P_p、C、M_c这些固定的衰耗），剩下的3 000元是每天可以花的，如果玩一天要花500元（a_f+a_s），那么我们一共可以玩3 000/500=6天。

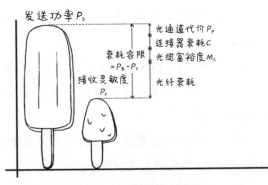

图2-39　衰耗受限传输距离

当衰耗受限距离无法满足传送要求时，系统需要使用放大器进行衰耗补偿。光放大板分为三种：功率放大板OBA、前置放大板OPA和光线路放大板OLA。在SDH工程中，一般只使用OBA和OPA，OBA的作用是提高发送端的光功率，也就是增大公式中的P_s；OPA的作用是提高接收端的灵敏度，也就是降低公式中的P_r。

工程中配置的SDH光接口有各种各样的型号，例如，S1.1、S4.1、L16.2、L64.2等，其中S和L代表光口类型是长距还是短距，决定了发光功率P_s和接收灵敏度P_r，这个参数有相关的标准，可以在设备的技术资料中查到；后面的数字1、4、16、64，即STM-N中的N，代表光口的速率；小数点后面的1和2代表工作波长，1表示1 310 nm，2表示1 550 nm，这个数字决定了光通道代价P_p和光纤衰减系数a_f。

而后面介绍的分组设备的光模块一般按照10 km、40 km和80 km去标注，看起来直观了一些，实际上给出的公里数也是一个参考值，如果要准确地计算传输距离，使用的方法和上述介绍的相同。

2．色散受限传输距离计算

色散原理说起来较为复杂，但是计算色散受限传输距离要容易得多，色散受限的传输距离计算公式：

$$L_d=\varepsilon/D_m$$

其中：L_d——传输距离；

　　　ε——光源色散容限，就是光源可以忍受的最大色散值；

　　　D_m——每公里色散值。

色散值的单位：ps/(nm·km)，含义是单位波长间隔内各波长成分通过单位长度光纤所产生的时延；色散容限值单位是：ps/nm，这个值由光源决定。

举个例子，ε=1 600 ps/nm，D_m=20 ps/(nm·km)，那么 L_d 就等于（1 600 ps/nm）/ [20 ps/(nm·km)]=80 km，就是说如果考虑光纤的色散效应，信号最多可以传 80 km。超过 80 km 就需要色散补偿，色散补偿就相当于补偿 ε，一般色散补偿模块的规格直接用公里数表示。

设备的最大传输距离必须同时满足上述两个主要受限因素，传输距离值遵循木桶理论，决定于两个因素受限距离的最小值，传输距离不满足时，哪个因素受限就需要对其做相应的补偿。

2.5.4　走进机房看一看

1. 走进基站

作为一个传输领域的新人，参加工作后的某一天，师傅过来跟你说，"走，和我到站上看看去"，具体任务可能是去抢修、勘察、巡检，无论是什么目的，这都是一次不错的机会，让我们与通信设备终于有了第一次亲密接触。

进入机房，第一印象一定是"嗡嗡嗡"的声音，伴随着机器烦闷的轰鸣，自己的头也开始渐渐的"膨胀"，一方面看到基站机房内形形色色的机架、设备、交错的连线，一下子感觉信息量好大；另一方面，虽然看过很多通信技术资料，但是感觉不到这两者有什么关联，理论和实践像是不相干的两个世界，在大脑里一时间没有找到结合点。

没关系，一步一步来，首先把握住要点，我们要锁定那个屹立在一排机柜中的Mr.right：传输机柜。

我们打开柜门能看到一根根细细的黄线（尾纤）从设备上接出来，还可能有一根根灰色的 2 M 线和网线，最关键的是设备的标牌上写着我们认识的一款传输设备型号，就是它了。

机柜就是个铁皮柜子，机柜常用的高度有 2 m、2.2 m 和 2.6 m，指柜子的外侧高度，2.2 m 用得多一些，当然越高的柜子内部可用空间就越大，机柜内侧可用的高度空间一般用 U 来表示，1U 等于 44.5 mm，设备的高度一般也用 U 表示，这样全部化为整数去计算机柜空间简单一些；机柜的宽度一般常用的是 600 mm，指设备的外侧尺寸，而我们常说的标准 19 英寸（约为 482.6 mm）机柜指机柜内侧可以安装 19 英寸宽的设备，600 mm 宽的机柜就是标准的 19 英寸机柜，这是国际标准；机柜深度一般常用 300 mm、600 mm，选用哪种要看设备的深度来决定。MSTP 设备实物照片如图 2-40 所示。

图2-40　MSTP设备实物照片

接着我们蹲下来凑近去看，每一块板子上都有一个单板型号，不认识型号也没关系，可以现学现用，拿出手机对照着百度一下设备手册，就知道这个站的传输设备的具体配置，比如一端设备业务单板配置为：2×622 M 光口、4×155 M 光口、$8 \times$ FE 电口、$16 \times$ E1 电口。

光口使用的线缆都是尾纤，E1 接口对应 2 M 电缆，FE、GE 电接口对应网线，除了电源线我们能用到的线缆就这么多。尾纤的作用和光缆一样，尾纤比光缆轻便柔软，可以灵活弯曲，一般作为基站内的连线使用，与无线基站的 7/8 馈线作用差不多，各种线缆如图 2-41 所示。

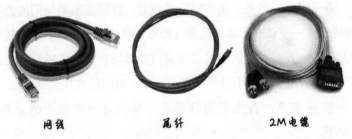

网线　　　　　　　尾纤　　　　　　　2M 电缆

图2-41　网线、尾纤、2 M 电缆

在这些光接口中，主线路侧接口一定是速率最高的，比如有 622 Mbit/s 和 155 Mbit/s 光口，那么线路侧就是 622 Mbit/s 速率，而低速接口 155 Mbit/s 也有可能是线路侧接口，用来接入下一层的环或者链，也有可能是支路接口。

我们去看 622 M 光口尾纤上面的标签，标签上写着其他站点名字的代表其是线路光接口，于是便知道这个基站在网络上有两个邻居，比如"人民医院""市一中"，本站很可能是在一个 622 Mbit/s 环上，也有可能是 622 Mbit/s 链上的一个中间节点；如果是 FE、GE 接口贴有"无线""2 G"或"3 G"这样的标签，就代表是本站的业务接口，而没有连线的接口是空余的，可以后期使用。

传输设备和光缆之间不会直接对接，中间经过一个 ODF（光纤配线架），实物照片如图 2-42 所示。ODF 原理和水管对接用的法兰一样，就是把两头连接起来，作为传输设备和光缆线路专业的分工界面。ODF 一侧熔接光缆，另外一侧通过尾纤与传输设备的光口连接，在建设基站时进站光缆熔接到 ODF 上，该基站需要使用第几芯，就用尾纤连接到 ODF 对应的端子上，这样规范的安装方式便于后期维护工作。

ODF 每一排端子（熔纤盘）后面也都贴着标签，代表光缆的对端站点，这个标签可以和设备上线路接口的标签对应，如果设备上有"人民医院""市一中"字样的标签，正常来讲，ODF 标签上也应该能找到通往对应站点的光缆。

FE 是支路侧接口，一般不经过配线架，直接用网线连接到业务侧设备上。

E1 接口同光口一样需要经过一个配线架——DDF（数字配线架），DDF 实物照片如图 2-43 所示。DDF 作用和 ODF 相

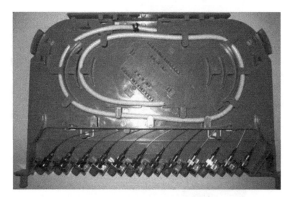

图 2-42　ODF 单元实物照片

同，DDF 一侧连接传输设备，另一侧连接业务设备，作为传输和其他专业的分工界面，新建基站时传输设备将所有 E1 全部连接到 DDF 的传输侧，业务设备将需要使用的 E1 连接到 DDF 相应端子上，每个 DDF 端子上面也有标签，表示本端子是被什么业务占用。

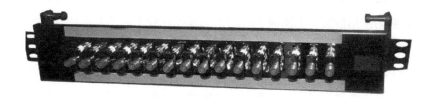

图 2-43　DDF 单元实物照片

ODF、DDF 在汇聚、核心节点都是独立的 ODF 架，而一般的基站的设备尺寸较小，ODF 和 DDF 配线的容量也较小，所以为了节省机房空间，一般都是将传输设备和 ODF、DDF 安装在一个机柜中，叫作综合配线柜，如图 2-44 所示。

总结一下，通过对基站的学习，我们了解到了以下内容：

（1）认识了某型号设备的外观和其单板，了解了单板型号和对应的接口；

（2）通过设备接口标签、ODF和DDF标签了解了基站的线路、支路侧接口的去向，知道了基站的上下游站点和本站的业务侧接口；

（3）通过对所见信息的整理，脑子里就有了一幅整个基站内部的连线图，如图2-45所示。

图2-44 综合配线柜照片

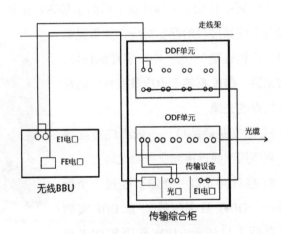

图2-45 基站内部连线图

我们再到网管上打开这个节点的传输设备界面，会看到这些单板的配置、使用情况，与在基站中实地考察的结果相同，所以今后如果是要了解这些信息，就不必跑下去一个一个地看，在网管上就可以一目了然。但是如果要了解机房和机柜内部空间使用情况，或者要了解光缆芯数的使用情况、电源端子占用情况等在网管上看不到的信息，我们就需要逐站进行实地勘察。

看过了一个基站之后，回到办公室，我们发现这些设备资料和网络拓扑图已经不再是纯粹的概念了，再去看时也多了几分亲切，也知道了有些东西有必要记在心里。如果在一个机房中能够掌握这些知识，我们就已经不虚此行了。事实上很多人最初都没有这么多想法，至少我没有，都是工作了几个月之后才恍然大悟的。

2. 走进中心局

又有一天，师傅过来说，"走，我带你去中心局看一看"。有了前面的经历，于是我信心满满、兴高采烈地跟着去见识一番。到了地方，套上鞋套、踩在防静电地板上，看见一排排机柜的那一刻，是不是有了一种迷失的感觉？脑子又嗡的一声，头也迅速大了好几圈，就像从一个小镇子来到首都一样，心里一直重复一句话："这是什么情况？"

没关系，从基站到中心局其实就是个量变，本质都是一样的，我们耐心地去寻找需要的线索，基站与中心局机房实物照片如图 2-46 所示。

基站机房　　　　　　　　　　中心局机房

图 2-46　中心局实物照片

基站的业务侧设备一般就是一两个机柜，而中心局业务侧设备要将全网的所有业务汇集到局端进行处理，所以每个网的阵容足有几排机柜，甚至是独立的"无线机房""固网机房"和"数据机房"；中心局的 DDF 架和 ODF 架也是一排排、一列列，十分整齐；基站的传输设备一般就是一个柜子，而中心局的传输设备除下挂各个本地网 MSTP、分组网、波分环路的设备之外，还有一干二干的环路设备，所以至少需要一两排柜子。

有了勘察基站的经历，我这一次是有备而来的，在去中心局之前应该对组网结构有所了解，本地网市区环 1、环 2……郊县东南西北环……一干二干各种环，应该将组网图打印出来拿在手里。中心局传输设备位置摆放是分类的，本地网的柜子都是挨着的，干线的柜子也是挨着的，可能在另外一头或者另起一排，这样对应着这些柜子上的标签和手里的图纸，只要有耐心，就能够对号入座。

以前中心局的传输机房几乎都是被一排排的 DDF 占据了大半个空间，因为中心局无线话音业务落地使用 E1 接口，每条 E1 都是一个端子，所以柜子的数量巨大。后来逐步进行光接口改造，将 E1 电接口改为 155 M 光接口，或者 IP 化改造为 GE 接口，可以将很多个DDF 系统缩减为 1 个 ODF 端子对接，DDF 的使用将会越来越少。

中心局进局光缆数量、芯数巨大，需要用 ODF 架成端，中心局还多了一类调度 ODF 架，也就是不同专业设备之间跳纤经过的中转站。普通基站的设备和线路侧也就几根尾纤，直接就从走线架上"飞"过去了，可是现在面临的是几十上百条的尾纤，这样"飞来飞去"着实不妥，需要在不同专业设备之间分别使用调度 ODF 来规范这些连线。

　　总结本节内容，进入机房看什么——看标签，标签不是万能的，但没有标签却是万万不能的。DDF、ODF 上的标签就是我们了解这个站的各种接口使用情况的第一手资料。DDF 和 ODF 实物照片如图 2-47 所示。

ODF（光纤配线架）　　　　DDF（数字配线架）

图 2-47　DDF 和 ODF 实物照片

2.5.5　接入工程，小试牛刀

　　日子刚刚平静下来，还没来得及去整理这些信息、资料，师傅又来了，给你一个站表，说："新批下来几十个基站，你给做一下立项报告。"心里想："What？什么情况？"

　　别急，我们来解读一下这个任务，这么多基站要接入现有的网络，我们要买多少设备，建多少光缆，扩容多少个光板以及相关的配套？这些就是建设规模，最终要的结果是需要花多少钱，就是工程造价或总投资。我们做的这个事情就是一个基站传输接入工程，是传送网最基本的工程，即满足新建基站的接入需求。传输接入类工程还有室分接入、WLAN接入等工程，模式都差不多。

　　做这个事之前，首先我们要收集一些基础资料，传送网现网的拓扑图，设备的配置情况，这些可以在网管上导出表格，没必要逐站去查看，还需要现网每个站点的具体经纬度，并且需要知道这些新建基站的经纬度、站型配置，不同站型对应不同带宽需求。就拿其中一个新建基站举例子，我们将新建站和原有站的经纬度分别用不同的图标导入电子地图里。

　　导进电子地图之后，我们发现这个新建基站周围很熟悉，打个招呼："Hi，大家好，我是新来的，很高兴即将加入这个大家族。"不过首先一个问题，大家都是"光纤通信界"的，要加入进来至少你得有一条光缆和我们互通吧。

　　应该选哪个做上游站呢？如果没有特殊的原因（如物业纠纷），基本就两个原则，一是尽量选环上的节点，二是就近接入的原则。如果新建基站要纳入环中，还要在环上选另一个相邻的基站，要再建一条光缆，不管一条还是两条，光缆这事算是搞定了。

我们还需要新购一端设备，什么设备呢？把新建站的线路、支路接口统计一下，你是要接入环路还是单链，下面还要不要再挂"小弟"？这个新建站都有哪些业务需要解决？统计一番，总的需求就出来了，基本上末端基站的设备最多也就几种配置模型，选一个能满足需求的模型，设备选型也就完成了。接下来，相关配套的综合配线柜、DDF、ODF 和配套的各种电缆、尾纤这些也要考虑进来，一个也不能少，新建基站建设内容如图 2-48 所示。

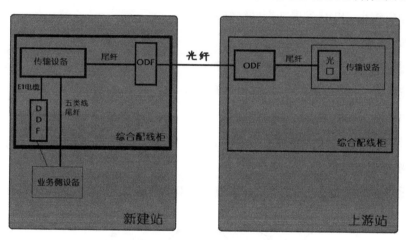

图 2-48　新建基站建设内容

新建站是完成了，可是你要将 GE 或者 10 GE 光口接到上游站，有没有接口呢？有空余光口自然万事大吉，没有光口是要扩光模块还是光板，也需要考虑进去，万一没槽位，光板都没得扩，就得换个更大的设备；还有，上游站也需要扩容新建光缆的 ODF 模块，没有空余也要新增，这些东西都是咱们"买单"的。

接入工程就是这样既简单又烦琐，几十个站需要多少光缆、多少设备、多少板件，那就一个一个站按这套流程做下来，按照采购单价估算一下，总共要花多少钱也就出来了。最后计算出平均每站花了多少钱，用了多少光缆，和前期工程比较一下指标是否合理，如果不合理，需要看看偏高或者偏低是什么原因，计算过程是否有误。

至于这么多站接入进来之后，带来的环路流量的增长，接入环、汇聚环能否满足业务需求，这将是我们接下来要考虑的，也就是下一节要讲的——网络优化。

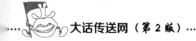
2.6 网络大了会出问题

2.6.1 容量不够怎么办

SDH 从 20 世纪 90 年代开始在我国规模商用，当时由于无线网络的站点较少，传送网的规模也相应较小，SDH 发展初期网络结构是这样的，如图 2-49 所示。

这个时期的无线网络还在 2 G 阶段，每个基站的带宽需求为 1 个 E1，一个 155 M 的环路按照 30% 的带宽预留，如果只考虑无线业务，大约可以带 40 个基站，足够满足业务需求，所以早期的网络以 155 M 为主。

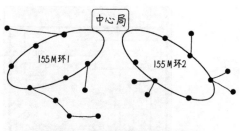

图 2-49 发展初期的 SDH 网络

随着无线网络的发展，无线基站逐步增多，SDH 网络也渐渐庞大起来，如图 2-50 所示。

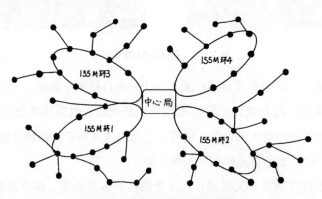

图 2-50 发展壮大的 SDH 网络

随着无线 GSM 1 800 M 基站的建设和大客户专线业务的接入，承载在 SDH 网络上的业务也逐渐多元化，单站的带宽需求逐步从 1 个 E1 发展到 2 ~ 4 个 E1 甚至更多，一些 155 M 的 SDH 环路的 63 个 E1 即将用完，我们面临容量不足的问题，通道利用率超过一定门限值（如 70%，就是 44 个 E1）就需要扩容改造。

为什么要设定一个门限值？因为网络的扩容不是一两天就能完成的，项目要立项审批，厂商要生产发货，货到了现场还要安装调测，这段时间内也会产生新的电路需求，所以要留出一部分余量。

面临环路容量不足的问题，我们如何去解决？有如下几个办法，如图 2-51 所示。

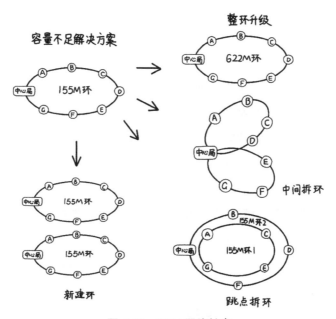

图 2-51　SDH 网络扩容

方法一：环路升级。

将原本的 155 M 光口全部换成 622 M，155 M 环就升级成了 622 M 环，环路升级之后还是占用原来 155 M 环路的 2 芯光纤。

代价：每个站点新增两个 622 M 光接口，光缆纤芯占用数量不变。但如果设备不支持更高的速率，那就要全部更换设备，代价就大了，和新建系统一样。

改造后容量：4 倍。

方法二：拆环。

将 1 个 155 M 环拆分为 2 个 155 M 环路，拆环按照具体实施方法可以分为跳点拆环和中间拆环。如果一个环带有 A ~ G 7 个站点，跳点拆环就是 A、C、E、G 一个环，B、D、F 一个环，两个环需要占用 4 芯光缆。中间拆环就是 A、B、C、D 一个环、E、F、G 一个环，

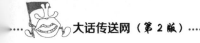
中间拆环需要中心局至节点 D、节点 E 要有另外一条光缆路由。拆环后中心局增加两个光方向，其余各站点仍是两个光方向不变，所以只需要在中心局增加两个 622 M 光口。

代价：中心局扩容两个 622 M 光口，纤芯占用增加。

改造后容量：2 倍。

方法三：新建系统。

将新增的业务需求全部承载在新建的环路上，这没有问题，问题是光缆纤芯、设备都需要增加一套，这就需要花费很大成本。

代价：设备全部新购，纤芯占用增加。

改造后容量：2 倍以上，视新建系统速率而定。

到底要采用哪种方法去解决问题，要看具体的情况而定。要论改造的效率一定是拆环更合适，但是跳点拆环有没有多余的 2 芯光缆，中间拆环有没有那条中间的光缆路由，这都是实际会遇到的问题。而整环升级，需要的只是光板，理论上是一定可行的，也是常用的方法。如果一个区域内有大量新增的站点，那么为这些新增站新建一个独立的系统，另起炉灶，不给组织添麻烦，也是不错的选择。

2.6.2 分层建设，发展壮大

随着网络发展，节点和环路越来越多，SDH 网络又出现了一些新的问题。

问题一：中心局入局的光缆越来越多，中心局的设备接口需求也越来越多，中心局要不停地扩容新增设备，增加 ODF 架。

问题二：只要是本地区域内的环路全部经过中心局，一些距离远的末端站点也不远万里来中心局，占用的光缆资源太多，太浪费。

问题三：站点距离远，那环路也一定小不了，环路一旦增大，故障点就多，环路的可靠性就差；环路节点多了，电路就很容易用完，拆环也不一定具备条件，一旦升级就是全部节点都要扩容，改造的动作太大。

我们把一张本地网比作一个公司，如果将核心设备比作总经理，在创业初期，公司就十几个人，也没必要划分各种部门，总经理一个人就可以管理；可是公司发展了，员工增加到几十、几百人，这就得划分一下公司的组织机构，将公司的业务按照财务、市场、生产等职能划分成几个大的部门，每个部门内部再建立从高到低层层管理的人员结构，提拔一些优秀的人员作为领导干部，这样总经理只要管理这些副总经理就好，剩下的事情交给他们去分管。

传送网也是一样，站点太多了也要将一个本地网的区域划分成一些片区，在核心设备下设立一些汇聚设备，这些汇聚设备分管不同的区域，每个区域的接入设备都挂在本区域的汇聚设备下，形成接入层环路，这样的结构就是我们说的水平分区。

核心设备之间组成核心环，汇聚设备之间组成汇聚环，接入设备之间组成接入环，这是垂直方向的核心、汇聚、接入 3 层结构，也就是常说的垂直分层；有的本地网较小，只有一个中心局，那就不单独划分核心层，和汇聚层合在一起叫作核心汇聚层，网络也就是核心汇聚 + 接入两层结构。

水平分区，垂直分层，是传送网的一个基本的思路，如图 2-52 所示。

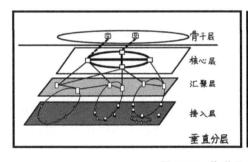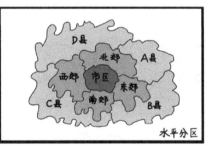

图 2-52　传送网分层分区建设

就像公司领导的能力比普通员工强一样，汇聚设备的能力要比接入设备能力强，因为汇聚设备管理的区域广、业务量大，所以汇聚设备从最高速率、交叉能力、接入能力各方面都要提升一个层次。如果接入层是 155 M 的设备，汇聚设备至少应该是 622 M，这样一个汇聚环可以下挂 4 个 155 M 的接入环。

可能有人会问，前面将 SDH 分为通道、复用段、再生段几个层，此处又要分核心、汇聚、接入层，为什么总是分层？此分层非彼分层，前者的分层是从 SDH 信号处理流程的角度，是 SDH 原理中的概念，强调的是会话实体的层面对等关系；而后者是站点、设备之间的分工不同。就如同我们自身，前者就像我们要表达的意思在什么层面上，后者就是我们在社会、公司中的实际职位不同。

传送网分层建设有以下三个优点。

（1）能够缓解中心局压力。核心设备只与汇聚设备成环，中心局也不再有大量的接入光缆进局，接入点均下挂至汇聚点之下，和中心局不直接相连，接入层的节点和环路数的增加对中心局也就没有直接影响。

（2）可减少光缆资源消耗，提高网络可靠性。按照汇聚点的分布，对接入点进行分区汇聚，避免接入层环路过大导致大量迂回路由。就像我们取钱不用去总行，就近去支行和ATM 机，可以少跑很多路，路上堵车的风险也就降低了。

（3）分层是很经济的提高网络容量的手段，只需要对几个汇聚设备进行升级、替换，相比较整环的升级成本要低很多，而且就近接入之后，原来的大环拆成了小环，容量不足之后就针对环路的几个节点单独升级改造，影响面小了很多。

传送网形成了分层的结构之后，网络结构就相对稳定了，接下来传送网的建设只是根据无线站点的建设新增接入站点和环路，根据实际情况调整或新建汇聚环路，对容量不足的环路进行优化改造，稳定的传送网结构如图 2-53 所示。

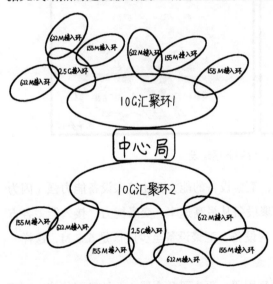

图 2-53　结构稳定的传送网

对于这种分层的网络结构，也就是环带环、环带链的结构，不同层面之间的容量如何计算呢？下层环路、链路将业务传送到了上层环路的节点，还需要占用上层环路的电路资源传回中心局。

小巴车（支链、下层环路）将乘客从镇上送到了县汽车站，这些人还要乘坐县至市的汽车（上层环路）才能回到市里，我们可以分别画出每个环路和链路的通路组织图，电路的占用情况便一目了然了。

如果我们要新建一个 SDH 网络，也要预先分好片区，选好核心汇聚节点，然后根据地理位置和光缆情况将接入点组成接入环路。

新建接入环、汇聚环的速率如何选择？从下到上层层统计业务需求，这就如同从基层开始做人口普查。首先统计每个接入环所有站点的业务需求，也就是将环上、链上每个节点的业务需求都收集上来，每个站点 2 G、4 G、大客户等业务各需要多少，每个站点的业务总数加起来，就是一个环路的需求，如果超过 155 M 的门限值就要建 622 M 环路。每个接入环速率确定之后，汇聚环带多少个接入环，一般就按照 VC-4 为单位进行统计，汇聚环需要多大容量、选择什么速率也很容易计算。

2.6.3 我给网络当医生

就像人会生病一样，传送网每隔一定的时间会出现各种问题，有问题就需要解决，没有问题也可以对网络进行调整，使网络更加健壮，这些工作统称为网络优化。如果把接入类项目比作吃饭穿衣，那么网络优化就是定期体检、看医生，有病就要治病调理，没病也要预防保健，而每一个网络建设、管理、设计、维护人员就充当了网络医生的角色。

医生看病开方需要病历、化验单，需要望、闻、问、切，网络的医生也需要收集网络的相关数据、基础资料，作为参考，需要掌握网络的组网图、业务配置、单板配置这些情况，还要知道网络的哪部分出现了什么"症状"。

除了已经暴露出来的问题之外，我们给网络做一个"血常规化验"，也就是针对一些共性问题，包括容量问题和安全问题，对比一下组网图和光缆路由图，一些"症状"就显而易见了。

1. 容量问题

网络没有容量就不能接入业务，所以容量问题是硬伤，尤其对于 SDH 的刚性通道来说，更是必须解决的。对于网路容量，我们给带宽利用率设定一个门限值，一般是 70% 左右，在 SDH 网管上进行时隙利用率统计，总利用率如果超过门限值就说明带宽不够用，需要调整。

如何调整，在前面第 2.6.1 节和第 2.6.2 节均有介绍，包括新建环路、拆环、整环升级、部分升级等，这里不再重复。

前面说的只是理论上的方法，实际上目前对于 SDH 容量不足的问题，我们从开始大力建设分组网之时，已经开始控制 SDH 网络的建设投入，随着分组网的部署，SDH 需要承载的业务增量已经放缓甚至下滑，基本上也就是新增一些大客户的专线需求，对于原来在 SDH 上承载的数据业务，可以逐步割接到分组网上承载。也就是说，SDH 这张网我们不再作为重点去建设，只是尽可能地发挥它目前的能力和价值，出现问题尽量采用其他办法去解决。

另外，设备的能力不足、槽位不足也属于容量问题范畴之内，这类问题只能是更换更高级别的设备去解决。

2. 可靠性问题

可靠性问题包括超大环、超长链、同缆环等。

超大环指环上节点过多，比如超过 8 个或者 10 个，首先需要有一个标准去衡量，超大环既影响单站带宽又不可靠，怎么改造？拆！

超长链一般是指链上节点 5 个以上的。怎么改造？新建一条光缆把链改造成环。

同缆环是一种特殊的环，我们常说逻辑成环，是一种不得已的组网手段，也就是从网管看逻辑上成了环，但实际上是个链，一个环路的去和回使用的是同一条光缆的不同纤芯，也就是同缆异芯组环，这种方式只能保护光口不能保护光缆，设备光口是两个，但光缆只有一条，如果所有的纤芯全部断掉，业务也就有去无回。

同缆环能够保护的仅仅是设备、单板层面，比如图 2-54 中 B 站设备瘫痪了，A 和 C 还可以正常通信。但是同缆环保护不了光缆线路，因为光缆就一条，要是断也十有八九是全部纤芯都断了，比如 A 和 B 之间光缆中断，那么 A、B 和 C 的业务也都中断了。事实上，多数的故障原因来自于光缆线路，所以同缆环也就形同虚设。

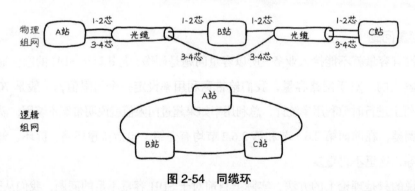

图 2-54　同缆环

同缆环怎么改造呢？新建第二路由光缆，也就是把上例中的 3 ~ 4 芯光缆用另外一条光缆去承载，这里建设的可行性和难度我们不讨论，只讲纯理论，具体实施难度肯定是相当大的，否则当初为什么要去建同缆环呢？

很多建不了光缆的地方只能使用微波，微波的稳定性比较差，所以条件足够就要建光缆进行微波改光；还有一些在网运行多年的、厂商已经停产的设备，设备性能较差而且厂商也无法提供正常的技术服务，有条件就要换成新的。

这些是常见的问题，对于其他的问题我们具体问题具体分析。

比如一些汇聚节点存在低阶交叉容量不足的问题，多数是因为一些历史原因，由于对低阶交叉的使用不合理造成的，还是举物流的例子：这么大一车的货物运到西安，需要每个箱子都打开重新去分拣、装箱，这本可以在其他节点完成业务打包整理的，所以是不合理的，需要依靠业务调整的手段去解决。

还有个别的环路，由于光缆经常有两处以上中断导致业务丢失，业内俗称开环，这是纯物理线路的问题，也就只能从光缆层面去解决。

2.6.4　基础架构很重要

这一节我们不谈系统，而要说说网络架构。

什么是网络架构，就是一个网络的骨架。一个公司成立，首先有各个部门的组织机构，一些高层领导的任命，这些决定了一个公司的整体结构。对于传送网，就是上一节介绍的，水平分区、垂直分层。

水平分区是将大的网络分成若干个小的相对独立的区域，每一个区域都有对应的汇聚节点、接入环路负责传送本区域的业务，可以使业务能够就近接入；垂直分层是将网络分为核心、汇聚、接入层三级结构，每一层的节点各司其职。

后面要讲的 OTN 和分组网也是一样的建设思路，既然每个网都是分层分区的，都有着网络架构的概念，为什么还要把网络架构单独拿出来说呢？

这里要说的架构有两个重点，一是要长期稳定；二是要通盘考虑，尤其重要的是第一点，我们先说稳定的问题。

1.　网络架构的稳定

汇聚节点就像我们一个单位的中层管理干部一样，干部的待遇、权限、资源都应该有相应的优势，去支撑他行使权力，履行义务，同样汇聚节点的地理位置、机房产权、机房面积、后备电源、出入机房管道光缆等也应该是完善而优越的，毕竟汇聚点的设备大、光缆多、业务也丰富，既然要处理这么多的业务必然对于一些资源的需求和消耗大一些。

可实际上有些汇聚机房和普通基站机房并没有太大的差别，仅仅是安装了某个网络的汇聚设备，就被推上了汇聚节点的位置，属于赶鸭子上架，比如某县城的某基站装了一台

10 G MSTP 设备，这个基站就是 MSTP 的汇聚节点，那这样有什么问题呢？这样会导致频繁地搬迁机房，如图 2-55 所示。首先就是产权问题，房子是租来的，别人让你搬你就不得不搬；其次就是面积，汇聚机房要装的设备和光缆较多，设备机架、ODF 架这些都得有地方摆，摆不下了怎么办？搬！汇聚机房的出入管道、光缆等也没有办法搬走，怎么办呢？再新建。

图 2-55　网络架构的稳定性

所以，机房稳定的重要性就显出来了，稳定最主要的就是产权、面积，至于其他的电源、承重等问题，相对而言都是次要的，都可以想办法。

各汇聚节点如果能保持长期稳定，整个网络就和谐，如果能够做到这一点，剩下的网络建设、优化这些工作都轻松不少。这里为什么没谈核心节点？核心节点就像公司老总，该配备的应该都配备了，一般不用我们去操心。

中层领导稳定了，那底层领导呢？就像 MSTP 里的 2.5 G 节点或者分组网里的 10 GE 接入节点？这和汇聚节点稳定是一个道理，只是资源和政策的倾斜度不同，汇聚层稳定了，接入层也稳定那是最好不过了，不过如果汇聚层尚不能百分之百保障，接入层也只能尽力而为了。

2．网络架构的一致性

MSTP 有汇聚点，分组网有汇聚点，OTN 有汇聚点，数据网和有些业务网也都有汇聚点，这么多汇聚点怎么去考虑部署，如果各自为战，互不干涉，都按照前面说的这个标准，买房子而且要大房子，机房装修配套整一遍，那要浪费多少钱？

就像我们合租、共享单车一样，资源共享才能利用得更合理充分。如图 2-56 所示，网络架构一致性，就是指各个网络之间充分协调、沟通，选出合适的地理位置的机房，大家共用，一经确定尽量不改变，大家把面积、动力、承重等各种需求汇到一起，按照大家共同的要求去建设网络架构，所以说网络架构不是传送网自己的事，而是整个网络的一个共同的梦想。

图 2-56　网络架构的一致性

3. 光缆资源

上面机房的事都确定了之后，光缆也要分层去建设，目的也是要将光缆的职责分工明确。汇聚节点之间要互通，要组网就需要光缆，叫作汇聚光缆。汇聚层之间的光缆纤芯需求是比较小的，因为汇聚层的节点少、容量大，但为什么还要单独分层呢？

以往没有分层建设光缆时，接入层对光缆纤芯的消耗量是巨大的，也是难以预测的，如果接入层把纤芯用完了，汇聚层要用哪怕两芯都找不到的时候怎么办？虽然汇聚层纤芯需求小，但是业务重要，合理的规划建设就是为了避免出现这些不可控的情况发生，使重要的业务能够得到充分的保障。

如何保障？建设直达光缆，汇聚光缆只在汇聚节点处上下，中间不开口，这样就杜绝了接入层使用汇聚光缆的可能性，把接入层彻底给屏蔽掉。

汇聚光缆下面还要接入主干光缆，虽然层面不同但道理一样，这些接入主干节点之间

的光缆也只在相应的主干节点、主干光交处上下。

4. 管道资源

管道资源到不到位、好与不好都没有很量化的标准，大家都清楚，这不是一个能完全去按照策略、思路按部就班实施的工程，不好说但又不能不说，所以我们也有一些关于管道简单量化的指标，比如主干道路覆盖率、管孔 / 子孔的利用率等。

覆盖率不用说自然是越高越好，但是哪里能建哪里不能建也不是我们说了算，只能作为横向对比的一个参考，谁也不能说覆盖率低于多少就不行；利用率呢，太高了说明资源很紧张，没有规划好管孔容量，太低了又是资源没有充分利用，可能是建设的思路有问题，不严谨地说，应该是不高不低最好。

但是作为我们自己对于管道的建设是否合理还是有一个大致标准的。

我们打开一个本地网的市区管道分布图，管道布局疏密有致，业务密集区域则管道密，业务欠发达区域则管道疏，这应该是合情合理的，说明管道的建设没有跑偏。

无论疏与密，管道都应该是呈网状的，如果有条件，一条管道至少隔几百米至一千米要和其他道路管道互通，而不是一条道"跑到黑"（此处指市区管道，高速、干线除外）。和其他管道不相干，这样的管道使用效率也不会太高。

管道的建设应该是有倾向性的，核心、汇聚节点之间的路由，主干道路上的管道资源应该相对丰富，因为业务量大、业务等级较高。

5. 总结

如果基础架构做得好，网络的建设、优化的工作应该容易得多，可以省去很多不必要的工作量，框架已经定了，至少汇聚层以上没有太多的变数，容量不够就扩容，按照套路来做就好了。如何规划好、设计好以及建设好光缆资源及管道资源，在第 7 章中且听我细细道来！

总结一下，基础架构的重点就是：稳定！稳定！再稳定！在此基础上才能谈其他的，没有稳定，一切都是折腾。

第 3 章

光通信高速干道

对于波分复用技术，有些人接触较少，会有些不明觉厉的感觉，觉得波分复用是传送网里面的高端技术，主要是由于波分网元数量少，可能一个有上万 MSTP 网元的本地网，但其波分设备不过一两百端，波分不像 SDH 一样任何人在工作中都能接触到。实际上，与其说波分是高精尖，不如说它是传送网的"大力士"。

本章介绍了网络在什么情况下需要波分，什么是波分，波分的工作原理，为什么又有了 OTN，其实在 OTN 技术中很多地方都能看到 SDH 的影子，OTN 的交叉和复用这些概念借鉴了 SDH 宝贵的成功经验，我们下面就来了解一下这些神奇的技术。

3.1 多层巴士——波分复用

3.1.1 波分的妈妈是彩虹

第 2 章介绍了 MSTP 网络如果容量不够，解决办法有新建系统、拆环、整体升级、部分节点升级（分层建设），同时也提到了，这些方法都有其条件限制，如图 3-1 所示。

图 3-1　容量优化遇到的问题

首先说升级速率，155 Mbit/s 可以升级 622 Mbit/s，2.5 Gbit/s 可以升级到 10 Gbit/s，可是速率升级总有个极限，目前，SDH 理论最高速率为 40 Gbit/s，以太网接口能够达到 100 Gbit/s 已经很不错了，那之后还怎么升？实际上，无论 SDH 还是分组传送网，大规模商用的最高速率基本还是 10 Gbit/s。

一项技术的发展不是一朝一夕的事，从提出到讨论到标准制定成熟，再到经过产品研发、测试、试商用、商用，最终规模的应用需要几年到十几年的周期，有些技术都已经成熟，但是离大规模的应用还有一定的距离。另外，光器件本身的物理特性也决定了传输速率不可能无限的增长，到了一定的极限再去突破，其难度会呈指数级提高，会遇到难以逾越的鸿沟，在无法打破一些技术壁垒的时候，就只能另寻出路。

再说环路拆分优化和新建，相当于依靠增加系统的数量来提高容量，似乎可以无限的复制，但是有一个无法回避的现实问题，就是对光缆纤芯的使用成倍增加，在光缆已经没有纤芯资源可利用的时候，新建光缆会遇到两个问题：一是建设的可行性，二是建设的成本，可能会有各种问题或矛盾导致建设不被批准，即便可以新建，建设的成本可能由于光缆的长度、建设的难度等因素而非常高昂。

在上述方法都行不通而一筹莫展的时候，一项神奇的技术横空出世，使这道难题迎刃而解，这就是波分复用。

波分复用（WDM，Wavelength Division Multiplexing）是在一根光纤中同时传输多个波长光信号的技术。波分复用可以大幅地提高单根光纤中的传输速率，当然设备价格也很高，不过建设方会算这笔账，只要比新建光缆线路便宜，或者通过其他手段解决不了，就是值得的。

传送网的 MSTP 和分组网技术，都是在一根光纤中传送单个的波长，速率的提高是靠时分复用实现，缩短单比特信号的传送时间，越高的速率意味着比特信号之间就越拥挤，而波分复用在一根光纤中传送的多个波长之间是互不相干的，就像广播电台在空中传送多个频道，频道多，传递信息量就大。这样，我们不用费尽心思地在 MSTP 的车厢里尽量多挤一些乘客，只要引进多层巴士，容量问题解决了，大家也不用挤得那么辛苦。

波分复用这么牛，到底是什么原理呢？

大家都知道，利用三棱镜可以把一束白光分成红、橙、黄、绿、蓝、靛、紫七色光，相反地，七色光按照一定的角度入射，通过三棱镜也可以合成一束白光。如果七色光各自代表着不同的信号源，那通过类似三棱镜的器件（合波器）就可以将多路信号合并到一起，这样就可以做到在一根光纤中传送多路信号，如果单路信号的最大速率是 10 Gbit/s，合波器可以合路 80 个波长，那么一根光纤传送的速率就提高了 80 倍，达到 80×10 Gbit/s=800 Gbit/s，波分复用的原理大致如此，如图 3-2 所示。

那么接下来的问题是，我们到底可以传送多少个波长呢？上一章说过，光谱中适用于光纤通信的波长范围是非常有限的，波道之间的间隔就决定了对于资源的使用效率，很显

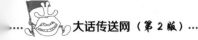

然，频率间隔越小，可以复用的波长就越多。

于是就有了粗波和密波的概念。根据波长间隔的疏密，波分复用可以分为密集波分复用（DWDM，Dense Wavelength Division Multiplexing）和粗波分复用（CWDM，Coarse Wavelength Division Multiplexing），简称密波和粗波，如图3-3所示。

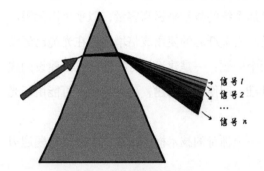

图 3-2   波分复用的原理

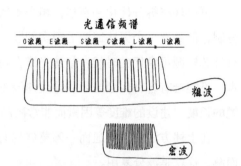

图 3-3   密波和粗波

CWDM（粗波）的频率间隔为 20 nm，使用 O、E、S、C、L 共 5 个波段，波道数支持最大 16 个，如表 3-1 所示。

表 3-1   CWDM 的工作波段、波长

波段	波长（nm）
O	1271、1291、1331、1351
E	1371、1391、1411、1431、1451
S+C+L	1471、1491、1511、1531、1551、1571、1611

DWDM（密波）的波长间隔为 0.4 nm 或 0.8 nm 左右，使用 C 波段和 L 波段。一般我们用的 40 波系统就是采用 C 波段，波道间隔 0.8 nm，而 80 波系统一般使用 C 波段，波道间隔缩小一半变为 0.4 nm，可容纳波道数量就增加一倍。表 3-2 是 ITU-T 建议的 C 波段波道 80 波的频率对照表，将 80 波中的偶数波去掉，剩下的就是波道间隔 0.8 nm 的 40 波系统，我们将 40 个奇数波道和 40 个偶数波道分别称为 C 和 C+ 波段。

表 3-2   ITU-T 建议的 C 波段波道 80 波的频率对照

波道编号	中心频率（THz）	波道编号	中心频率（THz）	波道编号	中心频率（THz）	波道编号	中心频率（THz）
1	192.1	21	193.1	41	194.1	61	195.1
2	192.15	22	193.15	42	194.15	62	195.15

续表

波道编号	中心频率（THz）	波道编号	中心频率（THz）	波道编号	中心频率（THz）	波道编号	中心频率（THz）
3	192.2	23	193.2	43	194.2	63	195.2
4	192.25	24	193.25	44	194.25	64	195.25
5	192.3	25	193.3	45	194.3	65	195.3
6	192.35	26	193.35	46	194.35	66	195.35
7	192.4	27	193.4	47	194.4	67	195.4
8	192.45	28	193.45	48	194.45	68	195.45
9	192.5	29	193.5	49	194.5	69	195.5
10	192.55	30	193.55	50	194.55	70	195.55
11	192.6	31	193.6	51	194.6	71	195.6
12	192.65	32	193.65	52	194.65	72	195.65
13	192.7	33	193.7	53	194.7	73	195.7
14	192.75	34	193.75	54	194.75	74	195.75
15	192.8	35	193.8	55	194.8	75	195.8
16	192.85	36	193.85	56	194.85	76	195.85
17	192.9	37	193.9	57	194.9	77	195.9
18	192.95	38	193.95	58	194.95	78	195.95
19	193	39	194	59	195	79	196
20	193.05	40	194.05	60	195.05	80	196.05

在 80 波不能满足容量要求的时候我们可以使用 L 波段，原理同 C 波段相同。

ITU-T G.692 建议，WDM 中心波长的偏差不超过信道间隔 ±20%，也就是波长之间偏移多了，就会影响其他波长，要加以限制。密集波分的波长间隔小，而温度对于波长的稳定性影响较大，所以密集波分需要使用冷却激光器和温度控制功能；而对于粗波分来说，波长之间距离比较远，温度变化导致的波长漂移可以忽略不计，激光器无须温度控制功能，因此，密集波分的成本要大于粗波分。另外，密集波分的合分波器的工艺要求高于粗波分，也是影响成本的因素。

从应用的范围来讲，粗波分由于波道容量较小，一般应用于传送网的接入层，而密集波分目前大规模应用于各大运营商的省际干线（一干）、省内干线（二干）和本地网的核心汇聚层。

我们下面重点针对 DWDM 系统进行介绍，DWDM 系统按照单波道的速率分为 2.5 G、10 G、40 G、100 G，按照波道数可以分为 40 波、80 波、160 波等，早期建设的系统还有 16 波和 32 波。为了简化问题，本章对于波分系统的问题分析都以 40 波 × 10 G 的系统为例，其他系统的原理都相同。

3.1.2 波分的零部件

DWDM 系统是如何将各路信号合并到一起传送的？这一节我们介绍 DWDM 系统的组成部分，了解每个部分负责的职能，相互之间如何配合完成这个任务。

要在线路上传递多个波长，ITU-T 规定了每一个波长需要对应的精准的波长值，而 MSTP 的光线路信号是位于哪个波长呢？实际上并没有一个具体的波长，只规定了 1 310 nm 和 1 550 nm 两个窗口，是一个大致的范围，没有那么精确，MSTP 信号都是频谱较宽的信号，可以理解为一个波长范围，我们通常称之为白光，这个叫法很贴切，就像是红、橙、黄、绿、蓝、靛、紫都给占了，因为只有一波信号，也就没有必要那么准，就像只有你一个乘客乘坐公交车，就不用非得对号入座。

可是对于 DWDM 系统来说，波长差零点几纳米就会"串线"，跑到别的波长上去了，一边是 MSTP 的波长范围很宽的信号，一边是 DWDM 系统严格精确的波长要求，那么很自然首先就要将这些"散漫"的信号转换成系统规定的精准波长的信号（俗称彩光），完成这个波长转换功能的部分就是光转发单元（OTU, Optical Transform Unit），OTU 将客户侧信号转换为电信号之后，再通过光模块转换为规定的波长，实现了以任意波长光信号（如 G.957）到满足 G.692 要求的波长转换的功能，如图 3-4 所示。

原本车上只有你一个人，你很随意，甚是安逸，现在要在这个车上挤 40 个人，那就得拜托你收敛一下，请你对号入座，回到自己的座位上去，这样才能将这 40 个人安排到拥挤的汽车上，这个过程就是波分复用，这个拥挤是指频率上的，和时分复用的时间轴上的拥挤是不同的。

经过 OTU 的各路光信号都已经准备就绪，按照波长的顺序整齐地排列开来，接着我们要干嘛？不是说了要在一对光纤中传送嘛，那就要将这若干路信号合在一起，这就要通过合波器来实现，合并到一起经过线路的传输，到了对端，还要通过分波器将线路中的信号分离出来。合波器和分波器实现的是两个相反的过程，和 PDH 部分讲的复用 / 解复用器是一个原理。实际上，合、分波器也是复用 / 解复用器，一个是波分复用，另一个是时分复用，本质都是复用。

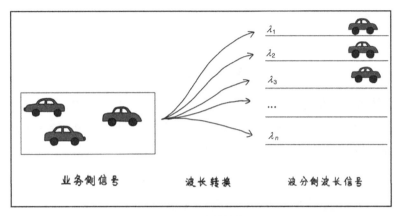

$$\lambda_1 \quad \lambda_2 \quad \lambda_3 \quad \dots \quad \lambda_n$$

业务侧信号　　　　波长转换　　　波分侧波长信号

图 3-4　波长转换

合、分波器是无源光器件，无源器件就是不需要电就可以工作的器件，还记得前面说过的三棱镜可以将白光分为七色光吗，合、分波器大致也是这样，合、分波器可以分为衍射光栅型、棱镜型、波导型等几种类型，这是光学范畴的概念，我们不去深究。

DWDM 系统的核心部件就是 OTU 和合、分波器，靠这两个部分就实现了对多路 MSTP 信号的合并传送的功能；另外，DWDM 经常被用于一、二级干线和本地网的市县之间传送，所以经常要面临远距离传输的需求，也就是一定要用到放大器，放大器不是 DWDM 独有的，但凡距离过远无法传递，就要用到放大器。

由于各路业务信号在合波的过程中有一定的衰耗，信号还没出门就自损了一部分，所以合路的信号在送入光纤之前需要经过光功率放大器（OBA）进行放大；合波信号在到达接收端时经过了长途的传输已经衰耗得很多，为了能够被接收端识别需要经过光前置放大器（OPA）进行放大；而在发端和收端距离过远时，这两个放大器组合起来还是无法弥补传送距离的衰耗，还需要经过若干个光线路放大器（OLA）进行放大。

举个例子，如果一辆汽车要跑长途，那么 OBA 就像在出发前给车子先加满油，OLA 就像中途没油了进入加油站，而 OPA 就相当于到了终点再加一次油，如果一箱油就可以跑到终点，就不用中间进加油站（OLA），如图 3-5 所示。

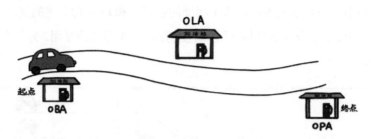

图 3-5 波分系统的放大器

不同放大器由于处在网络中的位置不同，输入光功率和增益性能也不同。OBA 处于发送端，这时信号主要在经过合波器时有相对较小的衰耗，所以 OBA 输入光功率高，增益小；而在收端和 OLA 站点，信号经过"长途跋涉"已经几乎衰耗到了临界点，所以 OPA 和 OLA 的输入光功率很低；OLA 放大后还需要把信号再次送上线路传送，而 OPA 只需要进行一些放大让收端能够识别就可以，所以 OLA 增益比 OPA 大。

WDM 系统按照站型可以分为光终端复用站（OTM）、光分插复用站（OADM）、光线路放大站（OLA）。

在 OTM 站点，所有波长都上下。

OLA 站点只放大信号，波长不上下。

OADM 站点可以上下 N 个波长，其他波道业务直通过去。

实际上，OADM 的波长穿通一般是由物理连纤实现的，就是从西向分波器下来，再用光纤连到东向合波器上去，本质上与 OTM 没有区别。

最后说说 WDM 的监控通道，为了使管理与监控信息不依赖于传输的业务，波分系统使用一个单独的信道来管理 WDM 设备，这个信道就是光监控信道 OSC。G.692 规范的带外 OSC，使用的标称波长为 1 510 nm，数据速率取为 2 Mbit/s，OSC 得不到 EDFA 的放大，依靠低速率下的高接收灵敏度(优于 −50 dBm)仍能正常工作。OSC 必须在 EDFA 之前下光路，而在 EDFA 之后上光路，就像需要坐着另外一辆小车去监控这辆大车，而不是坐在大车里又要监控这辆大车本身，不然光放大器坏了就不能监控信号了。

将 WDM 系统的各部分组合到一起，就构成了完整的 WDM 系统。

我们再回顾一下整个波分系统的工作原理。

从 SDH 系统过来的信号，通过波分的 OTU 板转化为固定的波长之后，按照顺序一一排列开来，波分系统的合波板将这多路的信号合成一路之后，传递到下一个站点。到达目的地之后，通过分波板，再将一个个的波长信号分解出来，再通过 OTU 转换成白光信号，各路波长彼此之间互不干扰，就这样不同的业务信号在同一对光纤之中传送到了对端，如图 3-6 所示。

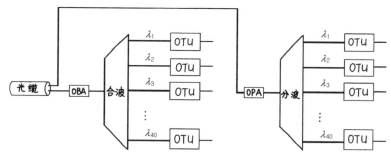

图 3-6　波分系统工作原理

我们如何利用 DWDM 设备去解决这一章开篇提到的容量不足和光纤资源紧张的问题呢？假设 A 站到 B 站是一个 MSTP 的 10 G 链型系统，但是容量已经不足，需要再新建一条 10 G 链路，而 A、B 之间的光缆纤芯已经用完，我们可以用承载 MSTP 的 2 芯光缆搭建一个链型 DWDM 系统，将原来的 MSTP 系统用波分的一个波道去承载。这样，如果再需要在 A、B 之间新建 MSTP 系统，就都可以通过剩余的 39 个波道中的任意一个解决，如图 3-7 所示。

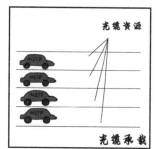

图 3-7　WDM 解决光纤资源问题

3.1.3　又是"TM"的接力

对于 DWDM 来说，MSTP 10 G 这类信号是支路侧，40×10 G 的合波信号是线路侧，DWDM 只负责将 40 路合成 1 路和将 1 路分成 40 路这两个动作，40 波只能全上全下，这个特点和 PDH 一模一样，两者在组网结构上也基本相同，存在的问题也是 TM 型设备的共性问题。

所以通过前面对 PDH 组网的了解我们也能想象出来，DWDM 也要像 PDH 那样一跳一跳地传递下去。而且同样，如果在一个 A—B—C 的 DWDM 系统中，要传送 A—C 的一条 10 Gbit/s 业务，这个波长需要在 B 站点穿通，也就是需要线缆跳接，需要一对尾纤从东向的合分波板连到西向的合分波板上去，如图 3-8 所示。

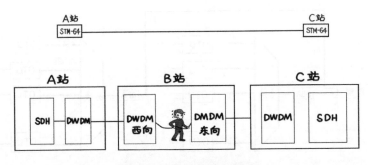

图 3-8　WDM 的穿通波道

如果要用 DWDM 去承载一个 MSTP 的 10 G 环路怎么办呢？也可以实现，只要这样一跳一跳地最后跳回起点就形成了一个"环"，有人可能会说，PDH 不是只能组成链吗，为什么 DWDM 可以成环？其实，DWDM 形成的并不是真正意义的环，还记得我们说的高速公路的例子吧，MSTP 就是一个完全封闭的高速环路，而 DWDM 就是一条条高速首尾相连组成的一个环的样子而已，这样的环其实 PDH 也可以实现，只是没有这个必要，如图 3-9 所示。

我们可以像 MSTP 的通路组织图那样画出 WDM 系统波长资源的使用情况，也就是波道分配图，画法和通路组织图一模一样，只不过将 E1 改为表示波道的 $\lambda_1 \sim \lambda_{40}$。

如果我们想用 DWDM 系统承载一条 2.5 G 电路怎么办？DWDM 系统只对信号的波长进行转换，然后透明地传到对端，就是透传，并不对信号的内部进行处理，所以 DWDM 系统的 10 G 波道根本就不知道 2.5 G 是什么东西，想要传送 2.5 G 信号就需要在波分系统两端增加 MSTP 设备将 2.5 G 复用到 10 G。

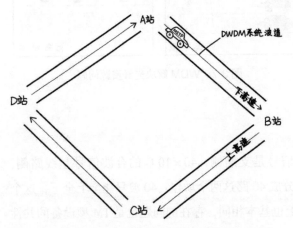

图 3-9　WDM 组成的"环"承载 MSTP 环路

虽然 DWDM 可以通过 TMUX 单板将 4 路 2.5 G、8 路 GE 信号合并为 1 路 10 G 信号，但这只是设备形态上的不同，TMUX 相当于将 SDH 的复用功能做成了一块板子，内置到了 DWDM 设备中，技术的本质都是用 DWDM+MSTP 实现的。

3.1.4 七分成绩，三分不足

WDM 技术的出现给传送网带来了质的飞越，我们来总结一下 WDM 所做的贡献，如图 3-10 所示。

- 第一个军功章一定属于超大带宽，波分复用技术使单光纤的传送带宽得到了极大的提升，为业务流量较大的干线、本地网核心汇聚层节省了大量的光纤资源，波分将传送网带进了一个高速时代，就像移动网从 2 G 迈入 3 G、4 G 时代一样，具有划时代的意义。

- 扩容便捷性大大提高，有了 DWDM 系统之后，传送网系统要新建环路只需要增加一些波分板件就可以轻松实现，相比较敷设光缆来说大大缩短了建设周期。

- 波分系统的无电中继传输距离能够达到几千公里，大大提高了传送网的传输距离，这意味着我们可以通过波分使远隔几千公里的两个 MSTP 设备互通，而无须中间增加 MSTP 的 REG 站点。

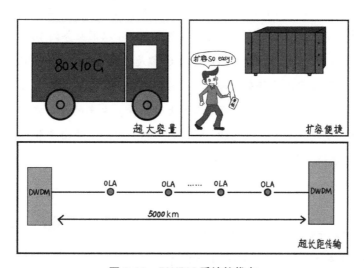

图 3-10 DWDM 系统的优点

无电中继传输距离，指光信号不需转换为电信号，只靠对光信号的放大、补偿进行整形，采用纯光的方式能够达到的最远传输距离。在有电中继的情况下理论上的传输距离是无限远，因为系统可以无限地通过光电转换、接收、判决再生使信号"满血满状态复活"，而纯光信号在传输过程中，一些因素导致的噪声影响是不可逆的。

DWDM 技术带来的飞跃对于传送网有着重大意义，但随着 DWDM 的大规模应用和业务需求的多元化发展，波分技术逐渐暴露了一些不足。

- DWDM 业务调度不灵活。DWDM 不能对业务信号的内部进行处理，需要增加 MSTP 设备才能支持 GE、2.5 G 颗粒业务，也许有人说，既然我们用 DWDM+MSTP 的方式也可以实现，这不就可以了吗？非也。

  首先 DWDM+SDH 两套设备自然要占用更多的机房空间、功耗、设备投资，还要多出许多复杂的设备间的连纤，就像我们现在的智能手机一样，一部手机就可以集成移动电话 +MP3+ 照相机 + 游戏机等功能，高集成度多功能化，这是科技发展的趋势。

  另外，SDH 的交叉颗粒是 VC-4，这和我们的 DWDM 系统容量简直不在一个层次上，用 SDH 的 VC-4 去做 DWDM 的交叉颗粒效率太低，这与拿着一角钱的零钞去买房子一样，而且 SDH 能够解决的也仅仅是 2.5 G 以下业务到 10 G 业务的封装，对于 100 G 的 DWDM 来说，40 G 和 10 G 都是需要交叉进入 100 G 波道的，很明显这是 SDH 无法完成的任务，即便是 GE 和 2.5 G 的交叉，SDH 上实现的成本也要高于 OTN，就像如果运输整箱整车的大件货物，火车的成本要低于汽车的成本。

- DWDM 仅支持点到点组网结构，所谓的"环"实际上是由多个点到点系统组成的。

- 网络运行维护、管理不灵活，如图 3-11 所示。前面说过 SDH 的 STM-1 的帧结构中各种开销带宽就达到了 20 多兆，而 DWDM 对整个 40 路 10 G 信号的监控仅仅只有 2 M，可想而知，DWDM

图 3-11 DWDM 监控开销不足

如此低的带宽只能对整个光通道的一些非常重要的指标和性能进行监控，这个特点又和 PDH 雷同。

● DWDM 系统保护方式仅支持对光缆线路和单个波道进行保护，因为 DWDM 的最小业务单元就是波道，而对于波道以下的低速信号 DWDM 并不关心。

我们不难发现，WDM 的这些问题在 SDH 体系中都解决得非常完美：SDH 通过体系规定的映射复用方式可以接入并监控各种低速信号，SDH 通过交叉单元实现了在一台设备多个光方向之间的业务调度，并提供了强大的维护管理功能，支持任意级别的通道的快速倒换保护。所以，我们需要一种改良版的技术，将 WDM 和 SDH 的特点结合起来。

3.2　高速互通立交——OTN

3.2.1　OTN 做了几件事

在发现了 DWDM 的种种不足之后，我们不免会想，能否有一个新的技术，可以结合 DWDM 大容量的优势和 SDH 的组网灵活、保护完善、管理功能强大的特性，把两者的优点结合起来呢？事实证明是可以的，OTN 就是这样的一个新的技术体制。

光传送网（OTN，Optical Transport Network）是以波分复用技术为基础、在光层组织网络的传送网，是 DWDM 下一代的骨干传送网，可以解决传统 WDM 网络对于波长 / 子波长业务调度能力差、组网保护能力弱等问题。

OTN 做了以下几件事。

● OTN 定义了帧结构。OTN 定义了 OTUk、ODUk、OPUk 一系列速率等级和帧结构，就像 MSTP 的 C、VC、AU、STM-N 一样，OTN 和 WDM 的最大区别也在于此，OTN 对 WDM 的一个波道的内部结构进行了定义，也像 SDH 那样规定了一些大大小小的箱子，可以容纳各种速率的支路信号。

● OTN 实现了电交叉。OTN 有了自己的帧结构之后，基于不同等级的 ODUk 颗粒，就可以实现电交叉功能，使小颗粒的信号可以合并在大的通道中传送，对于小于波道速率的低速信号，如 10 G 波道速率下的 GE 和 2.5 G，OTN 从体制上就具备了接入和处理的能力，而不用再通过增加 SDH 设备实现这部分功能。

● OTN 实现了光交叉，光交叉是纯光信号的调度，是 OTN 系统独有的概念，OTN 通过波长选择开关等技术，可以在一个站点的各个方向之间自由地调度光波长信号，波长信号在一个站点的穿通不再需要尾纤跳接去实现。

● OTN 增强了监控开销。既然 OTN 有了自己的帧结构，那么顺便规定一些字节用于管理，这也是从 SDH 那儿学来的方法，OTN 帧结构中引入了丰富的开销机制，强大了网管能力，OTN 从光层到电层支持多达 6 级的开销监控能力。

3.2.2 舶来之品——电交叉

OTN 的业务处理分为光层和电层，从线路侧传送过来的光信号经过分波变成 40 个单波信号，这 40 个波长哪些要直通、直通到哪个方向上去、哪些要下业务，这是光层考虑的问题；而一个波长在本站点要下业务，可能本站用不完整个波道，只需一个 10 G 波道的 2.5 G，那就需要将波道解复用出小的颗粒，这些小颗粒和支路业务之间又如何连接，比如一个波道解出来的 4 路 2.5 G，其中 3 路直通，1 路下到 SDH 设备，这是电层需要实现的功能。

光层的基本单元是单个波道，而电层处理的是波道速率以下的颗粒。光层负责将波道合并、分离，将波长信号在各站点上下、调度；电层则将单个波道中包含的不同等级的数据帧进行映射、交叉、复用。这分别对应 OTN 的两大功能：光交叉和电交叉，如图 3-12 所示。光交叉是 OTN 特有的概念，因为 SDH 每个光方向都是单一波长，不存在光交叉，而波分每个方向上都有多个波长信号，OTN 光交叉可以让这些波长信号不经过尾纤跳接，而在各个方向之间自由地"穿行"。

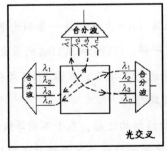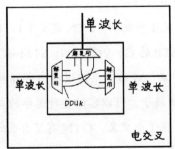

图 3-12 光交叉和电交叉

我们本节来介绍 OTN 的电交叉，首先要介绍 OTN 的帧结构。有了第 2 章对于 SDH 交叉和帧结构的了解，我们再接触这些概念就不会那么陌生，只需要介绍 OTN 的交叉颗粒。

OTN 在电层规定了一系列的速率等级和容器：OTUk、ODUk、OPUk，跟 SDH 的 STM-N、VC、C 这些是类似的概念，区别是容量不在一个级别上，OTN 的最小交叉颗粒是 ODU0 也就是 1.25 G，是 SDH 高阶交叉颗粒 VC-4 的 8 倍，是低阶颗粒 VC-12 的 600 多倍。

OPUk 和 C 类似，是用来封装业务信息的，ODUk 就相当于 SDH 中的虚容器 VC，是 OTN 电交叉的基本单元，OTUk 和 STM-N 一样，OTUk 转换成光信号就是 OTN 的一个波道，而 OTN 里的 k 和 STM-N 或者 VC-12、VC-4 后面的 12 和 4 一样，用来表示不同等级。

ODUk 对应的速率和业务类型如表 3-3 所示。

表 3-3　ODUk 对应的速率和业务类型

ODUk 等级	ODUk 速率（kbit/s）	对应业务
ODU0	1 244 160	GE
ODU1	2 498 775	2.5 G
ODU2	10 037 273	10 G
ODU2e	10 399 525	10 GE
ODU3	40 319 218	40 GE
ODU4	104 794 446	100 GE

除此之外，为了更灵活地适应不同速率的业务颗粒，OTN 还支持 ODU flex。ODU flex 是速率灵活可变的容器，可支持 2.5 G 以上的任何速率（1.25 G 以下映射到 ODU0，1.25 G ~ 2.5 G 映射到 ODU1），系统会根据业务速率自动指配相应的 ODUk 组合，速率间隔是 1.25 G（因为 OTN 的最小颗粒就是 ODU0—1.25 G）。比如客户侧信号是 6 G，系统自动分配 1 × ODU0+2 × ODU1=6.25 G 来封装。

OTN 的帧结构也是用块状帧表示的，如图 3-13 所示。

图 3-13　OTN 帧结构

从业务侧信息依次经过 OPUk、ODUk 最后封装成 OTUk 的过程与 SDH 也非常类似，客户的信息净荷映射到 OPUk 之中，加上 OPUk 开销后成为 OPUk 帧（ODUk 净荷），而 OPUk 帧加上 ODUk 开销和 FA 帧（帧定位字节）后成为 ODUk 帧（OTUk 净荷），ODUk 帧加上 FEC（向前纠错码）后成为 OTUk 帧。

需要注意的是，OTN 与 SDH 有一个最大的不同点：SDH 的 STM-N 帧结构中 N 不同对应的帧结构也不同，STM-4 的列数是 STM-1 的 4 倍，但是帧频都是 8 000 帧/秒；而 OTN 的 ODUk 帧大小不随着 k 的改变而改变，都是 $4 \times 4\,080$ 字节块状帧，但不同 ODUk 等级对应的帧频不同。我们能够发现 OTN 和 ODUk 之间并不是严格的倍数关系，OTN 的节点之间也不需要依赖时钟同步信号，而是从本站点的时钟提取信号，OTN 也没有固定的帧频，所以，OTN 是异步的技术体系。

纯原理的东西就介绍到这儿。OTN 规定了这么多颗粒、容器，目的是让 GE、2.5 G、10 G、40 G、100 G 都在 OTN 这个大的平台上能够找到自己的位置，相互之间的容纳关系都有明确的说法，一个波长交给我们，我们想要在里面塞多少东西，就可以自由地分配带宽，比如一个 10 G 波道可以容纳 3 个 2.5 G 和 2 个 GE 业务。

业务信号都装进大车的 ODUk 箱子之后就形成了一个波长信号，而每个波长在每一个站点又可以进入电交叉变成 ODUk 信号。不同方向来的 ODUk 信号就像若干个箱子，电交叉单元可以将大箱子打开解成小箱子，可以将线路侧的箱子取出放到支路侧，将支路侧的箱子放入线路侧，或者还可以将西向的 1 号和 2 号变个位置，变成 2、1、3、4 的顺序放到东向的 4 个箱子里，还可以复制到不同方向同时发送以实现业务的保护，当然也可以什么都不做（那就没有必要经过电交叉单元）。

电交叉有什么意义？如图 3-14 所示，有些业务没必要上下的就不必配置物理接口和线缆，不必浪费人力、物力、财力，相关内容可以回顾第 2.2.3 节。现在，交叉已经成为我们习以为常的一个概念，就像是手机一样，没多少人会去想"没有手机会怎样"这个奇怪的问题，关于交叉很多资料都用一个标

图 3-14　交叉的意义

准的解释：业务的灵活调度，关于电交叉写了这么多，希望大家看到"灵活调度"4 个字的时候，可以有自己的理解。

3.2.3　高速立交——光交叉

OTN 电层的工作完成了，最终业务被层层打包完毕形成 OTU*k*，接下来 OTU*k* 经过电光转换就成为光通道层的单个波道信号——OCH，OCH（光通道）就是 OTN 光层的基本单元，也就是我们说的一个波长。

OTN 的光层分为光通道层、光复用段层和光传送层，光通道层对应一个波道的起点、终点，光复用段层对应两个 OTM 站点之间，而光传送层对应每两个站点之间，包括 OTM 和 OLA 站点，这一部分大家可以对照 SDH 的相关内容去类比理解。

一个 OTN 站点如果有 N 个（$N \geq 2$）光方向，每个方向传送过来的都是 40 个波长合路的光信号，那么这 $N \times 40$ 个波长信号在站点中何去何从，这是我们这一节要解决的问题，也就是光交叉的职能所在，我们从简单的二维（两个光方向）来讲解。

假设 A 站点从西向过来的合路光信号中，第 1 ~ 8 波需要在本站下业务，第 9 ~ 40 波在该站点直通过去，这直通的 32 波需要人为地在东西向的合分波板之间跳纤，这种站点称为固定光分插复用器（FOADM，Fixed Optical Add–Drop Multiplexer），其中的固定是相对 ROADM 来讲的，并不是说无法改变，哪些波长上下或直通还是可以通过人为的操作去调整的，只是无法在网管上通过波道配置去改变。

如图 3-15 所示，如果 A 站业务增加，原有 8 波无法满足需求，需要使用 9、10 波，就需要工作人员到 A 站现场，将第 9、10 波的跳纤拆除，在 A 站通过 OTU 板上下业务。而如果第 9 ~ 16 波原本是给 B 站预留的，在 A 站做了穿通但是没有到 B 站，那就需要工作人员再到 B 站将 9、10 波跳纤直通过去。

通常在网络建设的时候我们就要将波道资源给各站点划分预留好，需要变更的时候则有上述烦琐的手动操作，而 ROADM 则可以动态地在网管上配置波长，远程指配每个波长的透传或阻断。

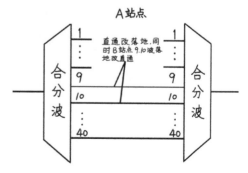

图 3-15　DWDM 系统波道调整

可重构的光分插复用（ROADM，Reconfigurable Optical Add–Drop Multiplexer），顾名思义，是波分系统中的一种具备在波长层面远程控制光信号分插复用状态能力的设备形态，采用可配置的光器件，实现 OTN 节点任意波长的上下和直通配置。二维的 ROADM 可以通过 WB（波长阻断器）和 PLC（平面光波导）技术来实现，而多维的 ROADM 可通过 WSS（波长选择开关）来实现。

如图 3-16 所示，波长阻断器的原理是通过使用功分器把全部波长的信号分为两束，一束经过 WB 模块，另一束则传到下行支路，WB 模块的作用是将需要下行的波长阻断。

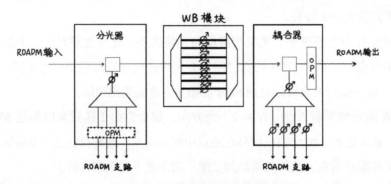

图 3-16　WB 波长阻断器原理

40 波的合波光信号被分成功率不同的两路，两路信号都包含 40 个波长，下业务的一路经过分波器之后波长 1 ~ 8 下路，而穿通的一路信号经过 WB 之后 1 ~ 8 波经过较大的损耗而被过滤掉，而 9 ~ 40 波损耗较小可以通过，传到下一站点。将 1 ~ 8 波还是 1 ~ 10 波阻断可以通过网管配置来实现，不需要人工操作，大大提高了波长配置的灵活性。PLC 实现的功能和波长阻断器相同，只是将上下波长的功能和穿通部分集成到了一个芯片上，集成度较高，损耗较小。

如果该站点有两个以上光方向，我们需要在这多个方向之间调度波长信号，这样两个维度的 WB 和 PLC 无法完成，可以通过 WSS（波长选择开关）来实现。

WSS 是一个多端口的模块，包括一个公共端口和 N 个与之对应的光口，在公共端口的任意波长可以远程指配到 N 个光端口中的任意一个，原理如图 3-17 所示。

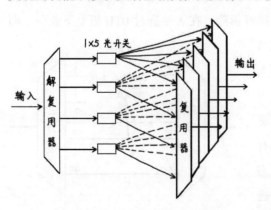

图 3-17　WSS 波长选择开关原理

这样我们可以将一个方向来的任意一个波长，通过网管配置到任意一个光方向中的任意波长中去，业务的配置灵活性又得到了更大的提高。

这是实现了 $1 \times N$ 的光交叉，目前，光交叉还无法做到 $N \times N$ 多维的随意调度，无法像电信号那样来去自如、随心所欲，想要构造一个纯光的世界还有一段路要走。另外，从需求的角度讲，由于运营商的各大骨干、汇聚节点之间的业务需求相对稳定，目前，没有大量的光波长级别的灵活调度需求，少量的调整依靠人工去实现也还可以接受，所以目前光交叉在我国应用较少。

3.2.4　论 OTN 和 MSTP 的关系

在刚了解 OTN 的时候，很多人会有这个疑问，OTN 和 MSTP 是什么关系呢？

记得刚参加工作时老师说过，波分就相当于光缆，这句话总结得非常简单明了，让我对这个问题的理解也很有帮助。原本 MSTP 的再生段层 STM–N 信号是靠光缆去承载的，如果 80 个系统就要 160 芯光缆，而通过 OTN 之后就只需要 2 芯光缆，OTN 对于 MSTP 就相当于把两芯光缆变成了 160 芯。过去光缆承载 MSTP，是光缆在 MSTP 的下层；而通过 OTN 承载，就是 OTN 在 MSTP 的下层，而光缆又在 OTN 的下层，下层为上层提供服务。

从另外一个角度讲，MSTP 分为核心、汇聚、接入层，OTN 是用来解决系统容量不足的问题。一般接入层通过升级系统就可以解决，完全没有必要动用 OTN 这样的"武器"，而核心汇聚层的容量都以 10 G 为主，随着数据业务的暴增，核心汇聚层经常面临容量不足的问题，所以 OTN 一般用于核心汇聚层的系统承载，从设备层面和容量的角度讲，OTN 又位于 MSTP 的上层。

到底在上层还是在下层，貌似有点乱，我们举个不太恰当的例子来区分一下。

我们想一个问题，一个机关单位的司机在单位中是什么位置，这个问题就要取决于我们从什么角度去看，如果从业务的角度去看，单位从上到下的管理、决策、传达、执行，所有具体的业务司机统统不负责，司机只负责开车，也就是说司机就是在最底层，就像传送网之于业务网，OTN 之于 MSTP，或者光缆之于传送网的定位；而我们从另一个角度去看，一般情况下一个单位只有高层领导才有司机，业务人员没有这个待遇，司机总是伴随着高层领导而出现的，这就像 OTN 总是为 MSTP 的核心汇聚层服务，如图 3-18 所示。所以，角度不同，对于 OTN 的定位不同。

概括一下：从信号处理的先后顺序上，OTN 在 MSTP 下层；从设备能力和定位上，OTN 在 MSTP 上层。

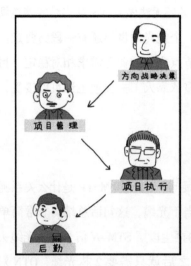

图 3-18　OTN 和 MSTP 的关系

OTN 能不能代替 MSTP？这个也是一些初学者典型的疑问，认为 OTN 是高级的设备，MSTP 是低级落后的，有了 OTN 之后就不需要 MSTP 了。我们使用的多数业务颗粒还是像 E1、FE 这样的小颗粒业务，而 OTN 不支持这么小的颗粒，就需要 MSTP 将大的通道分解成小的通道，业务网才能使用。当然如果业务网要使用 GE、2.5 G、10 G、10 GE 这样的大颗粒业务，就可以直接使用 OTN 的接口，不需要再经过 MSTP。

3.3　OTN 的保护

波分的保护和 SDH 非常类似，这向左还是向右的问题，都大同小异。

OTN 的保护分为单板级保护和网络级保护。

网元级的保护原理已讲过，也很容易理解，就是关键单板采用两块或者多块相同板件互为备份的方式，我们重点介绍网络级保护。

OTN 的网络级保护可以分为光线路保护（OLP）、光通道保护（OCP）、ODU*k* 保护和客户侧 1+1 保护。其中，光线路保护、光通道保护、客户侧 1+1 保护属于传统 DWDM 保护方式，在 OTN 中也延续下来，而 ODUk 保护是 OTN 特有的保护方式，因为 DWDM 里没有 ODUk。

3.3.1 OTN 网络保护

1. 光线路保护

光线路保护（OLP）顾名思义是对一段光缆进行保护，如图 3-19 所示。

本地网的一些汇聚点，地理位置很偏远，OTN 没办法形成环路，链形系统的光缆一中断业务也就随之中断，这种情况就要用到 OLP 保护。既然一条链路有两条光缆，这不就成环了吗？没错，两点环也是环，保护的前提还是要有光缆路由，有了光缆就有多种保护方式，没有光缆就什么保护都没有。

另外一种情况，如果是 OTN 环路，本身有两个方向的路由可以互为主备，但有些地区的光缆路由环境恶劣，有时会发生两处以上同时中断，也就是开环，这就需要针对容易中断的段落重点加强保护，需要用到 OLP 保护。

OLP 保护对象是整个合波后的线路信号，原理就是将合波放大后的信号通过 OP 板一分为二，主备信号分别走两条路由，接收端选择一条线路接收，OLP 保护与 SDH 的通道保护的机制——"并发选收"相同。

OP 板是 OTN 保护的重要部分，后面的 OCP 保护也要用到 OP 板。OP 板的功能主要就是"并发"和"选收"，其中，"并发"部分是无源的，将光信号一分为二，分成两路一模一样的光信号，而"选收"是根据两路信号的光功率、信噪比指标决定从哪路接收信号。

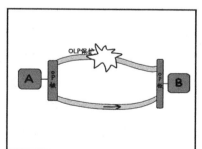
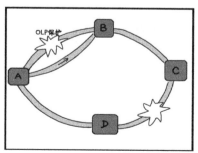

图 3-19　OLP 保护原理

OTN 链一般都是在偏远地区，建一条光缆都很困难，哪里来的两条呢？建不成可以与其他建设单位协商，可以买、租、置换两芯纤芯，方法还是有的。

2. 光通道保护

光通道保护（OCP）是以波长为对象的保护方式，保护的是单个波道，光通道保护有不同的实现方式，一种叫作 OTU 板内 1+1 保护，另一种叫作 OTU 板间 1+1 保护。

（1）OTU 板内 1+1 保护

如图 3-20 所示，业务信号通过 OTU 单板转换波长之后，在送入合分波板之前，经过 OP 板分为两路信号，分别送给东西向的合分波板，这样如果东边路由有问题，接收端可以从西向接收。板内 1+1 保护对象是 OTU 后端，能够实现对东西向光缆路由的保护，所以也称为光通道路由保护。

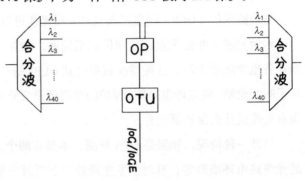

图 3-20　OTU 板内 1+1 保护

（2）OTU 板间 1+1 保护

如图 3-21 所示，客户信号在送入 OTU 板之前经过 OP 板复制成两路客户信号，分别送给两块 OTU 板，经过波长转换之后，送给东西向的合分波板。由于该方式使用两块 OTU 板，因此除了能对东西向光缆路由保护之外，还能防止单块 OTU 板的故障，而且两块 OTU 可以将信号调制为两个不同的波长（当然也可以是相同波长），所以 OTU 板间 1+1 保护也可称为光通道波长保护。

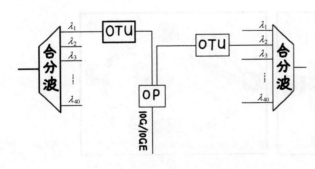

图 3-21　OTU 板间 1+1 保护

OTU 板内保护和板间保护的区别就是 OP 板的位置是在 OTU 之后还是之前，使用一块还是两块 OTU 单板。很显然，板间保护需要多买一块 OTU 板。要多花几万块钱，相应的保护的故障点也就多一些；而板内保护仅需要增加 OP 板即可，优势是成本低。

（3）光波长共享保护

光通道保护还有一种方式叫作光波长共享保护（OWSP），光波长共享保护和光通道波长保护的区别类似于 SDH 的复用段保护和通道保护的区别，SDH 复用段保护是以 VC-4 为单位，而 OTN 的 OWSP 保护是以波道为单位，原理都是双端倒换，需要 MSP 协议。OWSP 适用于一个波道上每两点间都有业务落地的场景（分散型业务）。

具体的原理图这里就不再展示，读者需要了解的内容可以参考第 2.4.3 节介绍的 MSTP 复用段保护，将 VC-4 换成波道，原理基本相同。

3. ODUk 保护

如图 3-22 所示，ODUk 保护对象是 ODUk 颗粒，也就是在 40×10 G 的 OTN 系统里可以用 GE、2.5 G 业务为单位保护，分为 ODUk SNCP 和 ODUk Spring 两种。

ODUk SNCP 与光通道保护的区别是信号不是通过 OP 板复制，而是通过电交叉单元进行电信号的复制，然后分别打包进东西向的 OTUk 帧中，在接收端进行选收，原理和 SDH 的 SNCP 保护相同。

ODUk Spring 相当于 SDH 的复用段保护，同样可以参见 SDH 部分的图文介绍。

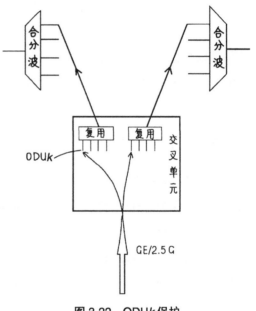

图 3-22　ODUk 保护

4. 客户侧 1+1 保护

客户侧 1+1 保护是将客户侧业务用 OP 板一分为二，在 OTN 网络中当作两条业务去对待，是对业务的全程保护，也就是从业务交给传送网直到将业务再交给业务网，这整个过程都是有保护的，包括支路接口都是占用两个。

5. 单端倒换和双端倒换

我们总说这个保护类似于通道保护，那个保护类似于复用段保护，仿佛传送网的保护就只有这两种，但为什么保护的种类又那么多呢？这是由于保护的对象不同、颗粒不同、应用的系统不同，所以才有这么多的名字，比如都是"并发选收"，区别就在于发的是两路 VC-12 还是 ODUk，或是波长。本质上，传送网保护分为单端倒换和双端倒换两大类，我们将两大类的特点重复概括一下。

单端倒换家族，目前介绍过的包括通道保护、SNCP 保护、OLP1+1 保护、OTU 板内板间 1+1 保护、ODUk SNCP 保护，原理就是"并发选收"，特点是速度快，不需要协议，这类保护属于专用保护，保护名称里凡是带"1+1"的就属于此类。信号是双发，所以主备通道同时被占，倒换不需要协议、速度快，是这类保护的优势。

双端倒换家族，包括复用段保护、OWSP 保护、ODUk Spring 保护，原理是双端依靠协议切换，比单端倒换慢，实现复杂，但这类保护属于"共享保护"，名字里带 1:1 的保护都属于这一类。什么是共享保护？和专用保护一对比就明白了，其备用通道正常时是空闲的，我们可以用这些备用的通道传点额外的业务，就像某个朋友家里有两辆车，平时开一辆闲一辆，闲的那辆没事我们可以借来开开，但是人家车坏了我们就得还回去，带宽利用率高是这类保护的优点。

3.3.2 关于保护的度

如果说所有的保护都不用花钱，那么一定是能上的全上，但事实上我们在第 2 章也说过，所有的保护都有一个特点，越高的安全级别就需要付出越高的建设成本，所以保护有一个"度"的问题。

我们要保护光缆路由，就需要建设两条不同路由的光缆，成本就翻一倍左右；如果想要很多条光缆都断了也不影响业务，就要建成 MESH 网，网络还要加载控制层面，支持业务的自动选路。这样做可能要换掉设备，建设成本我们这里不详细计算，反正成本很高。至于保护的效果，谁也不能说没有效果。

那么究竟保护到一个什么程度是合适的呢？不同的建设方结论不一样，不同的业务也不一样，不同的网络层次也不一样，所以这个问题的答案肯定不是一概而论的。

1. 不同层面节点的保护

我们知道，传送网中环上的节点是有网络级保护的，而链上的节点一般没有。核心汇聚节点绝大多数都在环上，因为它们位置太重要，核心节点负责整个行政区域内的所有业务，汇聚站点也像封疆大吏一样，掌管一方的命运，所以资源就必须向这些节点倾斜。

而接入层，我们都知道有个指标叫作成环率，如果说核心汇聚层是必须成环，接入层就是尽力而为，两者之间差距是很大的。成环率＝环上节点数 / 节点总数，站点总数 ×（1

一成环率）就是链上的节点。

接入层有以下几个特点：

（1）业务相对核心汇聚层来说不够重要，一般链上就是两三个节点，也就是几个站的业务，和上层的成百上千比，数量上有差距。

（2）节点数量巨大，这一点和上面一点反过来了，就像著名的"二八定律"，如果说每一个站点都要成环，汇聚层的成本要低得多，因为汇聚层节点数量少。

（3）建设难度大，这个问题比上一个问题更加突出，因为上一点说的就是成本，在建设困难面前大家都一筹莫展。接入层站点分布范围广，延伸到了地图板块的每一个乡镇、村落，这些角落里有很多天然的屏障让我们无法建设两条不同路的光缆，有的连一条都建不成。

这三点解释了为什么是尽力而为，但尽力而为不是无为，我们定义了成环率、长链和超长链的比例等这些指标，说明这些问题还是要持续关注和改善的，虽然只是一些多年不变的老话题，至少本地网邻居之间要互相比较一下当个参考。

2. 业务侧保护和传输侧保护

保护一般采用一倍资源的冗余，也就是对于一个业务我们配置两倍的资源去实现 1+1 的保护，但是这多一倍的资源是在业务侧还是传输侧体现是容易模糊的，如图 3-23 所示。

比如数据网提出 A 站点到 B 站点两条 10 GE 的需求，如果这两条业务之间本身就是互为保护的关系，这种情况是业务侧已有了保护，传输侧不再提供额外的保护，直接传送就可以。

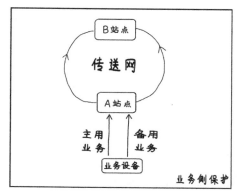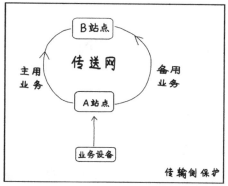

图 3-23　业务侧和传输侧的保护

我们举个例子，张三交给你一把钥匙让你转交给李四，这时候传送网的做法就是将钥匙配一把备用的，一把丢了还有另外一把，这是传输侧的保护；但是，如果张三交给你两把相同的钥匙，说明他已经配过了，我们就不需要再去将2把配成4把，只需要将这2把转交就完成任务，这是业务侧的保护。说白了，同样是一把钥匙配成2把，钥匙是谁配的，就是谁做的保护。

如果OTN系统承载的是MSTP网A、B、C、D这4点的10G环路，波分侧是没有保护的，我们在一个波道里承载的是A—B、B—C、C—D、D—A的4条业务需求，如果A—B的光缆断了，对于波分来讲，A—B这条业务就中断了，MSTP环的A—B段也就中断了，但是MSTP的业务并没有中断，这时的倒换环回是MSTP通过B—C—D—A实现的，是MSTP层面的保护。

概括一下，就是业务无传输有，业务有传输无的关系。

当然，只要业务足够重要，高于1倍的资源冗余也是可以有的。

3. 支路侧保护

很多的设备是支持支路侧保护的，从设备来讲就是一个支路接口桥接的问题，能不能做是厂商的问题，做与不做是建设方和设计者要考虑的问题。

一般来讲可以一刀切，核心层做汇聚层不做，或者核心层、汇聚层做接入层不做，这里的问题还是"二八定律"，做会花更多的钱，但安全性肯定更上一层楼，做与不做的分水岭到底在哪，不能一概而论。

4. 总结

保护就是买保险，有些时候要买全险，有时只要买个交强险，各有各的道理，我们只是把各个环节的险种都介绍一下。

3.4 走近 OTN

3.4.1 了解 OTN 设备

OTN设备从外观看上去和MSTP设备没有太多区别，也是插槽式的结构，也分为子架、公共单板、业务单板几部分。OTN设备最醒目的标志特征应该就是合分波板，上面布满了密密麻麻的光口，就像图3-24中最右侧的两块板子。

OTN 和 MSTP 设备有一点不同，MSTP 是一台一台地配置，每台设备相对是独立的整体，而 OTN 设备这么多波道需要几十、上百块单板，通常一个子架无法容纳，就需要多个子架，子架之间配合实现一个站点的功能。我们通常说一个 OTN 设备满配 80 波需要几个子架、几个机架，对于 OTN 设备来说子架的槽位数量、尺寸，还有单板的集成度，能够反映设备对于空间的利用率的差距。

图 3-24　OTN 设备实物照片

OTN 的主要单板包括公共单板和业务类单板，如图 3-25 所示。

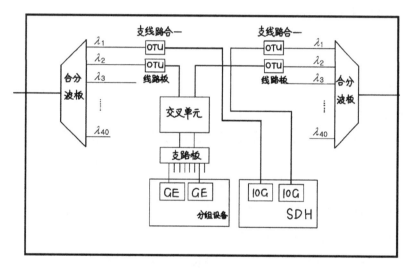

图 3-25　OTN 主要单板

1. 公共单板

首先和所有设备一样，设备要运转，都需要子架、电源、主控、风扇等。

（1）交叉单元。OTN 的交叉用 Gbit/s 表示，是设备对电信号处理能力的体现。

（2）合分波板。合分波板分为合波和分波两部分，发送端使用合波，接收端使用分波，因为是成对出现，所以一般称为合分波板。40 波的系统每个站点的一个光方向需要使用 1 对，如果是 80 波系统，每个方向使用 2 对，然后用梳状滤波器再将两个 40 波信号合并成一路 80 波。

（3）光放板。OA 板的主要参数包括工作窗口、增益、额定输出光功率、接口类型。

比如 OA 板有如下的型号标识：OBA2520(C，25 dB，20 dBm，LC)，其中，C 是指该板工作在 C 波段；25 dB 指对信号最大的增益值，代表最大能将输入信号放大的倍数；20 dBm 是信号的最大输出光功率；LC 是接头类型，就是我们常说的小方头。用汽车加油来举例，最大增益就是最大加油量，而最大输出光功率就是油箱的容量，油箱满了多加也加不进去。如果输入功率是 15 dBm，最大输出光功率是 20 dBm，此时增益就为 5 dB。

前面提到过 dB，dB 是表示增益和衰耗的倍数，而这里的 dBm 用来表示功率，dBm=10lg(P/1mW)，比如 0 dBm=1 mW，3 dBm ≈ 2 mW，10 dBm=10 mW，就是一个简单的对数计算。dBm 之间同样只有加减没有乘除，dBm 相减实际就是功率之间相除，得出的是 dB，是增益或衰耗的倍数。

2. 业务类单板

OTN 业务单板有两种：线路板、支路板，将线路板和支路板功能合到一起，就是支线路合一板。

（1）线路板

我们说过，传送网的线路侧指站点之间的接口，按这么说 OTN 的线路接口应该是 40 波的接口，那线路板应该是指合分波板，但实际上合分波板不会频繁地新增扩容，所以归入了公共单板的范畴；而 OTU 单板是线路侧需要经常按需扩容的，我们要使用某一波就要配置 OTU 板，所以 OTN 的线路板是指 OTU 板。

线路板按接口数量分为单路、双路、四路，速率上来说分为 10 G、40 G、100 G，按照波长是否可变可以分为可调波长和固定波长。

可调波长的线路板可以根据需要去调整波长，想第几波就调成第几波，可以提高波道利用的灵活性，同时也可作为备件，但价格要高于固定波长线路板，固定波长线路板需要在购买时告知厂商是第几波，波长无法更改。在 40 G 和 100 G 波分系统中，线路板全部是波长可调的。

线路板的配置就是根据站点要使用波道的情况，比如 A 站点要使用第一波，东向西向各一个线路侧接口，就需要两块单口或一块双口的线路板。一个站点在某一波配了线路板就可以上下业务，没有配置线路板就是直通该波，该站点在这一波就是中继的角色。

通常我们说的 40 波系统，这 40 波指最大波道数量，其中配置了线路板的叫作已配置波道，只有配置线路板的波道才能够传送业务；其余没有配置线路板的叫作空波道，配置波道数／波道总数＝波道配置率。已配置波道是一种形成能力，未配置波道只能说是未开发的资源，就像我们买了一块地可以盖 40 栋房子，只有盖好的房子才能入住，没盖房子的只是空地皮。

（2）支路板

支路板提供业务接口，负责客户业务的接入，将信号输送到电交叉矩阵。型号一般就是 N（端口数）*××（接口类型）接口板，接口数一般为 4、8、16，对于 $40 \times 10\,G$ 波分系统，支路接口速率包括 GE、2.5 G、10 G、10 GE，还有一种 $0 \sim 2.5\,G$ 自适应的接口是可以接 2.5 G 以下任何速率的"智能接口"。

（3）支线路合一板

如果业务不需要经过交叉单元，信号接入后直接送给光转发单元，支路板和线路板的功能就可集成到一起，叫作支线路合一板。支线路合一板的型号就要分别描述线路和支路的接口情况，比如 $4 \times 2.5\,G$ 支线路合一板（TMUX 板）就是线路侧 10 G、支路侧 $4 \times 2.5\,G$；$2 \times 10\,G$ 支线路合一板就是线路侧 20 G、支路侧 $2 \times 10\,G$。

传统的 DWDM 系统都是采用支线路合一板，OTN 支持电交叉后才将支路、线路分离开。使用分离的支路板可以将线路侧、支路侧根据业务需求灵活配置，比如线路板有 5 种，支路板有 5 种，如果采用支线路合一，就有 5×5=25 种组合，就需要有 25 种单板类型；而分离之后，线路板 + 支路板一共有 10 种单板，大大简化了单板配置的复杂度。

3. OTN 设备配置

我们工作中可能会根据业务需求去做 OTN 的单板配置，来做出一个工程的采购计划。

首先要收集业务需求整理成表格，然后根据需求表和现状波道图画出扩容波道图，最后根据波道图确定扩容线路板数量，根据业务接口和现有支路板使用情况，确定扩容支路板数量。

举个具体的工程实例，A、B、C、D 组成一个 OTN 环路，假设 A 站到 B 站、B 站到 C 站分别有 $1 \times 10\,G + 2 \times 2.5\,G$ 的业务需求，如表 3-4 所示。

表 3-4　需求表

起点	终点	速率	数量
A 站	B 站	10 G	1
A 站	B 站	2.5 G	2
B 站	C 站	10 G	1
B 站	C 站	2.5 G	2

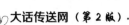
接下来根据需求表画出对应波道图，为什么要画波道图呢？因为有些业务可能会通过原有的空余波道/子波道去承载，这样就不需要扩容线路板，是否需要扩容线路板与我们对波道的安排是有关系的。若干个 2.5 G 的业务是要分开不同波道承载，还是安排在同一个波道当中，这涉及一个本地网的波道使用、预留的策略，对应扩容的方案也不同。在本例中，将 4 个 2.5 G 安排在两个不同波道中还是共用一个波道，B 站的线路板配置数量就不同。具体配置如图 3-26 所示。

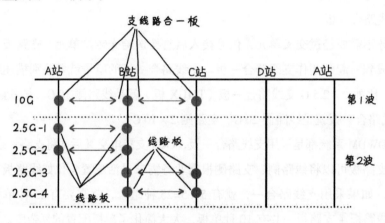

图 3-26 OTN 配置实例

支路板的扩容就是看需要几个、现在还剩几个，具体扩几口的支路板，还要看厂商的单板类型，比如最小是 8 口的板，即使用 1 个也要配 8 口，如表 3-5 所示。

表 3-5 配置的单板类型

单板类型	A 站	B 站	C 站
10 G 支线路合一板	1	2	1
单口 10 G 线路板	1	2	1
4 口 2.5 G 支路板	1	1	1

3.4.2 资源合理预留

OTN 系统从组网结构上说和 MSTP 相同，也是环型系统或者是环带链。

在新建 OTN 系统时，如果本地网有一个非常稳定的基础架构，OTN 的站点选择也就不用费心，就按照核心汇聚层的架构来建设就好。OTN 系统搭建起来之后，与 OTN 环重叠的 MSTP、分组网系统就通过 OTN 网络去承载。

如果原有 MSTP 环路节点、路由设置不合理，或者原 MSTP 汇聚机房不具备安装 OTN 设备的条件，OTN 系统建设时也可以根据实际情况适当地调整，同时也应调整 MSTP 和分组网络。如果 MSTP 网络和 OTN 网路由和节点不一致，那么没有 OTN 设备的 MSTP、分组网只能通过光缆承载。

对于波分系统容量，如果一个 80 波的 OTN 系统，80 波全部用得满满的以至于无法满足后期业务需求，这个问题不需要讨论，只能是新建系统，在干线传送网上业务量巨大，建几个平面都是业务驱动使然。

对于一个本地网，很多时候我们面临的不是容量不足的问题，一个 80 波的系统用了可能只有十几、二十波，看起来容量还有很大空间，貌似容量没问题，可我们要重点说的是资源利用是否合理的问题，也就是波道优化、整合的问题。这个问题一般指的是子波道，也就是单波 10 G 系统中的 GE、2.5 G 业务。

在网络建设的早期，GE、2.5 G 的需求较多，各种业务需求的带宽比较小的时候，一个环上几个节点共享一个 10 G 波道，这种情形下每个站点需要两块线路板。后期业务量增大，A、B、C、D 这 4 个点一个波道已经不够用，又面临扩容，我们又扩了第二波，与第一波的建设方式一样。

对于这个例子我们可以计算一下，比如每块线路板价格是 100 000 元，采用图 3-27 的方式，这两波就需要 5 × 2 × 200 000 元 = 200 万元，实现的总带宽是 20 GHz，也就是 100 000 元 /G 的单位带宽造价，给每个站点带来的带宽是 5 GHz。

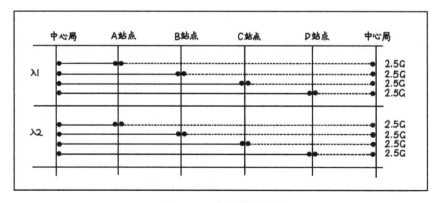

图 3-27　多点共享波道

而如果我们采用图 3-28 的方式，中心局到每个点开通一个 10 G 波道，造价就是 400 000 元 ×4=160 万元，实现总带宽是 40 G，单位带宽造价为 40 000 元 /G，每个站点独享 10 G 带宽。

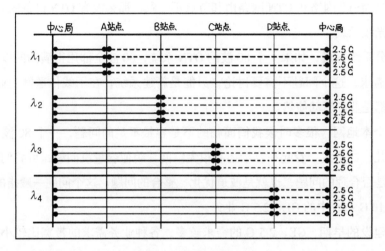

图 3-28　合理预留波道

上下两张图一对比，后者单站带宽比前者大一倍，而投资更小，单位带宽的造价与前者相比省了 60%，投资效果的差距是比较大的。这个问题的关键点在于，一个站点无论是用 1/4 个波道还是整个波道，线路板的配置都是一样的。但是如果采用预留波道的方式，占用波道数量增加，中心局的线路板配置是要增加的，如果预留的波道没有被利用，中心局的单板也是浪费。

这个问题就像我们购物经常碰见商家打折，一件 8 折两件 6 折，多买一件虽然便宜，但是有没有必要多买我们就要考虑，有需求自然是省钱，没有需求就是浪费，这就要对资源合理的预留，关键就在于"合理"。

共享波道配置方式可能在建设初期是合理的，这是有历史原因的，但是随着业务量的逐渐增大，合理的规划波道配置非常重要。有时我们面临的是这些既成的事实，钱既然已经花了，优化工作的结果就是可以节省很多单板或者用这些单板去开通新波道。这里举的例子是一个典型情况，现实应用中的业务需求和波道配置五花八门，不尽相同，还是要具体问题具体分析。

Chapter 4
第 4 章
走进 IP 世界

无线数据业务的快速发展，使多年以前原本没什么交集的两张网——电话网和计算机网渐渐融合，可谓殊途同归。分组传送网的原型是 IP 网，是从数据网设备二层交换、三层路由技术发展来的，IP 数据网用于解决不同地点的主机（计算机）互相通信的问题。

手机上网是两个网络互相融合的一个切入点。现实中，两个公司要合作一定是互相参观访问、学习考察一番，同样，对于技术的融合也要我们走进这个 IP 的世界，深入地学习和了解其中的一些技术，对值得借鉴的先进经验可以实行"拿来主义"，这是本章的主要内容。

其实我们并不陌生数据网设备，在办公室和家里就可以见到交换机、路由器。对于原本从事数据网专业的人员，接触分组网可能很容易进入状态，可是作为一个老传输人，从 SDH、OTN 到分组传送网，感觉就像到了另一个世界，可能有很多人像笔者一样感到不适应，铺天盖地的技术和名词，让人招架不住。

在了解分组传送网之前，我们先走进数据网去了解、认识一下这些似曾相识但对 SDH 来讲全新的世界。我们单独用一章来介绍 IP 网络的一些基本的概念和技术，从物理层开始说起，依次再往上介绍二层交换、三层路由的工作原理，以及后来为什么又有了 MPLS 和 VPN，循序渐进、由浅入深地介绍，为下一章介绍分组传送网做必要的基础准备。

4.1　IP VS MSTP

4.1.1　计算机通信"王国"

第 2 章讲到，自从 2009 年移动网进入 3 G 时代，3 G 网络需要传送网对数据业务的支持，SDH 也因此迎来了一场新的挑战，我们分析了关于修车还是换车的问题，将 SDH 升级为 MSTP，度过了无线数据业务发展的初期阶段。但是，光是靠修车只能应付一时，而什么时候换车呢？一定会有一个迫切而合理的时间点。一方面，我们面临的是巨大的修车费用，另一方面新车层出不穷，价格不断降低，而且不断地推出各种新功能，这些都提示我们，这个时间点已经悄悄地来临。

我们知道，数据业务并不是一个新生事物，从 20 世纪 90 年代末我们就已经开始用计算机上网，比手机上网足足早了 10 多年时间。我们这代人见证了计算机互联网的诞生和发展壮大，回首刚开始接触网络的时候，有很多有关青春的记忆跃然脑中：那些年，我们不知疲倦地通宵上网，整夜都在聊 QQ、混 BBS 等这些现在看来很无趣的事情，可当年互联网的神秘带给我们的那份喜悦和躁动，又岂能是现在的这些铺天盖地的 App 能比的？

计算机互联网发展迅猛，图 4-1 是我经历过的各种网速。在网上可以找到一些关于互联网的历史记载，大家一起感受一下。

图 4-1　计算机网的发展

1987 年 9 月，CANET 在北京计算机应用技术研究所正式建成中国第一个国际互联网电子邮件节点，并于 9 月 14 日发出了中国第一封电子邮件，揭开了中国人使用互联网的序幕。当时，通信速率最初为 300 bit/s。300 bit/s 是个什么概念，就是 0.3 kbit/s，估计有人要说，这个速度能发邮件吗？其实当时就是发了一句话而已。

1997 年 11 月，中国互联网络信息中心（CNNIC）发布了第一次《中国互联网络发展状况统计报告》：截至 1997 年 10 月 31 日，中国共有上网计算机 29.9 万台，上网用户数 62 万，国际出口带宽 25.408 M。从这份报告可以看出当时网络的普及率非常低，离走进老百姓的生活还有很大的距离，我们绝大多数网民是从 1998 年以后才开始上网的。

2015 年 2 月，中国互联网络信息中心（CNNIC）发布了《第 35 次中国互联网络发展状况统计报告》，网络的发展从这份报告就看得出，这是一份全方位、多层次的、非常详细的报告，足有几万字，我只摘选个别关键数据：国际出口带宽为 4 118 663 Mbit/s，我国网民规模达 6.49 亿，手机网民规模达 5.57 亿。

我们不详细介绍我国互联网的发展史，有兴趣的朋友可以自己搜索一下，我们简单地对比第一次和第 35 次 CNNIC 的报告数据，可以看出出口带宽 18 年增长了 16 万倍，网民数量增长了 1 000 倍，互联网的发展速度可见一斑。

计算机网络是一个有着巨大的用户群体的另一个通信"王国"，这个"王国"被 IP 技术统治着，有它自己复杂的技术和网络。我们一直以来用电脑去上网，用手机打电话，这是原本完全不相干的两件事情，完成这两个功能的也是本来没有什么关系的两张网络。可是，两张网怎么联系到一起的？

我们大学时学过个人通信的目标，概括起来就是："5W"，任何人（Whoever）在任何时间（Whenever）、任何地点（Wherever）与任何人（Whoever）进行任何种类（Whatever）的交换信息。这其中的任何地点就是计算机互联网很难搞定的事情，我们不能随时随地背着电脑，就算背着笔记本也不是随处都有 Wi-Fi 可以接入。相比之下，手机的可移动性和网络覆盖就要好得多，所以手机上网可以理解为是个人通信发展史上的一个阶段性的新需求。

4.1.2　MSTP OUT 了

计算机互联网是 IP 的天下，业务靠宽带接入网接入，依托 IP 数据网承载；移动电话网是 E1 的天下，移动网业务接入之后靠 MSTP 网承载。数据网基本是和 MSTP 网平行的，除了都需要依靠 OTN 系统承载之外，两者的联系并不多。

我们都知道，移动网增加了数据业务之后，传统的 MSTP 传送网面临着向 IP 分组化发展的必然趋势，每一个传输人也都开始学习数据网的知识，这是为什么呢？MSTP 不是可以承载数据业务吗？为什么要转型？为什么融合的结果会变成 IP "一统天下"的局面？

第一，从业务量的角度去看。

话音业务的带宽几乎不再发展，打电话通过很小带宽就可以搞定，我们打电话的需求并没有随着网络的发展、话费的降低而增加，反而是电话越来越少，拿起电话不知道打给谁，包月的话音套餐经常用不完；可是人们对于数据业务的胃口与日俱增，互联网是一个无限精彩的世界，人们对于数据带宽的需求越来越大，从开始的 QQ 聊天、浏览网页到现在的高清视频、电影，谁又知道未来的我们会有什么样的需求去"为难"这个网络。

从带宽数据上说，一个基站的话音业务用两个 E1 基本就可以了，而数据业务单站带宽从 0 发展到超过 100 M，很明显这两个业务的数量级不在一个层次上，两种业务要承载于一个网络上时，技术的选择一定倾向于业务量大的一方，如图 4-2 所示。这就像两个公司的合并，数据业务占据了 90% 以上的股权，成为超级大股东，自然 SDH 的话语权就弱了很多。

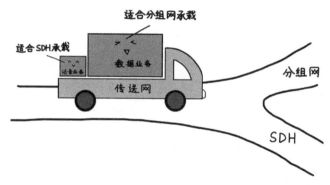

图 4-2　业务占比决定技术演进

我们打个比方，一个中餐馆的主营业务是盖饭，同时也提供汉堡满足少量的顾客需求，但如果点汉堡的人越来越多，已经远远超过了主营业务盖饭，那就有必要改招牌、换厨师了。同样，移动网的数据业务量越大，传送网技术上的转型就越迫切。

第二，从技术特点的角度去看。

SDH 为话音业务而生，IP 是为数据业务而生的，两者的技术特点完全不同。SDH 的刚性带宽，发送的是固定频率的帧，而 IP 发的是数据包（Packet，也叫分组），数据量大就多发，数据量小就少发，对于突发性很强的数据业务来说，可以实现带宽的统计复用，提高带宽利用率。

什么是统计复用？打个比方，有 100 个人的公司每天中午订餐，每个人吃 1 ~ 2 个馒头，吃一个还是吃两个是不确定的，这就像数据业务的突发性一样，那么对于快餐公司，如何确定给这 100 个人配送多少个馒头？刚性通道的方式就像是固定每天送 200 个，每人吃不了两个就浪费，或者送 100 个，每人一个，吃不饱就饿着。而统计复用就是根据经验统计出，每天总共馒头消耗数量不会超过 150 个，那么就送 150 个馒头肯定够了，每个人能吃多少吃多少，既保证大家吃饱又节省 50 个馒头，这就是统计复用的效果；如果需求的波动范围更大，比如 0 ～ 100 之间，统计复用的效果就会更加明显，所以传送网面临从 MSTP 到分组传送网的转型，这是一个必然的趋势，在 3 G 后期 HSPA+ 到 LTE 时代这个趋势可以用"迫在眉睫"来形容。

在单站峰值带宽 100 M 的情况下，复用效率可以达到的这个倍数叫作收敛比，比如 40 个 100 M 需求的基站带宽需求量是 4 G，实际配置只需要 1 G，收敛比就是 4:1。可见，统计复用可以提高利用率，减少资源浪费。图 4-3 显示了刚性通道和统计复用的弹性通道的承载效率。

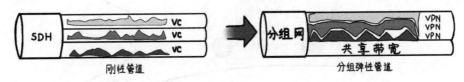

图 4-3 刚性和弹性通道利用率

第三，从建设成本角度去看。

除了带宽利用率的大幅提高之外，传送网的分组化带来的还有建设成本的下降。例如，肯德基做一个汉堡的成本一定是比非专业的中餐馆要低得多。从实际工程采购经验来看，一端 10 G 的 MSTP 设备基本要几十万，而一端 10 GE 的汇聚层设备只有十几万，这么省钱的技术，网络建设方表示非常喜欢。

从设备集成度来看，SDH 的常见数据接口板一般就是两口 GE 或者 8 口 FE，这还是核心汇聚层设备；而分组的接入层设备单板就是 8 口 GE，汇聚层可以达到 24 口、48 口 GE 等，这意味着同样大小的 MSTP 和分组设备提供 GE、10 GE 接口的能力是有很大差距的。可见，在承载数据业务的前提下，分组传送网基本可以"秒杀"MSTP，如图 4-4 所示。不过术业有专攻，要是与 SDH 的 E1、STM-1 承载相比，形势就要反过来了。

业务的全 IP 化、宽带化驱动了传送网从 MSTP 到分组传送网的转型，但变革总是伴随着很多问题和阻力的，这个演进过程注定会无比艰难，因为电信运营商对分组传送网的建设、维护经验都相当欠缺，MSTP 的经验与分组传送网的要求有很大差异，即便是原来做数据网专业的人员，恐怕也极少有面对几百台甚至几千台设备的大网经验，但困难归困难，挑战归挑战，技术演进的车轮是不会原地等待的。

图 4-4 分组传送网的优势

 ## 4.2 二层交换

4.2.1 计算机网络分层

要了解 IP 网络，首先还得分层。我们知道 IP 网的协议相比 MSTP 复杂得多，这么多的功能、模块、原理，必须一层一层地展开介绍。

关于网络互联，ISO 定义了 OSI（开放系统互联）7 层参考模型，其中应用、表示、会话上三层属于资源子网，物理、链路、网络下三层属于通信子网，传输层是资源子网和通信子网之间的桥梁。

首先，我们看一张标准的 OSI 7 层模型，如图 4-5 所示。OSI 7 层模型是一个参考，实际应用上一般都将其简化，比如 TCP/IP 将其简化为 4 层。

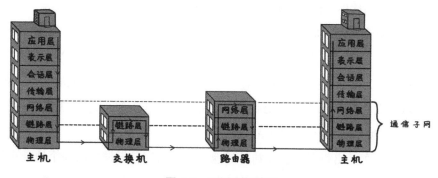

图 4-5 OSI 7 层模型

OSI 分层模型看起来像个高楼，生活中你从这个楼去那个楼，一定要先下到一楼，对于通信也是一样，上面的连接都是逻辑的，最后都得下到物理层。

数据的传送主要用到下三层：网络层、链路层和物理层，网络设备只关心数据如何送达有关的通信子网。

计算机网的层级和 MSTP 相比要复杂一些，计算机要通过这些层级的功能定位，在茫茫大海之中找到对方，这里有个寻址的概念，也就是根据目的地址去"导航"，二层和三层的导航方式不同。而站在 OSI 模型的角度看，MSTP 和 OTN 虽然分了很多层，对应于 OSI 层级来讲，全都属于物理层，没有地址的概念，1 条 E1 也好，10 G 也好，到了一个站点设备并不负责去分析你应该走哪条路，路径都是网管给配置好的，设备不会思考，只管执行命令，MSTP 和 OTN 的不同层级只是传送的颗粒大小有所区别。

我们常听到某个设备是二层的或者三层的，指数据链路层和网络层。比如，某个节点的设备是二层交换机，数据在这个节点只会按照二层物理地址进行二层转发，而对于三层的 IP 地址，设备不会根据 IP 地址去分析你要去哪儿，如何到达，二层交换机也没有这个功能。

我们要发送的信息从 7 楼下来经过 3 楼会加上网络层的帧头形成三层的数据包，数据包到了 2 楼会加上二层的帧头、帧尾形成二层数据帧，数据帧到了 1 楼物理层变成 0 和 1 组成的比特流，经过物理链路传送到下一站点，如图 4-6 所示。数据在到达下一个网络设备时经历上述过程的相反过程，从起点到终点就是反复的下楼、上楼的过程，不过在网络设备只上到最高 3 楼或者 4 楼就下来了，你发的邮件、图片的内容，设备不会关心，也不会去看。而数据到了"终点"计算机上，计算机一定是所有层的功能都支持，最高层将信息转达给我们的应用软件，计算机要还原出最原始的信息出来。

每个快递包裹都需填写收件人的姓名、住址。"姓名"就像是 MAC 地址，而"住址"就相当于网络中的 IP 地址，那么每个层面如何"分层处理"呢，我们来举个例子。

你要从南京出发到西安一个公司找某一个人办事，你手里有这个人的名片，名片上写着西安市雁塔区太白南路 20 号，还有他的名字张三。对于网络，这就相当于是两个地址，前面一长串是 IP 地址，后面名字是 MAC 地址。

你从南京坐火车、出租车再步行到目的地，这一路都是根据前面那个地址去寻址的，先到西安再到具体的区域和街道，如果要问路，都是看前面的部分，这就是三层路由，这個過程中你說張三也沒人知道。

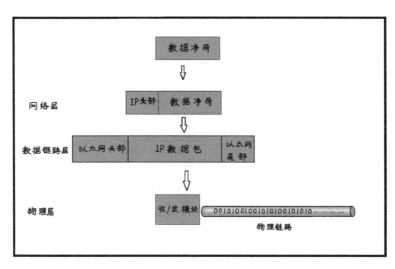

图 4-6　业务的层层打包

　　当你到了目的地附近之后，前面的地址就没用了，因为这一片都是同一个地址（到达了目的网络），你就要问门卫，张三在哪里，门卫带你去找，这就是二层交换。

　　那物理层呢？当你坐上南京到西安的火车时，假设列车是直达的，中间不经停，只有终点站西安，列车长不管你是去哪里找谁，你的名片上的地址和姓名他统统不关心，把你送到西安站下车，他的任务就完成了，这就是物理层的特性，完成两个相邻站点之间的传送功能。

4.2.2　从最底层说起——物理层

　　要了解 IP 网每一层的工作方式，我们从下到上一层一层地来了解，先简单说说物理层。

　　两个任何设备的端口相连，物理层要保证两个端口之间是通的，这是一切通信的前提。我们有时候电脑不能联网，换一根网线就好了，这就属于物理层的问题，只要物理连接没问题，物理层就完成任务了。

　　假如只有 A 和 B 两台主机需要通信，只需要通过网线将两个主机的网卡连接在一起就可以，中间不需经过交换机、路由器等设备。物理层对接头、线缆相关的参数进行规定，我们要做一根交叉网线，RJ45 的 8 芯线缆中一端的 1 和 2 芯用来发信号，而另一端 3 和 6

151

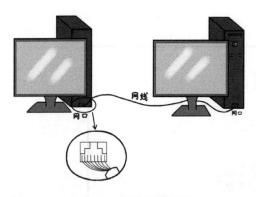

图 4-7　两台主机的互联

芯用来收信号，这样连接好 A 和 B 物理上就通了，如图 4-7 所示。

主机 A 和 B 的通信不依赖地址，就是顺着网线把信号传到对端的网卡上。这里说的是不依赖地址，而不是没有地址，每一层该有的地址都会有，不依赖地址的意思是说，不管地址是什么，数据都会到达对方那里，而如果到了对端你的地址写错了，对端也是不理你的，这也就是物理层通了，但上层没通。

以太网链路的接收方会侦听线路的载波信号，空闲时载波信号没有任何信息量，在发送端发送数据之前，会发送一个前导码。接收方接收到这个前导码之后，也就做好了接收一帧到来的准备。

如果 A 和 B 的通信再加入主机 C 和 D，A、B、C、D 一共 4 台主机要互相通信，我们也可以将 A、B、C、D 通过集线器（Hub）连接到一起，相当于 4 台主机共享一条总线，彼此间时分复用，这时网络还是工作在物理层。由于大家都连在同一条线上，A 如果说话，B、C、D 全部都能听到，也就是大家处于同一个广播域，而如果两台主机同时说话，信号就会发生撞车，这种情况叫作大家处于同一个冲突域。

A 在说话前会先侦听有没有其他的主机正在说话，如果有，就需要等待一段时间再侦听，直到链路空闲时再发言。

如果 A 和 B 同时说话发生冲突，这时 A 和 B 都随机生成一个数字去等待，比如 A 等待 1 ms，B 等待 3 ms，1 ms 之后 A 重新开始说话，而 B 的等待时间比 A 长，所以继续等待 A 说完话再侦听线路，等待时机，如图 4-8 所示。

集线器，在我国互联网刚刚兴起时还比较常见，主要是因为价格比交换机便宜。集线器是工作在物理层的设备，没有二、三层设备的那些存储转发学习的功能，也不会使用 MAC 地址或者 IP 地址，就是依靠广播的方式传递信息，这种工作机制叫作 CSMA/CD（载波监听多路访问—冲突检测）。

总结一下集线器的特点：所有端口处于同一个冲突域和广播域。

集线器的各端口属于一个冲突域，由于信号总是冲突，一发生冲突信号就浪费了，总是这样，带宽利用率很低，所以集线器现在已经很少使用了，需要用其他的技术去限制冲突域的范围，越小越好。

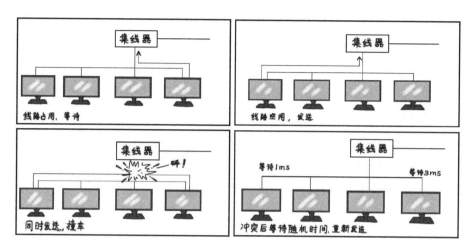

图 4-8 集线器 CSMA/CD 原理

集线器的各端口属于一个广播域，如果办公室里一整天放广播，那肯定很吵，计算机总是收到无关的信息，网络资源会被这些广播给占了，也就是广播"风暴"，所以广播域也要控制。

4.2.3 通信基本靠吼

还是上面一节的例子，同样是 A、B、C、D 这 4 台主机通信，如果把集线器换成二层交换机，A、B、C、D 分别连接到交换机的 1～4 号端口下，这时 4 台主机就组成了一个小的二层局域网，虽然从外观上看交换机和集线器几乎一模一样，但是主机间通信的机制完全不同，毕竟上升了一个层面，交换机高大上了许多。

二层交换是根据 MAC 地址（物理地址）转发的，先来介绍一下 MAC 地址。

每一个主机的网卡和网络设备的接口在出厂时都预先分配了一个 MAC 地址，MAC 地址就像我们的身份证号，是一个独一无二的标识，从一出生就伴随你一辈子，一般情况下不会更改。MAC 地址共 48 bit，为了读写方便通常用 12 个十六进制数字来表示，比如 00-E0-FC-00-00-06，其中前 24 位由国际标准组织 IEEE 分配给设备厂商，后 24 位由厂商自己定义。

二层以太网的帧格式我们在第 2.3.2 节介绍过，由目的地址—源地址—类型 / 长度—数据—FCS 校验几部分组成，我们按照这个结构去组装一个以太网帧。

源地址就是主机自己的 MAC 地址，目的地址是对方的地址，假设这是一个以太网 Ⅱ 帧，上层是 IP 协议的数据包，类型值就是 0800，然后加上数据净荷，做一个校验，将 FCS 结果添加到最后，这就组装成一个完整的以太网帧，主机 A 通过网线将这一帧丢给了交换机。

在交换机下的主机之间要通信，比如 A 要对 D 说话，交换机是如何根据 MAC 地址将 A 说的话转达给 D 的？

如图 4-9 所示，交换机收到了 A 的数据之后，先不管你要找谁，首先要看看来者何人，通过查看 A 发来数据帧的源 MAC 地址知道了 1 端口的这个主机叫作 A，交换机拿出本子记下了：主机 A—端口 1，这时就形成了它的第一条地址表。

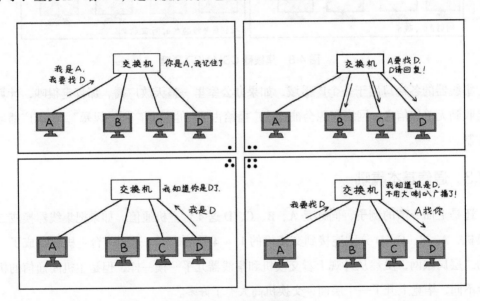

图 4-9　二层交换原理

这时交换机并不清楚 D 在哪里，于是他对除了 A 之外的三个端口说："你们三位注意了，有个叫 A 的家伙正在呼叫 D，收到请回答。"

D 收到之后一看目的 MAC 地址心想，这不是找我的吗？于是 D 会对交换机回应数据包告知："我就是你要找的 D。"而其他 B 和 C 两个主机知道此事和自己没有关系，就很淡定地直接将数据包丢弃，就像什么都没有发生过。

交换机收到 D 的应答数据帧，又通过源 MAC 地址得知了主机 D 在 4 号端口上，于是交换机又建立了一条地址表：主机 D—端口 4。

在二层网络里数据帧就是这样到达目的主机的。目的主机 D 对数据帧进行 FCS 校验，如果数据有误就自动丢弃；如果无误，就剥离以太网帧的头和尾，取出数据的部分，也就是 IP 包，交给上一层 IP 层去处理，就像我们收到信后将信封拆掉取出里面的信一样，二层看不懂信就交给 IP 层，IP 层能看懂。

这样 A 到 D 就通过交换机完成了一次通信，在此过程当中，交换机得到了 A 和 D 的两个 MAC 地址，下一次发往 A 和 D 的数据直接发到所对应的端口。每个主机发送给交换机的帧里都有源 MAC 地址，相当于自报家门，交换机根据源 MAC 地址建立 MAC 地址表这个过程叫作学习，经过了如此这般若干个回合之后，交换机对于各个端口和主机的对应关系已经熟记于心，形成了 MAC 地址和端口的对应表，也就是完整的 MAC 地址表，如表 4-1 所示。

表 4-1　MAC 地址

MAC 地址	所在端口
MAC A	1
MAC D	4
MAC B	2
MAC C	3

交换机会根据数据帧的目的 MAC 地址查找地址表，决定从哪个端口转发数据，如果查找不到就广播给除源端口之外的所有端口，所以广播这个问题二层交换机也没有解决，交换机的各个端口还同属于一个广播域。

交换机有一定的缓存能力，能够同时存储很多个主机发送的数据，这个时候大家一起说话都没关系，交换机都能够一一地缓存，即便链路繁忙，交换机会在链路空闲时将信息转发出去，如此一来，A、B、C、D 之间便没有了冲突，所以，交换机实现了冲突域的隔离。

二层交换的方式被形象地称作"通信基本靠吼"，二层交换在规模较小的局域网中非常适合，但是如果网络中的主机非常多，这样的机制就有了很大的问题。主机过多，广播就会频繁占用带宽资源，造成带宽的浪费。如果大喇叭不停地在办公室里喊，谁是张三有人找，谁是李四来一趟，大家一定会觉得太扰民。

而且公司大了，人员流动性也很大，人员的大量变动对交换机来说都要一一地去学习，交换机表示压力很大，如图 4-10 所示。

图 4-10　二层交换的局限性

4.2.4　局域网也要隔离——VLAN

二层交换是一个局域网的技术，我们通过二层交换机，可以组建校园网、办公网等小型网络，如果一个交换机的接口数量不够，或者各个办公室之间距离稍有点远，可以采用交换机级联的方式组网，交换机下面再下挂交换机。

网络的大小是相对的，如果一个公司的主机的数量有上百台，虽然和广域网比很少，但也不小了，采用二层组网的话，二层交换有一个无法回避的广播域的问题，这几百台的电脑广播起来也是很烦的。

如果一个公司有技术部、市场部、财务部、后勤部等各个部门，这些部门的主机还是和本部门的主机打交道比较多，跨部门的业务很少，我们可以采用一种技术，将一个局域网的广播域的范围再进一步缩小一点，这就是 VLAN。

虚拟局域网（VLAN，Virtual Local Area Network），是一种将局域网从逻辑上划分成一个个更小的局域网，VLAN 之间在二层上是隔离的，从而实现虚拟工作组的数据交换技术。

从物理上来说，所有的主机下挂在一个交换机下，逻辑上通过 VLAN 划分，相当于将一个交换机分成若干个逻辑上独立的交换机，各个部门的主机之间隔离开，不会收到其他 VLAN 的广播。

跨交换机划分 VLAN 也是一样，交换机 1 和交换机 2 在两个办公楼里，从逻辑上划分了 VLAN 之后，位于两个楼里的同一部门的人组成了 VLAN,如图 4-11 所示。

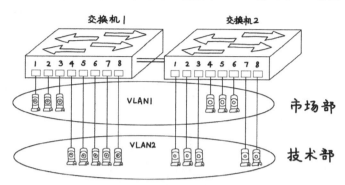

图 4-11 交换机划分 VLAN

VLAN 划分方式有多种，可以根据物理端口、MAC 地址、IP 地址划分。基于端口的划分，只要接在指定端口之下的主机就固定属于某个 VLAN；而基于地址的划分，只要地址不变，将主机换个地方，通过另外一个端口接入交换机，交换机还是认识它归属部门的。

VLAN 是在二层帧格式中间加了一个 VLAN 标签（802.1Q），比如市场部 VLAN 标签是 1, 技术部 VLAN 标签是 2, 交换机可以识别这个标签，哪个 VLAN 发来的数据帧，交换机只向本 VLAN 的端口进行广播。

VLAN 标签中包含 4 部分信息，如图 4-12 所示。

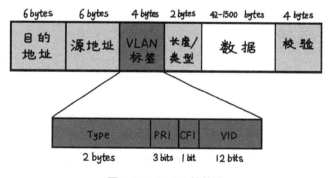

图 4-12 VLAN 帧格式

（1）Type：类型，固定是 0x8100(0x 表示后面的数字是十六进制数，每位也就相当于二进制的 4 bit），以太网帧有可能含有或不含有 VLAN 标签，接收方读到这个 8100 的时候就知道这是一个带 VLAN 标签的 802.1Q 数据帧。

（2）PRI：Priority 优先级，3 bit 也就是 8 个优先级，0 ~ 7 值越大代表业务的级别越高。如果交换机的端口速率有限，无法按时发送每个 VLAN 的数据，就按照这个优先级排队，先将级别高的数据帧转发。

关于优先级这里多说一点，后面很多的帧格式里都会包含优先级的字段，优先级可以用来区分不同的端口、业务、用户等，就像我们去消费时 VIP 会得到更优质体贴的服务，对于网络来说就是 VIP 能够优先获得网络资源，通过优先转发保证网络对高等级业务的服务质量。每个帧结构中优先级的表示都是在对应的层次有效，交换机认识 VLAN 标签里这个 PRI，而到了路由器查看 IP 地址，就要通过 IP 地址里的 DSCP 去判断优先级，就像我们可以用工牌在本公司内通行无阻，但是到了其他公司就要使用来宾证。

（3）CFI：Canonical Format Indicator，标准格式指示位，CFI 为 0 时表示规范格式，为 1 时表示非规范格式，以太网帧 CFI 为 0。

（4）VID：VLAN ID，12bit，也就是一共有 4 096 个 ID 号可用，用来区分不同的 VLAN。

VLAN 标签是可以嵌套的，也就是可以在以太网帧中插入两层 VLAN 标签，即 QinQ 技术，可以支持 4 096×4 096 个不同 VLAN。

VLAN 将一个局域网划分为若干个虚拟局域网，VLAN 之间无法再通过二层交换的方式通信，可是不同部门之间还是要偶尔发送邮件，那就只能通过更高的层面——三层路由去互通。

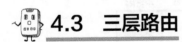 4.3 三层路由

4.3.1 IP 地址

通过上节内容的学习，我们知道，依靠二层交换机可以组建一个几十甚至几百台主机的小型二层局域网，但如果要组建一个城市、国家甚至全球的网络，二层交换技术由于其广播的工作方式，会导致网络拥塞甚至瘫痪，这时可以通过 VLAN 将广播域隔离在一个小范围之内，将广域网划分为无数个小型的局域网。

不同 LAN、VLAN 之间的互通需要三层路由器来实现，路由器之间发送的是 IP 数据报，三层网络通过 IP 地址实现寻址功能。下面我们先简单了解一下 IPv4 的帧结构和 IP 地址，

如图 4-13 所示。

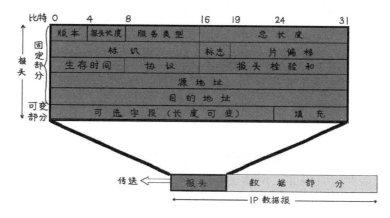

图 4-13　IPv4 帧结构

（1）版本号：0100 表示 IPv4，0110 表示 IPv6。

（2）报头长度：由于报头是可变长的，需要告诉对方报头的长度。

（3）服务类型（TOS）：用来设置数据报的优先级，现演变为 DSCP。

（4）总长度：数据报最大长度为 65 535 字节。

（5）标识符和标志、片偏移：几个字段联合使用，对大的上层数据报进行分段操作。

（6）生存时间（TTL）：数据报发出时赋予一个 TTL 值，当数据报经过每一个沿途的路由器时，每个沿途的路由器会将 TTL 值减 1，如果 TTL 减少为 0，则该数据报会被丢弃，可以防止由于故障而导致数据报在网络中不停地被转发。

（7）协议：标识了上层所使用的协议，比如：TCP 和 UDP。

（8）报头校验和：由于报头是可变长的，所以提供一个头部校验来保证数据报头中信息的正确性，正常结果 16 位全部为 1。由于每一台路由器都会降低 TTL 的值，所以每台路由器都必须重新计算头部校验。

（9）填充项：通过在后面添加 0 来补足 32 位，这样可保证报头长度是 32 位的倍数。

路由器根据 IP 帧格式组装 IP 数据报，可是路由器要将数据报从哪个接口发出去，发给谁呢？路由器会根据每个数据报的目的 IP 地址去查找路由表，决定转发的下一跳，我们来了解一下 IP 地址。

IP 地址是 IP 提供的一种统一的地址格式，它为互联网上的每一个网络和每一台主机分配一个"逻辑地址"（和物理地址对应），一台主机的 IP 地址随着其所处的位置不同而更改，我们每换一个办公地点或者酒店就会被分配一个新的 IP 地址，就像通信地址会随着我们所处城市的改变而变化。

IP 地址是一个 32 位的二进制数，通常被分割为 4 个"8 位二进制数"，也就是 4 个字节，为了读写方便，IP 地址通常转换为"点分十进制"表示成（a.b.c.d）的形式，其中，a、b、c、d 都是 0 ~ 255（00000000 ~ 11111111，共 2^8=256 个）之间的十进制整数，比如我们熟悉的 192.168.0.1。

InternetNIC 在全球范围内统一分配 IP 地址，将 IP 地址空间划分为 A、B、C、D、E 共 5 类，其中 A、B、C 是基本类，D、E 类作为多播和保留使用，如图 4-14 所示。

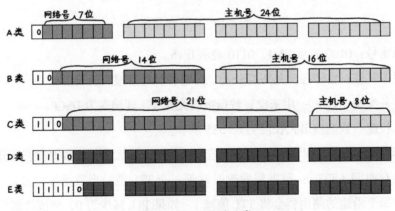

图 4-14　IP 地址分类

每类地址的网络号和主机号的位数不同，网络号的位数决定了该类网络的数量，主机号的位数决定了该类网络容纳主机的个数，就像手机号一样，手机号的位数就决定了最大用户数量。一个 A 类地址可以容纳 16777214（2^{24}–2）台主机，B 类容纳 65534（2^{16}–2）台主机，而 C 类可以容纳 254（2^8–2）台主机，减 2 是因为一个网络里主机号全 0 表示网络本身，全 1 表示广播，这两个地址不能被某个主机占用。

InternetNIC 规定一部分 IP 地址用于局域网使用，也就是私网 IP，不在公网中使用，分别是：10.0.0.0 ~ 10.255.255.255、172.16.0.0 ~ 172.31.255.255、192.168.0.0 ~ 192.168.255.255。这些私网 IP 大家应该都很熟悉，一般我们在公司里配置的 IP 地址便是其中之一。私网 IP 就像我们在办公室里可以称呼老王、小张、四毛哥等一样，在其他公司内部也有这些称呼，但是出了公司到外面就都要称呼大名，否则人家不知道你在叫谁，如图 4-15 所示。

图 4-15 私网地址

路由器之所以能够组建大网，实现全球内数以亿计的主机之间的通信，正是因为 IP 地址的概括总结能力很强，就像开演唱会一样，歌星来一句"后排的朋友们，你们的双手在哪里"，马上看到千百双手在挥舞，也拥有了千百个热情的笑容。

一个 IP 地址可以包含多台主机，比如一个 A 类地址 110.0.0.0 就包含了从 110.0.0.1 至 110.255.255.254 共 1 600 多万台主机，在路由器的路由表中只要一行就可以表达，而 MAC 地址和主机是一对一的关系，无法去合并表示，有 1 600 万台主机通过二层交换机组网，交换机的 MAC 地址表就要有 1 600 万行。

A、B、C 类公网地址中，主机数最少的 C 类地址也包含 256 台主机（为了避免烦琐，对于减 2 的问题暂且忽略），而实际应用中一般将一个部门或者一个办公室作为一个局域网，这无疑对 IP 地址资源造成一种浪费，所以又引入了子网的概念。子网是将 IP 地址中的主机号部分再划出一些作为子网号，这样一个 IP 地址又可以划分成多个子网来使用，比如一个 256 的 C 类地址可以分成 4 个 64 台主机的子网，也可以分成 8 个 32 台主机的子网，这样 IP 地址的使用效率大大提高。

怎样实现子网的划分呢？我们在接入一个网络的时候，需要先设置子网掩码，网络设备通过子网掩码能够计算出 IP 地址中哪些位表示子网号，哪些位是主机号，从而将一个 IP 地址细分使用，如图 4-16 所示。

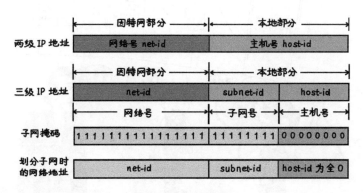

图 4-16　子网掩码

　　如果要把一个 256 的 C 类地址划分成两个 64 和一个 128，64 和 128 的两种子网的掩码是不同的，64 个主机的子网与 128 个主机的子网相比，主机号少了一位，子网掩码多了一位，这就需要使用变长子网掩码（VLSM，Variable–Length Subnet Mask）。

　　有时一个 C 类地址不够用，要用两个 C 类地址，这就需要将两个 C 类地址合并代表这一个网络，需要无类域间路由（CIDR，Classless Inter—Domain Routing）。什么叫无类？ A、B、C、D、E 类地址是官方规定的大类，是每一个三层设备都认识的，如果需要将若干个比如 C 类地址合并，要从网络号中挪出一部分作为主机号使用，即突破传统的束缚和界限，就需要设备能够了解并认可这种做法，需要支持 CIDR。

　　通过 IP 地址、子网掩码、VLAN 将所有的主机划分成一个个网络或者子网，也就是局域网，无数个局域网组成了广域网。同一个局域网的主机处在一个封闭空间里，彼此都是内网主机，而其他网络的主机对于本网的主机来说就都是外网。

4.3.2　走出国门第一步——网关

　　在局域网内部，主机间通过二层交换的方式通信，而不同局域网的主机之间在二层是彼此绝缘的，利用二层交换永远联系不上外网主机，需要通过三层路由去实现，如图 4-17 所示。

　　内网的主机要与外网的主机通信，首先得经过网关。对于某一个网络来说，路由器和它相连的那个接口就是这个网络通往外部的网关，路由器这个接口的 IP 地址就是这个网络的网关地址，也就是我们在上网之前都要配置的网关地址。路由器的各个接口连接的是一个个网络，是不同网络之间沟通信息的中转站。

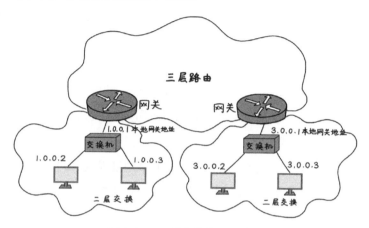

图 4-17　二层交换和三层路由

　　网关，顾名思义，就是网络关口，也就是内网和外网之间的那道门，是二层网络和三层网络之间的桥梁，所有要出入本网络的数据均由网关来转发，就像海关一样，里面和外面的世界我不管，但是要进来和出去的，就必须经过我这一道关口，如图 4-18 所示。

图 4-18　网关

假设有个小朋友叫阿强，阿强住在一个大院子里（内网），有很多邻居小伙伴（内网主机），当阿强想跟院子里的某个小伙伴玩时，只要在院子里大喊一声对方的名字，对方听到了就会来跟阿强一起玩，这就是二层交换。但是家长不允许阿强走出大门，阿强想与外界发生的一切联系都必须由父母（网关）负责。假如阿强想找同学阿珍聊天，阿珍家住在很远的另外一个院子里，阿珍家里也有父母（阿珍的网关）。

阿强和妈妈说想去找阿珍玩，妈妈就带着阿强出发了，虽然不知道阿珍家怎么走，但是阿强将阿珍家地址告诉了妈妈，一路上碰见了好多好心的警察叔叔（路由器），警察叔叔对城市的道路都了然于胸，每个警察叔叔都告诉阿强应该往哪个方向走，最终，阿强找到了阿珍，两人一起愉快地玩耍。

如果一个主机需要和另外一台主机通信，通过 IP 地址发现目的主机和自己不在一个网段内，就会将数据包丢给网关。数据包的目的 IP 是目标主机的 IP 地址，而目的 MAC 地址是网关的 MAC 地址。

为什么要写网关的 MAC 地址呢？网关收到数据包后，首先看 MAC 地址是自己的，就会将二层帧的头和尾去掉露出三层数据包，然后根据目的 IP 地址转发出去。如果 MAC 地址没写或者不正确，网关就认为这个数据包和自己没关系，就当没看见。如果主机并不知道网关的 MAC 地址，就要发送 ARP 请求，通过网关的 IP 地址获得网关的 MAC 地址，如图 4-19 所示。

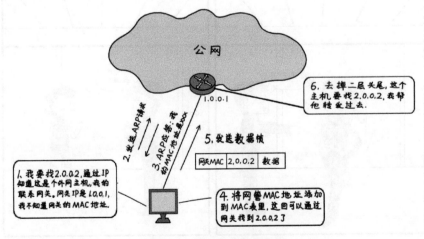

图 4-19 通过网关访问外网

ARP（Address Resolution Protocol，地址解析协议），就是在已知目标的 IP 地址但不知道 MAC 地址时，发送一个 ARP 请求，对方收到以后会将自己的 MAC 地址告诉你，收到 MAC 地址之后就存在本地的 ARP 表（IP 地址和 MAC 地址对应关系）里，然后你们之间才能开始交流。相反，如果是知道 MAC 地址想要获取 IP 地址，就要通过 RARP。

知道了网关姓甚名谁，也就和网关取得了联系，接下来网关会带你走出大门。网关可能是路由器或者具有路由功能的三层交换机，也可能是一台主机上安装了两个网卡，一个对内，一个对外。数据包到了网关之后，就进入了三层路由的世界，沿途的每个路由器是怎样让数据最终到达对端的，就是我们第 4.3.3 节要了解的内容——三层路由。

4.3.3　智能导航系统——路由

发往外网的数据包到达了网关，从此就进入了一个 IP 的世界，游戏规则也从二层交换变成了三层路由。网关和路上经过的每一台路由器是如何知道下一步应该往哪个方向走的呢？

交换机有 MAC 地址表，同样路由器也有一张 IP 地址对应出口的路由表，路由器根据这张路由表查找转发，每一次转发都离终点近一步，这样一步一步就到达了终点。

怎么查表转发不是重点，如何建立路由表才是关键。二层交换机依靠接收数据帧的源 MAC 地址学习建立 MAC 地址表，那路由器是如何建立路由表的呢？路由器的路由表中有三种路由：静态路由、动态路由和缺省路由，对应三种建立路由表的方式。

1. 静态路由

如果我们的网络很简单，就这么几个网络、几台路由器相连，十个手指头都能数过来，要去往哪个网络需要怎么走也是一目了然的，这种情况下直接通过命令把路由配置好就 OK。

静态路由是靠管理员手工配置的，每个 IP 地址对应的出口都是一条一条由网管敲上去的，静态路由就是告诉路由器，这个 IP 地址你就给我发到这个接口上就 OK。比如西安有一台路由器，网管上敲几个命令：榆林、延安往北走，汉中、安康、商洛往南走，宝鸡、咸阳往西走、渭南往东走，西安已经到达，所有的配置工作也就搞定了。

静态路由对于路由器就是死命令，和 MSTP 的业务配置有些类似，如果网络结构发生变化，或者某条路断了走不通，静态路由是不会变通的，依然按照路由表去严格执行命令；如果需要改变路由条目，就需要网管上重新修改，所以静态路由一般在网络规模较小的情况下使用，对于大型的复杂网络来说工作量巨大，不太适合。

2. 动态路由

动态路由是路由器根据路由协议来交换路由信息，一开始路由器都不知道网络的结构，路由器会自动发现周围的邻居，并且路由器之间会交流各自收集的信息，你认识张三，我认识李四，最后大家一交流都是好朋友。路由器之间使用某种算法传递或者计算生成路由表，动态路由协议是智能的、自动的，在网络节点发生变化或链路故障时，路由协议会自动计算和更新拓扑结构，重新计算可用的路由，而不需要人工维护。

3. 缺省路由

缺省路由也是通过网管配置的，当目的 IP 地址在路由表中查不到时，路由器不知道数据包该往哪儿发的时候，就按缺省路由转发，这是路由器的最后一个"锦囊"。比如，黑龙江漠河有个路由器，如果你要去往广东深圳，路由器暂时还没有学习到深圳这个地方，这时候缺省路由告诉你，先往南走吧，大方向应该错不了。

路由表形成后路由器的工作方式就和交换机差不多了，发过来的数据包和路由表进行匹配查找。路由器查找路由的顺序为静态路由—动态路由—缺省路由。因为静态路由是手工配置的，相当于"特殊交代"的任务，领导交给你一件事，这件事一定优先级比较高，所以路由器认为静态路由最可靠；而缺省路由是走投无路的最后一手，优先级一定最低。

路由器查到路由结果之后在相应的端口将数据转发出去，路由的过程就像我们在高速公路上行驶，在经过每一个岔路口（路由器）的时候，都会有一个指示牌（路由表），指引我们到正确的方向，如图 4-20 所示。其实路由器并不知道目的地具体在哪里，也不知道从起点到终点全程的路线怎么走，只要我们在每个岔路都知道选择正确的方向，就一定会一步一步地接近目的地。

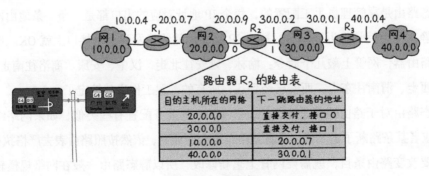

图 4-20　路由表

可能有人会问，路由器这么强大，为什么还要用二层交换机呢，全部使用路由器进行三层组网，每一个主机都连接到路由器上，岂不是更简单？

试想一下，办公室里有一个张三，站在同事李四的面前，左手拿着手机百度地图，右手拿着李四的通信地址——中华人民共和国陕西省西安市……801 室，还自言自语："我要怎么才能找到他呢？先看看地图吧，中国在哪里？"如此这般折腾了一番最后终于找到了李四，估计眼泪都掉下来了，世界上最遥远的距离就是，明明你就在我的面前，同在屋檐下而我却用路由的方式寻找你，很显然直接喊一声"谁是李四？"这个问题就解决了。

能简单解决的问题就没有必要复杂化，所以在局域网内，使用交换机会提高转发效率，而且交换机的成本也要低于路由器。

还有一点，我们知道 IP 地址的资源是有限的。于是，我们通过"二层交换 + 三层路由"的方式，一个局域网可以只使用一个公网地址，而在局域网内部可以使用私网地址，可以节省大量的 IP 地址资源。数据包从内网到外网时，需要做一个私网到公网地址的转换（NAT，Network Address Translation，网络地址转换）。

静态路由和缺省路由都是管理员指定的，没有太多可说的，第 4.4 节我们重点了解常用的动态路由协议。

4.4 动态路由协议

4.4.1 路由协议分类

动态路由协议是能够自动发现路由的协议，使用动态路由协议可以构建一个"无人驾驶"的网络。网络的节点、链路都是经常变化的，路由的自动发现和维护减少了人们的工作量，非常人性化。

路由协议按照使用的区域不同，分为内部网关协议（IGP，Interior Gateway Protocol）和外部网关协议（EGP，Exterior Gateway Protocol），也叫域内和域间路由协议。路由协议的分类如图 4-21 所示。

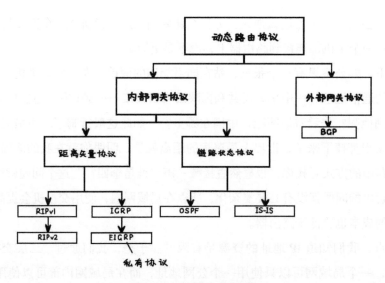

图 4-21 路由协议的分类

这里说的"域"指自治域（AS，Autonomous System），自治域是在单一技术管理体系下的多个路由器的集合，什么意思呢？美国不能管理中国的路由器，联通也不能管理移动的。自治域就是可以由同一个管理者去管理的多个路由器，就是我的地盘我做主。在一个自治域内使用 IGP，比如 RIP、IS–IS、OSPF，而不同自治域之间，联通和移动的网络要互通，就要使用 EGP 去传递路由。

路由协议按照算法不同可以分为距离矢量协议（Distance Vector）和链路状态路由协议（Link State）。对于距离矢量协议来说，距离多少是评判路由器路由好坏的唯一标准，不过这个"距离"不是指两个站点相距多少公里，而是指数据包到达目的地经过了多少个路由器，也就是跳数，如果是路由器的直连网络，跳数就是 1，每经过一台路由器，跳数就加 1。但有时候只靠距离是不足以反映网络真实情况的，马路有宽有窄，有的畅通，有的拥堵，距离最近的路并不一定能够最快到达。我们在使用地图导航时，导航仪会根据路况躲避拥堵，选出最快的路线，网络也是一样，如果需要根据路况信息去选择最优的路径，就需要使用链路状态协议。

路由协议还分为公有协议和私有协议，RIP、OSPF、IS–IS 等就是公有协议，大家都可以用；而像 IGRP、EIGRP 这种是思科的私有协议，只有在思科的设备上才能用。

一个网络中可能运行不同的 IGP，路由器在从不同的路由协议中获得了同一目标网络的多条路由时如何选择呢？根据管理距离去区分不同路由协议的优先级，不同的路由协议对应不同的管理距离，取值为 0 ~ 255，数字越小代表路由越可信，比如默认 OSPF 是110，而 RIP 是 120，就代表路由器更信任 OSPF 生成的路由表项。

路由器之间是如何发现、通告路由，形成路由表的？第 4.4.2 节我们简单介绍几个常用路由协议的工作过程。

4.4.2　RIP

RIP(Routing Information Protocol，路由信息协议) 是距离矢量协议（见图 4-22），我们简单说明一下 RIP 的工作原理。

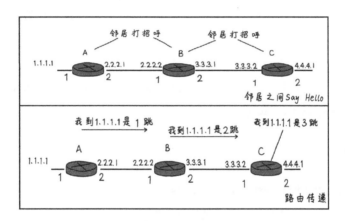

图 4-22　RIP

不管使用什么协议，最开始网络上的路由器彼此都不认识，路由表都是空的。路由器要去发现整个世界，先从自己的周围开始，首先每个路由器会和自己接口相连的"邻居"打个招呼，叫作 Hello 机制。这样邻里之间先混个脸熟，这个过程所有协议都一样，无论你要去天涯海角，总得从认识"邻居"开始。

路由器在自己的路由表里写上这些"邻居"的名字，并注明距离为 1。

接着路由器"邻居"之间继续交流各自收集到的信息，信息的格式是"我到某某距离是几跳"，比如 A 告诉 B "我到 1.1.1.1 是 1 跳"，B 收到之后就知道，数据包要到达 1.1.1.1就要先转给 A，转发的接口就是收到 A 的此条路由信息的接口 1，距离是 2 跳（加上自己到 B 这一跳）；B 又会将这个消息告诉 C，就这样一跳一跳地传下去。路由器收到自己路由表中没有的路由就会添加到路由表中。如此一番之后，大家都知道了到达每个网络的出口、下一跳、距离，就形成了完整的路由表。

路由器隔一段时间会重新发送一次路由更新，大家收到了就知道该路由正常，但如果某个路由在规定的时间内仍然没有更新，路由器就认为该路由已经失效，要是再过一会仍然没收到，就将该条路由从路由表中删除。这就像我们出门在外每天给家里报平安，如果连续几天家里都没有接到电话，就知道出了问题。如果路由器收到同样目的路由但跳数更少，也就是更优的路由，就会进行替换。

RIP 的路由信息仅限于"邻居"之间交流，路由器之间都是"交头接耳"而不会大声告诉全世界，而且每台路由器并不关心网络的拓扑结构，我告诉你我到 1.1.1.1 距离是 10，你只要知道有到这个 1.1.1.1 地址的数据包要丢给我就好了，你到终点的距离是 11，至于这个 1.1.1.1 到底在哪里，和谁相连，路由器都不得而知，也就更不知道途中都经过了哪些路由器。

RIP 定义的最大跳数是 15 跳，如果跳数是 16 就认为目标不可达，如果路由器数量多，起点到终点距离大于 15 跳是很正常的，所以很显然 RIP 不适合大型的网络；如果网络中的设备数较多，就需要使用 OSPF、ISIS 协议。

4.4.3　OSPF 和 IS-IS

OSPF（Open Shortest Path First，开放式最短路径优先）虽然被称作最短路径优先，但 OSPF 其实是链路状态协议，所说的最短路径是根据链路的 Cost（开销）值去衡量，Cost 就像是我们出行需花费的路费一样，自然是越少越好。两个接口之间的 Cost 默认值是根据链路带宽来赋予不同的值，越窄的马路通行费越高，默认值 $=10^8/$ 带宽，100M 以上链路的默认 Cost 值都是 1。

链路的 Cost 值也可以根据延迟、负载、可靠性等进行人为设定，比如，不想让数据包走某一条路，你可以将这条路设置成高价过路费，数据包就会自动绕开这些链路，走其他路由转发，当然也可以将所有的 Cost 值设置成一样，结果自然就和距离矢量协议相同。

一条路由要经过若干个设备和链路，将路由上的每一段的路费加起来就是此次行程的总费用，也就是一条路由的 Cost 值。比如，坐地铁费用 3 元，坐公交车要倒一次车需要 2 元，一比较坐公交车就比较经济实惠；同理，路由器根据每条路由的 Cost 值就可以比较路由的好坏，选择最佳出行方案。

和 RIP 的路由机制相比，OSPF 有很大不同，RIP 是将这个从"邻居"那儿听来的路由悄悄地告诉那个"邻居"，就是"人云亦云"，只要你敢说我就敢信。路由器之间传递的是路由表，是一个最终结果，每个路由器并不知道拓扑结构，也不会去分析怎么走比较合理；而运行 OSPF 的路由器的主观能动性就比较强，选路的方式也客观、科学一些。

OSPF 初始化时，每个路由器通过 Hello 机制认识了自己的左邻右舍之后，将自己的"邻居"的信息形成链路状态广播（LSA，Link-State Advertisement）之后泛洪（Flooding）出去。LSA 里面能看出发这个信息的路由器有哪些"邻居"以及对应的链路 Cost 值。泛洪是将某个接口收到的数据流从除该接口之外的所有接口发送，和广播差不多，像洪水泛滥一样，收到信息的路由器再继续泛洪，让 LSA 传到每一个路由器。

所有的路由器都收到了其他路由器的所有的 LSA，形成了链路状态数据库（LSDB，Link State DataBase），所有路由器最终得到的 LSDB 都相同，大家都拿到了同一张地图的所有碎片，接下来就是一个拼图游戏，每两个互为"邻居"的碎片拼到一起，最后就可以将整张地图拼起来，整张网络的所有路由器的连接关系就呈现出来了。

根据这张拓扑图（如图 4-23 所示），路由器以自己为根（Root）使用 SPF 算法去计算到每一个网络的最短路径，并保留这些路径，将其他未经过的链路剪掉，形成了一个树状的结构，叫作最短路径树。树形成了，从树根到树上的每一个节点的唯一路径就确定了，路由表也就形成了。

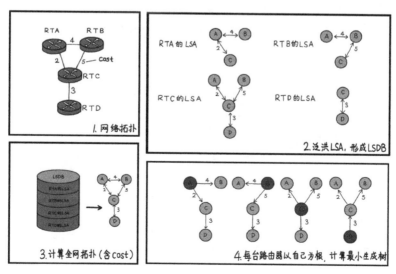

图 4-23　OSPF 协议

1. OSPF 的分层

虽然说 OSPF 协议支持组大网，但是网络如果太大了，节点越多，路由运算的数据量就越大，设备的运行效率就会下降，就像 20 块的拼图和 200 块的拼图难度差别很大；而且节点多了泛洪的数据流量也增大，占用带宽，这和二层交换机的广播是一个道理，所以还是要想办法隔离。

OSPF 可以将一个网络的所有路由器划分成不同的区域（Area），每个区域分别独立地完成上述的 LSA 传递和拓扑、路由计算，不同区域之间只需要将最终计算的结果传递过去，也就是路由引入。

举个例子，整个年级一共有 10 个班，每个班 50 人，一共 500 个人，如果现在要考试，试卷一共有 500 道题，这 500 人每个人都要做 500 道题，这太难了。可是如果以班级为单位，10 个班每个班的 50 个学生做其中的 50 道题，做完之后班级之间通过班长和老师交换一下答题卡，大家也就都知道了这全部 500 道题的答案。这一下就简单得多，工作量减小为 1/10，虽然最后的结果都是获得路由，但自己做题和从别人那里得到答案的区别很大。

10 个班就划分成了 10 个区域，可以命名为 Area 1 ~ Area 10。班级之间的交流需要通过班长和老师去转达，老师和班长就组成了 Area 0，Area 0 就是所有区域的核心，称为 BackBone 区域（骨干区域）。而其他 10 个 Area 都与 Area 0 相连，称为 Normal 区域（常规区域），这又是一种垂直分层、水平分区的架构，Area 0 就像 MSTP 的核心汇聚环一样，如图 4-24 所示。可见，很多技术都是万变不离其宗的，尤其是这个分层分区。

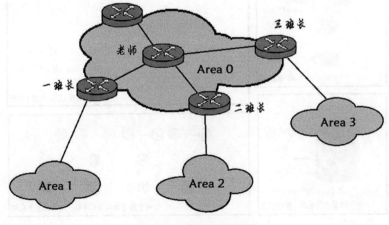

图 4-24　OSPF 的分区

Area 是基于路由器的接口划分的，而不是基于设备，一台路由器可以是西向接口属于这个区域，东向接口属于那个区域；如果所有接口属于同一个区域，叫作内部路由器（IR，Internal Router）；如果接口分别属于不同的区域，叫作区域边界路由器（ABR，Area Border Router）。上面例子里，每个班的同学就是 IR，而班长既属于本班的 Area，又属于 Area 0，班长就是 ABR，老师只属于 Area 0，老师也是 IR。

这样分完区之后，按照规定 10 个班级之间是不能直接互通的，要想找其他班同学，可以通过班长找其他班班长，如果班长之间不认识就要通过老师。

2. IS-IS

IS-IS（Intermediate System-to-Intermediate System，中间系统到中间系统）路由协议最初是为 CLNP 设计的一种动态路由协议，为了提供对 IP 路由的支持，通过对 IS-IS 进行扩充和修改，使 IS-IS 能够同时应用在 TCP/IP 和 OSI 环境中，形成集成 IS-IS。

中间系统，在 IP 网络中指路由器，IS-IS 也就是路由器和路由器之间的协议。IS-IS 中路由器的 Area 是按照设备划分的，每台设备最多可以设置三个区域号，也就是最多可以属于三个区域，这一点和 OSPF 不同，OSPF 是按照接口划分的，路由器有多少个接口就可以属于多少个 Area。既然 IS-IS 的路由器受到最多三个区域的限制，一个汇聚节点可能带很多的接入环和链，三个不够用怎么办呢？

OSPF 通过划分 Area 支持组大网，而 IS-IS 采用两层的分层结构去实现。IS-IS 可以定义路由器的三种角色：Level-1、Level-2、Level-1-2。套用上一节 OSPF 的例子，老师就是 Level-2，班长就是 Level1-2，同学就是 Level-1。同学只能和同班同学、班长沟通，班长可以和本班同学、其他班班长、老师沟通，老师只和各班的班长沟通，IS-IS 里的 Lever-2 就相当于 OSPF 里的 Area 0。IS-IS 的分层如图 4-25 所示。

IS-IS 规定 Level-2 路由器是不受 Area 限制的，也就解决了上面的问题，汇聚设备不用指定属于哪个 Area，只要将接入层环路按照 Area 分区就可以了。

IS-IS 组大网能力要强于 OSPF 协议，

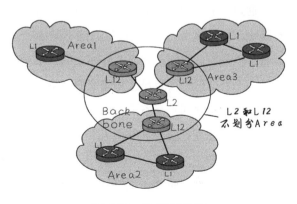

图 4-25　IS-IS 的分层

工作原理和 OSPF 大致相同，也经历了建立"邻居"关系、泛洪、计算路径这些过程，我们不再重复。

除了划分 Area 之外，我们还可以使用多进程将网站分区。电脑里有个进程管理器，进程就是系统同时做的若干件不相干的事情，也就是逻辑上隔离，网络的每个进程可以包含一系列接口，每个进程独立地传递、运算，起到了隔离的效果，不同进程之间需要互通，也需要路由引入。

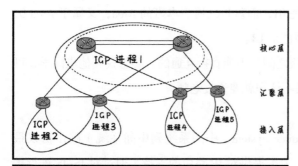

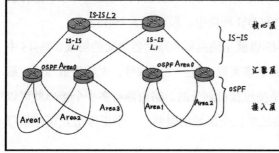

图 4-26 分层、分区、多进程的应用

无论是分层、分区、多进程，目的都是要将网络划分成一个个小块网络，在小范围内独立的泛洪链路状态、计算路由，减小设备压力，而跨 Area、层次、进程之间仅针对路由表的最终结果进行有策略地传播，我们在具体组网时可以采用多种方式灵活应用，如图 4-26 所示。

4.4.4 BGP

通过上面介绍的 IGP，完成了一个自治域（AS）内设备间路由的建立，内部的事这就算搞定了。那么 AS 之间呢？我们把不同 AS 比作不同的国家，国家之间虽然是独立管理、运转，但是彼此之间还是要友好往来的，不同国家的主机、网络之间还要互访，那么 A 国家的一个数据包怎么能到达 B 国家的网络呢？这就要用到 EGP。

不同国家之间是互不干涉内政的，法律、文化都不同，没有办法再用同一种方法去计算路由，大家就把彼此的路由互相告知对方就好了。AS 之间依靠 EGP 传递路由，而边界网关协议（BGP，Border Gateway Protocol）是目前唯一使用的 EGP，这里可能容易混淆，EGP 是协议类型，而 BGP 是一个具体的协议名称。

在 BGP 中负责向其他 AS 之间发布消息的路由器称为 BGP Speaker，不同国家、组织之间沟通，要指定一些特定负责人，只有 BGP Speaker 才有这个权利，不同 AS 的 BGP Speaker 之间形成对等的关系，可以代表国家去互相交流。

BGP 有两种连接关系：一种是 IBGP，就是同一个 AS 内的 BGP；另一种是 EBGP，是不同 AS 之间的 BGP，如图 4-27 所示。IBGP 就像是中国的外交官之间的关系，而 EBGP 就像是中国和外国外交官之间的关系。

为什么 AS 内的路由器还要建立 BGP 关系呢？中国对不同的国家会有不同的外交官，这些外交官之间相互对于外界的消息也要保持互通的关系，比如我国南面的国家要和北面的国家互通，要穿越我们的网络，就需要南北两个外交官之间也建立联系，去介绍两国彼此认识。

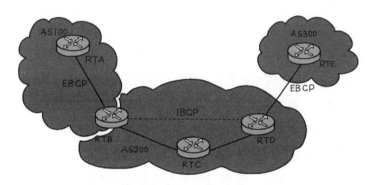

图 4-27　IBGP 和 EBGP

每个 BGP Speaker 同时也是 AS 内的一台路由器，所以每个 BGP Speaker 都拥有两张路由表，分别是 IGP 路由表和 BGP 路由表。BGP Speaker 要想向外发布 AS 内部的某些路由，也需要先将这些 IGP 路由导入 BGP 表中，而不能随便泄露国家机密。

BGP Speaker 在 IBGP 处得到的信息不会发布给其他的 IBGP 对等体，也就是情报传到我这就终止，决不再传给他人，所以要求 IBGP 的对等体之间逻辑上全连接（通过四层的 TCP 连接，IP 层可以不直接相连），两两之间互相认识，如果不直连，对方发布的消息就接收不到。

外交官不能自己随心所欲地周游列国，一定是国家指定他和哪个国家做接口，BGP Speaker 也不能像 IGP 那样自主地去建立"邻居"的关系，需要一对一对地去配置 BGP 关系，去"授权"。如果一个 AS 有 N 个 BGP Speaker，就需要建立 $N(N-1)/2$ 条 IBGP 连接，这又是典型的 N^2 问题，可以指定一台路由器作为路由反射器（RR，Route Reflector），RR 与所有的 BGP Speaker 之间都建立连接，这样 RR 只需要和所有的 BGP Speaker 分别建立连

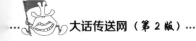

接就可以解决。

BGP 这里只说到一些皮毛，总之，需要一些规则去保证这些 AS 之间的正常沟通，防止出现路由无法传递或者传递混乱的现象。

4.5 IP 不是万能的

4.5.1 IP 任重道远

IP 网作为一个成熟开放的、强大的技术，在通信领域占绝对的优势，传送网的业务已经逐渐 IP 化，推动着传送网向 IP 化的转型，那么一个新的问题产生了，如果用 IP 网络直接去承载电信业务，是否可行呢？或者说，还存在哪些问题？

我们知道，IP 网是一张面向无连接的网络，是一张尽力而为的网络，而传送网承载的是以基站回传为主的业务，尤其话音业务是对可靠性要求很高的，号称"电信级"业务。数据业务固然是超级大股东，可是话音业务级别高，在向新一代传送网的演进过程中还占有一席之地，有着足够的话语权，用 IP 这张尽力而为的网络去承载"电信级"业务，就是最大的问题所在。

我们用宽带上网，邮件发不出去、下载文件中断的情况都是时有发生的，就算整个网断了，最多也是打个电话报修或者投诉一下，维护人员来修就是了。宽带网从用户到 OLT（光线路终端）之间基本都是没有保护的，线路断了业务就中断，就只能抢修。

可是无线话音业务不同，如果基站掉站，附近的用户都不能通信，如果通信中断几小时，对于电信运营商来讲就是重大事故，我们来看一则新闻报道。

新华网快讯：某日某地发生 7 级强烈地震，目前通信仍处于中断状况，记者用固话、手机进行联系，均没有成功。

又一则快讯：某运营商安排精干人员，在持续的余震中，在已经成为危房的机房里，用了半小时修通了设备，县城内的固定电话及小灵通恢复正常使用，由于电力中断，他们启用了柴油发电机发电。

这些报道说明了什么，通信和农业、交通、电力等一样，是关系到民生的大事？这也是为什么我们经常强调"电信级"业务这个概念的原因。从电信运营商的收益上来说也是产生巨大经济效益的业务。

说了这么多，其实就是一句话，IP 网可靠性不够，我们要的不是尽力而为，而是必须保证。

另外一点我们知道，传送网是有着很强大的网管系统的，能够对网络的故障进行精准的定位。可是对于 IP 这个无连接的网络来讲，这些都是无法做到的，在网络中每秒传递着天文数字级别的数据包，在网络中的行踪都是不确定的，连数据包去哪儿了都不知道，管理又从何说起？这就像我们可以对列车、地铁严格的管控，每隔几分钟一班车，车辆的运行情况都掌握得准确无误，可是对一个城市所有的机动车来讲，要实现相同级别的管理就是痴人说梦了。

再者说，传送网以强大的保护倒换作为保障，业务恢复的时间小于 50 ms。而 IP 网呢，一条链路断了，可能要几秒甚至几分钟去重新计算路由，50 ms 对于 IP 网来说有点太强人所难了。

综上所述，IP 不是万能的，想要当起传送网这个家，还有很长的路要走，首先要解决的就是有连接和无连接的问题。我们需要一个办法，让无连接的 IP 网变成有连接，以便实现维护管理、保护倒换等传送网所要求的一系列功能，提高可靠性，实现这一步质变的技术基础就是 MPLS。

4.5.2 一劳永逸——MPLS

我们在某网站上下载一部几个 G 大小的电影，文件会分成至少几百万个数据包从服务器传送到你的电脑，这些数据包的目的地址都是相同的，按照传统的路由方式，对于每一个数据包路由器都需要查找一次路由表，决定从哪个接口转发，一共要进行几百万次的路由，这样的方式显然是很浪费路由器的能力资源的。

这就像 100 个人过来问你路，他们的目的地是同一个地方，都是去东大街，你就没有必要给每个人都说一遍东大街怎么走，只要给第一个人指路之后，告诉后面的人，全部跟着第一个人走就好了。对于数据包的路由，我们同样可以只对第一个数据包进行路由选择，后面的相同目的地的数据包都贴上相同的标签，按照第一次路由的结果进行转发，这就是 MPLS。

多协议标签交换（MPLS，Multi-Protocol Label Switching），是一种用标签交换代替路由，实现数据包快速转发的技术体系，它的价值在于能够在一个无连接的网络中引入连接模式的特性。标签交换提供了一种方式，在 MPLS 边缘的路由器（LER）将 IP 地址映射为简单的、具有固定长度的标签，将标签添加到二层和三层帧格式之间，在 MPLS 网络的内部标签交换路由器（LSR）使用标签快速交换代替路由。

MPLS 技术最初就是为了提高路由器的转发效率而问世的，实际上随着软硬件的发展，单从转发效率上去比较，MPLS 已经没有优势，但是从另一方面我们也不难发现，对于 MPLS 网络来说，到相同的目的地的数据包被分发相同的标签，走相同的路径，这样就在 IP 网中打通一条虚拟的"路"（隧道），也就是将 IP 网从无连接变成了有连接的网络。这就是：世界上本没有路，走的人多了便成了路。有了"路"之后，在此基础上对数据转发路径的管理也就可以实现了。

IP 数据包在进入 MPLS 网络中就被披上了另外一层外衣（标签），在穿过整个 MPLS 网络时，每一个设备不再依靠 IP 地址路由，而是通过这个标签一步步到达出口，到了出口处脱下外衣，又露出原来的样子，该怎么走还怎么走。

1. MPLS 网络的一些概念

MPLS 网络的组成如图 4-28 所示。

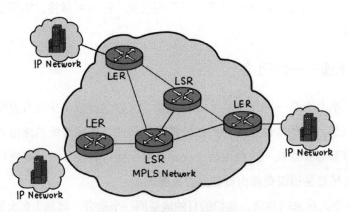

图 4-28　MPLS 网络的组成

（1）FEC：转发等价类（Forwarding Equivalence Class）。如果入口路由器收到的数据包目的 IP 相同，都是到达同一子网的，则这些数据包就属于同一类，叫作转发等价类，同一 FEC 的分组都会转发给同样的下一跳，前面问路的例子中，那 100 个人就属于同一个转发等价类。

（2）LSP：标签交换路径（Label Switched Path）。一个转发等价类在 MPLS 网络中经过的路径，也就是那 100 个人共同走过的路，一般称之为隧道（Tunnel）。

（3）LER：标签边缘路由器（Label Edge Router）。数据包本来是遵循 IP 路由规则的，到了 MPLS 网络，就需要入乡随俗遵守标签交换的方式，那么数据包遇到 MPLS 网络的第一个设备就要告诉它这些规则，最后一个设备将这些规则再解除，这第一个和最后一个设备就是 LER。IP 路由到标签交换的规则转换就由 LER 去完成，LER 是位于 MPLS 域边缘连接 IP 网络的路由器，是 IP 和 MPLS 两个世界的分割点。LER 连接 MPLS 域和非 MPLS 域，实现 FEC 划分，IP 包进来为之分发标签，离开时为其剥去标签露出 IP 头。

（4）LSR：标签交换路由器（Label Switching Router）。MPLS 区域内部的路由器，负责标签交换和标签分发。LSP 上的每个节点已经为该 FEC 分配了标签，那 MPLS 网络内部的设备就不需要再多说，执行标签交换就是了。LSR 和 IP 路由器的功能一样，IP 路由器看 IP 地址，LSR 看标签，根据标签还是 IP 转发的本质没有多大区别，都是查表、转发。

MPLS 的帧结构包括 4 部分，如图 4-29 所示。

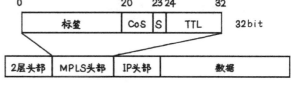

图 4-29　MPLS 帧结构

① Label 标签值：20 位，其中 0 ~ 15 位保留。

② Cos：服务等级，和 VLAN 标签里的 PRI 作用相同，用来确定不同业务的优先级顺序。

③ S：表示此标签是否为栈底，MPLS 标签也是可以层层嵌套的，后面 MPLS VPN 就是使用双层标签，该值为 0 表示最后一层标签。

④ TTL：生存时间，和 IP 包里的作用相同。

2. 标签分发方式

标签分发方式分为下游按需标签分发（DOD）和下游自主标签分发（DU）。标签分发之后 LSR 需要将 FEC 与标签映射关系告诉上游 LSR。通告又分为独立 LSP 控制和有序 LSP 控制方式，LSR 对于收到的 FEC 映射标签，可以完全保留，也可以只选择 LSP 的映射标签保持，前者叫作自有保持方式，后者叫作保守保持方式，我们举例来解释一下。

假设一条 LSP 从上游至下游依次经过 A、B、C、D、E 多个 LSR，分发方式 DOD 就是只有路径上这些路由器才会为此 FEC 分发标签，而 DU 方式指其他非 LSP 上的节点也会为此 FEC 分发标签；独立控制方式指 A、B、C、D、E 同时向上游通告，而有序控制则需要E 通告给 D 之后，D 才会给 C 通告，以此类推；自由保持方式指收到的标签全部保留，保守保持指 A 只保留 B 通告的映射，将其他用不到的删除。

标签的分发、通告、保持方式，涵盖了 LSR 对于标签处理的不同环节的一些细节，其实这些方式都是协议内部的事，不需要太关心，我们只需要知道，大家通过一系列的流程，获得了对于一个 FEC 的标签分配，最后每个业务这一路经过的每一站都有标签就 OK。

3. MPLS 工作原理

MPLS 的原理概括下来就是：一次路由，多次转发（标签交换），如图 4-30 所示。

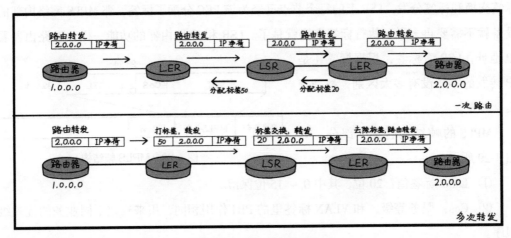

图 4-30　MPLS 工作原理

在去往某个地址的数据包首次经过网络时，MPLS 像通常的 IP 路由一样，根据目的 IP地址指引业务最终到达终点；数据包离开 MPLS 网络之后，最后一个路由器告诉上游路由器，IP 路由太麻烦了，以后这个业务来了你就给我一个 20 号标签就 OK，然后上一个路由器生成一个标签 50 传递给上家；这样一跳一跳地依次向上分发标签，直到到达入口处的路由器，形成整个业务经过的路径（隧道）的一系列标签。

下一次此业务的数据包再进入第一个路由器时，路由器通过目的 IP 就判定它是哪个

FEC，并且贴上预先分配好的标签。标签是数据包经由节点的通行证，后面此业务数据包再到达每一个节点，节点设备通过标签查找到出口和出标签，把标签替换掉并转发出去。最终，标签在离开 MPLS 域的 LER 处被剥离，露出本来 IP 包的面目。

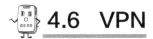

4.6　VPN

4.6.1　业务需要隔离

经过前面章节的介绍，MPLS 利用标签在 IP 网中打通了有连接的隧道，到了实际应用中，运营商的传送网要承载无线、宽带、大客户专线等业务，可能在一个站点下面同时下挂了某大客户 CE 路由器、移动基站（Node B）、宽带接入网 OLT 等设备，这些业务都从此站点要去往中心局。

如果不同业务分配不同的隧道，那很明显隧道的数量就会过多，而且也没有必要，明明大家就是走同一条路。而如果这些业务都走同一条隧道，那么业务到了中心局之后，如果 RNC 的地址和一个公司的内网 IP 相同，都是 192.168.0.1，这个数据包到底发给谁呢？路由器根本无法分辨。

我们需要将同一条隧道承载的业务彼此隔离开，让基站和企业用户之间彼此感受不到对方的存在，这就需要用到 VPN（虚拟专用网）技术。

为什么是虚拟呢？这就好比我们的电脑连在网络上，纵有再强大的防火墙，也不敢保证黑客不会通过高精尖技术去侵犯、破解我们的电脑密码，但是如果我们把网线拔了（物理隔离），它能奈我何，这就是物理和逻辑上的差异，"逻辑""虚拟"也就是 VPN 中的"V"。

专网的概念我们都有所了解，我们国家的军队、铁路、电力等单位都有自己的专网，这些单位对业务的安全性要求非常高。这类专网是单位自己建设的一张独立的网络，物理上与公用网络是隔离的，独立建设、管理、维护，所以安全性和带宽都有很高保障，但是付出的代价无疑也是最高的。

另外一些企业，比如各大银行系统，采取了租用运营商 SDH 电路等方式来搭建专网，虽然物理网络不是专用的，但是 SDH 的 E1 通道是用户独享的，也使业务的带宽和安全性能够得到保障，效果与专网也差不多。

租用 SDH 电路的价格也不菲，对于很多公司来讲还是难以接受，但从业务的需求来讲，公司各个分支机构之间需要一个网络来连接，需要承载视频会议系统、邮件系统、各种办公系统等需求，对网络的服务质量有着较高的要求，这类客户需要一个经济实惠又能够达到专网效果的网络，那就是 VPN。

VPN 是一种逻辑上的专用网络，但本身却不是一个独立的物理网络。VPN 就是在利用公共网络建立虚拟私有网，是用某种技术在公网上面建立一条条的虚拟连接，将公司的各个分部连接起来，如图 4-31 所示。VPN 用户与其他用户视而不见，也就是逻辑上的隔离。

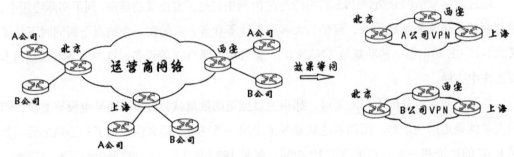

图 4-31　VPN

就道路来说，城市交通道路就是公网，车都可以在上面行驶；铁路、地铁就是专网，而公交专用道就相当于 VPN，公交专用道是在城市道路中划出一条车道专门走公交车，在高峰期禁止其他车辆行驶，利用这种专道专用的规则达到了专线的效果，从成本上来说明显比单独修一条路要小得多。

4.6.2　MPLS VPN

MPLS VPN，顾名思义就是用 MPLS 技术去实现 VPN，是 VPN 的一种实现方式。MPLS 通过对 VPN 用户分配两层标签，即公网标签和私网标签，其中公网标签处于外层，用于在网络中两个 PE 之间打通一条隧道；私网标签处于内层，实现对不同 VPN 用户数据的区分。

要了解 MPLS VPN 的工作过程，先要了解几个 VPN 的概念。

运营商网络内部的设备分为两种：P（运营商核心路由器）和 PE（运营商边缘路由器）。

这里说的 P 和 PE 是 VPN 对不同位置和功能定位的设备的叫法，一般情况下，P 和 MPLS 里的 LSR 对应，PE 和 MPLS 里的 LER 对应。P 和 PE 是从运营商设备和用户设备之间关系的角度出发，而 LER 和 LSR 是从标签的分配、交换的角度出发，两者强调的重点不同。

　　PE 是和用户设备直接相连的运营商设备，而 P 是运营商网络内部的设备，不和用户设备相连；PE 相当于一个公司的业务员，负责和客户去洽谈业务，而 P 相当于内勤人员。CE 是用户边缘设备，也就是用户自己的设备中和运营商相连的那个。一个 PE 下的一个 VPN 用户可能有一个或多个 CE，这些 CE 就称之为一个 Site（站点）。

　　比如 A 公司北京有两台路由器，上海有三台路由器，想通过运营商去开通一个 VPN，将这 5 台路由器连接起来。这 5 台路由器都连接运营商设备，那它们就都是 CE，北京的两台连接到运营商的一台路由器上，运营商的这个设备就是 PE；上海同样也有一个 PE 和三个 CE 连接，A 公司北京这两台 CE 叫作一个 Site，上海那三台 CE 也是一个 Site，而 A 公司的业务从北京到上海途经的运营商设备，除了这两个 PE，其他设备就是 P 了，如图 4-32 所示。

　　如果还有一个 B 公司，同样也有北京和上海分公司，这 A、B 两个公司在北京和上海的 CE 都接入的是相同的 PE 设备，那网络是如何通过私网标签实现 A、B 公司业务隔离的呢？

　　A 公司要从北京发往上海的数据包到达北京的 PE1 处，由于事先打过招呼

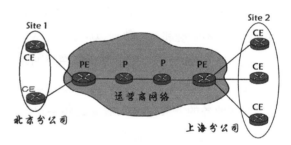

图 4-32　VPN 各网元

（业务配置），PE1 知道它是 A 公司的，并贴了一个标签"A"，然后再看数据包是要去上海分公司，查找到对应上海分部的 PE2，再在外面贴一层标签"到上海 PE2"，最后送上北京通往上海分部的隧道。

　　A 公司北京处的数据带着两层标签——"到上海 PE2+A 公司"上路了，一路上所有的 P 设备一看外层标签"到上海 PE2"，根本不需看内层标签，不管你是哪个公司，统统执行查表转发这个过程，数据包就到达了上海的 PE2。

　　同时，B 公司从北京到上海的数据包也经历了相同的过程，到达了上海的 PE2 处，上海的 PE2 发现数据包已经到达终点站，于是剥去数据包的外层标签，查看私网标签，发现一个是 A 公司一个是 B 公司，就分别发给 A、B 两个公司的 CE，两个公司的数据包的旅程

也就到此结束。用户数据包虽然在 MPLS 网络同一隧道中传送，但是在网络和用户 CE 连接处为每个 VPN 都分配不同的私网标签，PE 认得这个标签，也就达到了隔离的效果，如图 4-33 所示。

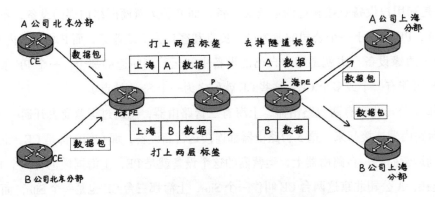

图 4-33　利用 VPN 技术实现业务隔离

数据传输过程中，内层标签只由 PE 设备进行处理，P 设备并不理会它的存在，也就是说 P 设备并不知晓和关心数据包属于哪个 VPN。两个数据包经过同样一个路径从北京到上海，彼此擦肩而过，世间最远的距离莫过如此，这也就是 VPN 要达到的效果：隔离。

MPLS VPN 根据实现层次可以分为 L2 VPN 和 L3 VPN，具体是 L2 VPN 还是 L3 VPN，这取决于业务的需求。L2 VPN 是透传客户的二层数据，L3 VPN 则是通过 MPLS 网络为客户搭建一个三层网络，有些资料总结：L2 VPN 的网络对于用户就相当于一个交换机，而 L3 VPN 就相当于一个路由器，说得一针见血。到底要用 L2 还是 L3 的 VPN，就看你是需要交换机还是路由器。

如果我们只是希望在两点或者少量的几个节点之间通信，只需要穿过运营商的网络就可以，比如一个公司的西安办事处，想和北京、上海分部互通，分别需要运营商为其建立西安通往北京、上海两地的连接，这种情况下，用 L2 VPN 实现起来很简单。

而如果公司在全国各地都有办事处，办事处之间都要互相通信，则需要网络做的不单单是穿过网络，还希望借助网络的三层路由功能，根据目的 IP 到达对端，而不希望在办事处之间一一建立连接关系，同时又要和网络上的其他公司、业务互相隔离，这时用 L3 VPN 就很容易实现，而用 L2 VPN 我们需要建的连接数量太多。

从数据包的格式上来讲，L2 VPN 在离开 MPLS 网络时，去除标签后露出的是二层帧头，里面包含目的 MAC 地址，对应的是一个固定的接口，PE 执行的是二层转发；而 L3 VPN 露出的是 IP 头，包含了目的主机的 IP 地址，PE 执行的是路由转发。

这里只是简单概括，在很多情况下，一个业务通过 L2 VPN 和 L3 VPN 都能够实现，只是适合与不适合，哪个方案更优的区别，下面我们就分别介绍 L2 VPN 和 L3 VPN 的工作原理。

4.6.3　通往彼岸的传送门——L2 VPN

假如我在西安，我的朋友张三在北京，我们需要网络去帮助我和张三之间实现互通。虽然这个网络有很多台路由器，但我希望整张网络不管有多复杂，对我来说就像一根网线，我呼唤一声张三，张三就能听到我的声音，也不需要去找别人，也不用网络帮我分析如何才能找到他，因为我知道张三他就在那里，如何能让远隔千里的我们感觉近在咫尺，这就需要 L2 VPN。

在 L2 VPN 中，我在庞大的网络的这头，喊一嗓子"张三"，L2 VPN 网络是怎么带我找到张三的呢？在 L2 VPN 网络中，从我到张三这一路的标签、隧道都是被事先安排好的，从数据踏上 PE 设备的那一刻起，数据包的路径和终点都已经确定了。在申请业务的时候，标签就要告知 L2 VPN 网络我和张三的具体位置，网络知道了我们都在哪里，连在哪个 PE 设备的哪个接口上，起点和终点都确定了，为我们分配了一个独一无二的 VPN 标签（内层），并关联了一条北京到西安的隧道。

我向西安的 PE 设备发出数据包，PE 根据端口就知道我要去北京找张三，并贴上预先分配好的内层 VPN 标签，再映射到隧道，打上隧道标签之后，又加上一个二层头，这个头是在网络中每一跳的 MAC 地址，数据的每一次转发都会将这个地址更改为下一跳的 MAC 地址，如图 4-34 所示。

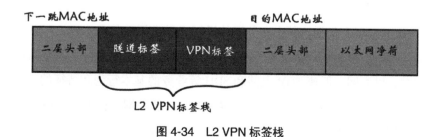

图 4-34　L2 VPN 标签栈

这一路不管经过多少站点，所有设备只根据隧道标签数据转发，百转千回就到了北京的 PE。北京 PE 剥去隧道标签，露出 VPN 标签之后一查业务映射表，就从对应的接口发出去，那里一定有唯一的人在等着，他的名字一定是"张三"。

　　上面举的例子是点对点的业务，在点对点的 L2 VPN 模型里，网络对于两端的 CE 来说更像是一根网线，如图 4-35 所示。L2 VPN 还可以实现点对多点组网，比如我在上海还有个朋友"李四"，西安的 PE 根据目的 MAC 地址判断我要找"张三"还是"李四"，从而决定送上北京或者上海的隧道，这时 PE 执行的是二层交换的功能，所以前面说，L2 VPN 对于用户就像一个交换机。

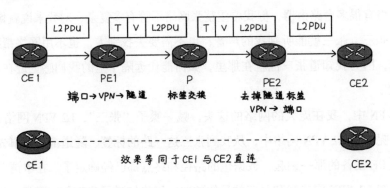

图 4-35　L2 VPN

　　L2 VPN 就是网络预先知道了互相需要通信的 CE 之间的关系，提前为业务分配好两层标签，打通了路，就像我们到饭店对服务员说是张先生定的包间，服务员就带领我们找到地方。这条路就像 SDH 的 E1 那样，是"永久"性的，路铺好了之后一劳永逸，PE 设备不再为选路这件事操心。

　　L2 VPN 技术有多个门派，其中在分组传送网里最常用的就是 PWE3。PWE3（Pseudo-Wire Emulation Edge to Edge，端到端伪线仿真）指在分组交换网络中尽可能真实地模仿 ATM、帧中继、以太网、低速 TDM 电路和 SDH 等业务的基本行为和特征的一种二层业务承载技术。PWE3 就是在分组网络上透明传送用户的二层数据，很类似 SDH 的功能，公网设备相对于私网设备来说相当于是私网的下层，是透明的，嗖的一下就到了，中间过程完全没有感觉。

如果西安和北京分别是两个用户网络，我和张三又怎样取得联系呢？L2 VPN 不管你内部网络有多复杂，也不管你是谁，PE 只认识两端相连的 CE 的接口。CE 对于 VPN 网络来说就像传达室一样，网络把数据丢给传达室就完成了它的任务，至于数据包到达用户侧 CE 之后，如何送达目的地是用户自己的事，得依靠内网的交换或者路由。

实际组网中还有多点对多点的业务模型，也就是网状的结构，比如 LTE 的 X2 接口，N 个 CE 之间都要通过 VPN 网络互相通信，那我们就要建立 $N \times (N-1)/2$ 条 PW 连接，其实还是 N^2 问题，如果 N 等于 100，那么就要建立 4 950 条 PW，如图 4-36 所示。这个工作量是巨大的，所以 PWE3 比较适合点对点和点对多点的业务，而对于多点对多点业务，我们通过 L3 VPN 去实现更适合，L3 VPN 只要将这 100 个 CE 接入 PE，其他的工作都由 PE 去完成。

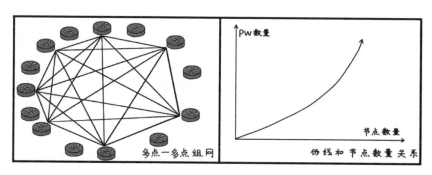

图 4-36　L2 VPN 的 N^2 问题

4.6.4　复杂问题简单化——L3 VPN

L2 VPN 承载多点对多点业务不太合适，如果 A 公司作为一个 VPN 用户，有北京、上海、西安等多个办事处，每个办事处（Site）又可能包含多个 CE，每两个异地 CE 之间都有业务往来，如果用 L2 VPN 就要两两之间一条一条 PW 去配置，办事处数量越多 PW 数量呈指数级上升，实现难度很大，而通过 L3 VPN 的方案去解决更合适，这一节我们就说说 L3 VPN 具体又是怎么做的。

从图 4-37 可以看出，L3 VPN 是在 IP 头前面加上了隧道和 VPN 标签，前面加上的二层头和 L2 VPN 里的作用相同，指向下一跳，在出口 PE 处剥离两层标签后，露出 IP 头部。

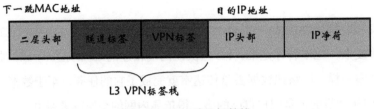

图 4-37　L3 VPN 标签栈

A 公司的每个 CE 接入网络时，网管就将公司名称（VPN 号）告诉 PE，剩下的事情就交给 L3 VPN 网络了。

L3 VPN 网络多个站点的 PE 都连接了 A 公司的 CE，每个 PE 都需要掌握全网 A 公司一共有多少个 CE，分别在什么地方。

首先第一步，PE 要知道自己直连的有哪些 A 公司的网络，CE 和 PE 之间要互相交流，可以通过 IGP、BGP 或者静态路由的方式传递路由信息。

然后，PE 和 PE 之间得要互相交流，互相告知对方，自己下挂了哪些 A 公司的网络 IP 地址。怎么交流呢？还记得路由协议中的 BGP 吗，BGP 可以穿过一个网络去传播另一个网络的路由。

运营商网络是一个 AS，用户网络可能是一个或者多个 AS，我们也正好需要 BGP 这样的功能，可是 BGP 是传播 IP 路由的，我们需要传播的信息还要有内层的 VPN 标签，BGP 可不知道 MPLS 标签是何物，所以，需要在 BGP 的基础上进行扩展，也就是 MP-BGP。

我们经常会接触某个协议的扩展协议，扩展就是在原有协议的基础上增加某些功能，以适应新的需求，相当于原有协议的升级版，加个更新包。举个例子，我们上学时都填写过个人信息表上报给学校，而有一天某个军校来招生，希望得到更多的学生信息，比如要增加家庭政治情况、家族疾病史等原本表格没有的信息，这时学校只要把信息表加上几栏，发给学生重新填写就可以了。原本的信息表收集的方法就相当于一个基础协议，而需要修改信息表格式、增加信息内容，就是对原有协议的扩展。

我们先将问题简化一下，假设每个办事处只有一个 CE，西安 CE 的 IP 地址是 20.0.0.0，北京 CE 的 IP 地址是 10.0.0.1，CE 和 PE 建立一条静态路由，PE 都和 RR（路由反射器）配置成 IBGP 邻居，MP-BGP 一运行，西安通过 RR 告诉北京，我这里有个 A 公司的 IP 地址是 20.0.0.1，如果有 A 公司的人找这个地址你就发给我，我给你个标签 20，你贴上这个标签发到我这儿，我就能明白。

北京的 PE 收到之后，就将这些信息写到 A 公司的 VRF 里。VRF 就是 VPN 实例（和实体一样抽象），说到底也就是一张路由表，这张路由表里只有 A 公司的各个 CE 的 IP 地址，如果收到的路由是 B 公司的，一定还对应另外一张 B 公司的 VRF，有多少个 VPN 就对应多少张 VRF。可能西安的 PE 下面接了很多个公司的 CE，但是发往 A 公司的数据包过来，一查 A 公司的 VRF 表，就只能查到 A 公司的 CE，有了 VRF，PE 就不会将数据发给别的公司。

CE 路由器把站点的本地路由广播到 PE 路由器，并从 PE 路由器上学习远程 VPN 路由，也就是说，一个公司本地的内部的路由怎么走，远端的每个分支机构都有哪些 IP 地址，对应的要走哪条路，PE 全都要知道。很明显，L3 VPN 的 PE 更具有主观能动性。

不同的公司可能会有相同的 IP 地址，A 和 B 两个公司如果都发来同样是 1.0.0.1 的 IPv4 数据包则无法区分是哪个公司，PE 就会选一个记下，这不科学，所以 L3 VPN 需要使用 VPN–IPv4 地址去传递，在 IPv4 地址前面加了一个头，这个头里面就包含了一个路由标识（RD，Route Distinguisher），PE 就根据 RD 去区分不同公司的 IP 地址，这样不同公司都发来 20.0.0.0 的地址时 PE 就可以分清楚，在路由传递这个环节隔离不同的公司，而在数据转发的环节依靠 VRF 去实现隔离，如图 4-38 所示。

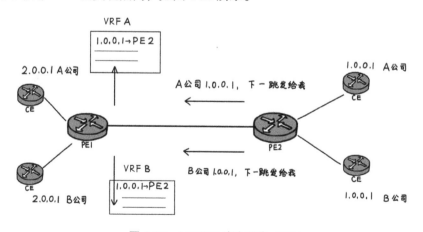

图 4-38　L3 VPN 路由通告（RD）

虽然各个办事处都属于 A 公司，有时 A 公司也不希望每两个办事处之间互访，在一个公司内部也有自己的规矩，如果不想让西安和上海分公司互通，就需要依靠 RT 去实现。每个 PE 都设定好接收和不接收哪些路由，这样上海发过来的路由是绿色的，而西安办事处设置只接收红色的路由，西安办事处就当没看见上海的路由，也就不会发生任何关系。

上面的事情全部做完，我们来看看 A 公司的数据包如何传递。A 公司北京的 2.0.0.1 的 CE 想要给西安的 1.0.0.1 发送一个数据包，数据包到达 PE，PE 一看这是 A 公司的，就查找 A 公司的 VRF，查到了 1.0.0.1 这个地址要找到西安的 PE2，按照 VRF 表将数据包打上西安方面给分配的标签 20 之后再打上隧道标签，送上了北京到西安的隧道，西安的 PE 接收之后剥去隧道标签，查找本地 A 公司的 VRF，将数据包转发给对应的 A 公司的 CE，CE 再根据 IP 地址转发到最终的目的地。

这个过程看起来和 L2 VPN 的区别不大，事实上有很大的不同。

北京的 PE 将数据包发给哪儿，是自己通过 MP-BGP 学习来的；而西安的 PE 要将数据包转给哪个 CE，也不是固定的，它也要参与 A 公司的本地路由，PE 需要去思考数据包转给哪个 CE 能够更快地到达终点。

L3 VPN 中，公网设备和私网设备在网络层次上处于同一平面，整个 VPN 公网有点像是一台路由器。L3 VPN 与 PWE3 对比来看，PWE3 的 PE 只知道与之相连的 CE 的端口，只要是发往这个 VPN 的数据包，PE 统统转发给这个端口；而 L3 VPN 的 PE 设备清楚 VPN 内部的 IP 地址，PE 会根据 VRF 表去决定转发的下一跳，如图 4-39 所示。

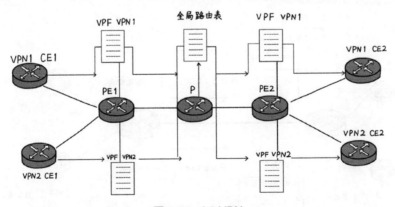

图 4-39 L3 VPN

讲到这里，IP 网部分的技术就介绍得差不多了，我们将强大的 IP 技术进行了全方位的改造，通过 MPLS VPN 实现了从 IP 到传送网的一大步的跨越。这一步为 IP 网络能够担当起传送网的重任打下了坚实的基础，从网络的机制上来说具备了一些传送网必备的特征，然而距离目标还有一定的距离。现在有了米，剩下就是怎么做饭，也就是传送网的一些功能要求具体如何去实现，就是第 5 章的内容——分组传送网。

Chapter 5
第 5 章
分组传送网

通过第 4 章的介绍，IP 技术面对传送网这个重任，通过 MPLS VPN 等技术的改造、强化，已经能够满足"电信级"业务的承载要求，从"尽力而为"提升到了"我能"。PWE3、L3 VPN 技术实际上作为分组传送网的核心技术，并以此为基础针对传送网的需求进行了修改、增加或去掉某些功能，定制了适应"电信级"业务承载的技术标准，这就是我们现在所用的分组传送网。

 # 5.1 分组网概述

5.1.1 PTN 和 IPRAN

提到分组传送网，曾经被大家议论最多的两个技术标准就是 PTN 和 IPRAN，如今这两个技术都在大规模的使用，技术之争已逐渐淡化，俗话说分久必合，未来朝 SDN 演进之后，两者的技术方案基本趋同。

从字面上理解，PTN 本意应该是分组传送网的统称，也就是包含现在的 IPRAN 在内的所有分组化解决方案的集合，但一般说到 PTN 指基于 MPLS-TP 实现的分组传送网，这是由于 PTN 概念推出时，就一直在 T-MPLS 和 MPLS-TP 的方向上不断努力演进。IPRAN 本意指无线接入网（Radio Access Network）的 IP 化，即 Node B 至 RNC 回传的 IP 化，是移动网的概念，而实际工作中我们说的 IPRAN 指 IP/MPLS 分组网的解决方案。

1. PTN

我们经常见到一个表达 PTN 技术特点的公式，MPLS-TP = MPLS－L3 复杂性＋OAM。

传统的 IP/MPLS 路由器具备了基于标签的转发和基于 IP 的转发两个功能，而 MPLS-TP 是为传送网量身定做的标准，是需要面向连接的，所以 PTN 去掉了无连接的基于 IP 的逐跳转发，增加了 SDH 网络原本具有的端到端的 OAM 功能。MPLS-TP 采用 PWE3 的方式传送业务，而业务的保护、管理和维护等功能都参照 MSTP 的方式，可以理解为除了传送的通道由刚性变为弹性之外，其他方面与 MSTP 非常类似。

说得简单一点，PTN 就是按照原本 SDH 的思路，将 MPLS 的 L2 VPN 实行"拿来主义"，保留了 MPLS 的面向连接和统计复用，其余的功能都尽量原版复制 SDH 的技术。

2．IPRAN

IPRAN 难以像 PTN 那样用一个公式去概括，应该说第 4 章和本章提到的功能 IPRAN 基本都支持。

3．PTN 和 IPRAN 的区别

有些人理解 PTN 和 IPRAN 的区别在于 PTN 是 L2 VPN，而 IPRAN 支持 L3 VPN。实际上，由于 LTE 业务需求的推动，PTN 也通过演进支持了 L3 VPN 的功能，所以二层还是三层并不是二者的本质区别。PTN 和 IPRAN 二者的最大区别在于控制平面的实现不同。

控制平面负责网络拓扑管理和路由计算，我们一直在说分配隧道标签，到底怎么分配是控制单元去完成的。控制单元就是 MPLS 网络的指挥部，是为每一条业务调配、预留资源和路径的决策者。通过路由协议收集网络拓扑和资源之后，控制平面根据这些情报去决定业务的转发路径。而转发层面只是决策的执行者，就像公司里负责给文件盖章的人一样，虽然一章在手看似权力很大，但是哪些能盖哪些不能，不是他决定，他只是完成这个简单的动作而已。

PTN 的控制平面的功能是通过网管实现的，网管相当于一个站在所有设备之上的管理者，设备之间不用交头接耳，把情况都汇报给网管，网管根据全网的路由、带宽信息去计算路径、统筹分配标签，然后下发给设备，PTN 管理平面集成了管理和控制两个平面的功能。

而 IPRAN 的控制平面是在设备上实现的，设备之间通过各种路由协议、标签分发协议，相互沟通，商量着实现路径选择、资源预留等功能。相信很多人看到过图 5-1，从图中能看出，IPRAN 包含的协议要比 PTN 多很多，IPRAN 的设备承担了控制平面这一重要功能，即基于很多复杂的协议去实现。

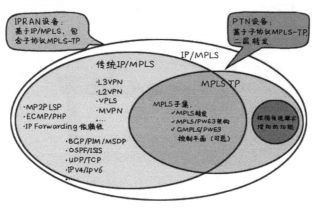

图 5-1　PTN 和 IPRAN

由此概括一下 PTN 与 IPRAN 二者的区别：PTN 相当于中央集权，IPRAN 相当于民主共和。PTN 是网管位高权重，所有的设备上面不需要复杂的协议，只要能够听懂、接收命令就行了；而 IPRAN 由设备去计算路由，对于设备来讲，相互交流的带宽资源、标签分配、VPN 路由等每一个信息都需要协议去实现。

从应用的角度来讲，IPRAN 和 PTN 实现的功能基本相同，技术之间的竞争也渐渐偃旗息鼓，最终两种技术也将随着通信的大趋势逐步走向融合。

"不管黑猫白猫，抓到耗子就是好猫"，对于分组传送网的技术选择来说，不管是 PTN 还是 IPRAN，只要能够满足分组传送网的要求就是可用的技术。后面章节对于 PTN 和 IPRAN 相同的部分我们统一介绍，而不同的部分会分别进行说明。

5.1.2 需要什么样的分组网

技术的产生是需求驱动的，首先，我们来分析一下，以 SDH 原有的一些优势作为标准，再加上业务需求分组化的驱动，我们对传送网的要求如图 5-2 所示。

图 5-2　传送网的要求

1. 多业务承载需求

相比较 SDH 网络，分组传送网的能力强，责任也更重，原本 SDH 主要定位于 2 G、3 G

的移动回传和大客户专线，现在还要面对 LTE 的 S1、X2 接口，随着传送网和数据网的逐步融合，还将要承载企业 L2 VPN、L3 VPN 等业务。

2. 带宽统计复用

带宽统计复用是 IP 天然的特性，是看家本领，当然一如既往的支持。

3. 端到端的管理和保护

我们需要对每一条隧道、每一条业务全程管理和提供安全保障。

MPLS VPN 包含外层隧道（Tunnel）和内层 VPN 两层标签，也形成了类似 SDH 的分层结构，包括分组传送通道层、通路层和段层，与 SDH 的通道、复用段、再生段可以对应，依靠标签也实现了面向连接，使隧道和业务在网络里都"有迹可循"。分层和面向连接便形成了分组网实现层层细化管理的前提条件。

4. TE 流量工程

道路在高峰期总会出现拥堵，但同时有些路段可能车流量并不大，这就需要交通台路况通报系统让大家去避开拥堵路段。网络也是一样，需要一些机制去合理分配业务路径，避免带宽使用的不均衡，这便是流量工程。如果把新建工程比作道路建设、改造，那么流量工程便是"缓堵保畅"。

PTN 可以通过网管静态地建立隧道和配置带宽，IPRAN 可以使用 RSVP-TE 等动态协议去合理地建立业务路径，两种方式都是为了保证网络资源的合理利用，避免不必要的拥塞；而如果所有的路径都严重拥堵，那就不是流量工程能解决的了，得考虑网络新建、扩容和优化。

5. QoS 服务质量

分组网不像 SDH 是固定的刚性通道，分组网的多条业务在带宽资源不足时会去"争抢"同一条链路或者隧道的带宽资源，那么我们不能袖手旁观地让业务通过"自由竞争"决定谁能胜出，必须要加以干预，因为不同业务的重要性不同，对于时延、可靠性的要求不同。

通过 MPLS 标签中的 EXP 字段可以区分服务等级，PE 可以为不同业务打上相应的 EXP，网络节点只要打开标签查看 EXP，就知道了这条业务的 VIP 等级。

6. 时钟同步和时间同步

分组传送网通过同步以太网技术，实现了物理层的频率同步，在此基础上实现了对 1588v2 时间同步协议的支持。

7. 网管界面图形化

原本的 IP 路由器通过命令行的管理界面，实现业务的配置、查询、诊断等功能，而传送网的网管是图形化的界面，图形化具有直观可视、易于操作的特点。

如图 5-3 所示，我们能感受到命令行式和图形化的网管的差异，恐怕多数人看见那些命令行都头疼不已。数据网使用这种方式去配置业务、管理设备、诊断故障，有两点原因：一是相关的从业人员确实技术很牛，必须得有 CCNP、CCIE 等认证证书，技术门槛很高；另一方面，数据网的设备数量都比较少，如果是几千台设备通过这种方式去配置，光是对设备拓扑图的空间想象都是不可思议的。

图 5-3　图形化和命令行网管

所以，我们需要将网管界面图形化，让分组网的网管尽量接近原来我们习惯的模式，使传输维护人员能平滑地过渡到分组网时代。至于怎么改就是网管界面开发的事了，这个我们不关心，只要用得顺手，感觉不到太大的差别就好。

接下来，我们将一些内容详细展开介绍。

5.2　海纳百川——分组网业务承载

5.2.1　LTE 的挑战

在传送网从 MSTP 到分组传送网演进的同时，移动网也从 3 G 向 LTE 时代迈进，我们要了解移动网这场变革中，除了数据业务带宽的剧增之外，还为传送网提出了哪些新的要求。首先，我们看一看 LTE 的网络架构，如图 5-4 所示。

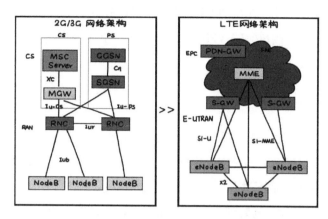

图 5-4　LTE 网络架构

和 3 G 相比，手机还是手机，只是从 iPhone 5 变成了 iPhone 6，Node B 变成了 eNode B。核心网设备的变化我们不一一介绍，也不去纠结移动网内部功能模块的调整，无论怎么变，该做的事一定要有相应的单元去完成，我们主要还是立足于传送网的定位，去了解业务需求的变化，重点了解一下 LTE 的主要接口。

LTE 的 S1 接口就相当于 3 G 的 Iub 接口，物理接口由 FE 变成了 GE，这问题不大，对于传送网来说，就是带宽资源占用的问题，只能说是量变。

3 G 的 Node B 之间是不需要互联的，基站之间的信令切换需要通过 RNC，而 LTE 网络结构趋于扁平化，在 LTE 中去掉了原本 RNC 这一层。原本 RNC 的功能分别上移至核心网（MME、SGW）和下移至基站，基站之间切换的任务就由基站自己去协商完成，要不怎么叫 eNode B 呢。

需要我们特别关注的是，由于上述原因，eNode B 之间也就多了一个 X2 接口，主要用于在越区切换过程中的信令和数据包转发。这意味着相邻基站之间需要互联，传送网也要为基站之间 X2 接口建立连接关系。

LTE 和 3 G 还有一点区别，LTE 系统是一个全 IP 的网络，没有 E1 业务的需求，LTE 的话音业务目前采用 CSFB（CS Fall Back）方式解决，话音业务回落到 2 G/3 G 网络中接入，后期会采用 VoLTE 方式，将话音业务 IP 化通过 GE 接口承载，不管怎样，LTE 只有 GE 接口的传送需求。

我们把分组网的业务需求归一下类，分别是点到点的 E1 业务（2 G/3 G 基站话音业务，E1 专线），点到点数据业务（3 G 的 PS 域业务，LTE S1 接口，以太网专线），多点到多点的数据业务（LTE 的 X2 接口，L3 VPN 业务）。下面，我们逐一介绍这些业务模型在分组传送网中如何承载。

5.2.2　E1 业务还得有

随着基站接口的 IP 化工作开展，E1 业务会渐渐地淡出直至消失，但现网还存在大量的 E1 业务。我们介绍过 PWE3 是在分组网中仿真 E1 等业务的技术，那么，对于 E1 业务用 PWE3 去承载自然最合适不过。

MSTP 是将以太网数据包封装到 E1 当中，相反，PWE3 是将 E1 的数据封装成 MPLS 数据包，在 PE 节点把源源不断的码流先切割成一个一个的包（比如 256 字节），再加上 PW 标签和隧道标签在 MPLS 网络中传送，到对端后，再按一定的频率把传送过来的包还原成 E1 的码流。

E1 不是需要时钟同步吗？而以太网不是全网同步的，那么如何解决 E1 时钟同步的问题？为了传送 E1 这类需要同步的业务，分组传送网在物理层采用同步以太网实现时钟同步，在发送端将时钟注入物理层码流，接收端恢复时钟信号。

为了避免网络时延及抖动给包带来的影响，在接收端一般会设置一个接收 Buffer，比如收到 4 个包后，才开始往外输出 E1 码流，以防在输出完一个包后，下一个包因为时延大而没有收到，而出现没有内容可以输出的情况。有此 Buffer 后，接收端就可以对网络的时延抖动有一定的容忍性。但由于 Buffer 的存在，也会引入一定的时延，Buffer 设置越大，可以容忍越大的时延抖动，但也会引入更大的时延。

每个基站到中心局配置一条 PW 就完成了话音业务的承载，任务也就完成了。

对于 E1 业务的承载，我们还有一个多段伪线（MS-PW）的解决方案。我们知道，在 SDH 网络的汇聚点可以将 E1 整合成 VC-4，减少核心设备的低阶交叉压力，对于分组网的 E1 承载我们也可以这样。多段 PW 就是在接入层基站的 PW 到汇聚点之后，汇聚点再将所有 PW 打包用一条隧道回传至中心局，如图 5-5 所示。

和多段伪线相比，单段伪线有两个缺点：一是核心层设备的压力大，比如全网有 1 000 个基站，核心层就要处理 1 000 条隧道信息，而多段伪线可以在中间节点（一般是汇聚点）处将伪线收敛，减少隧道数量；二是对故障的保护能力较弱，比如端到端的两条主备 PW，分别为 PW1 和 PW2，如果 PW1 的接入段和 PW2 的汇聚段同时发生了中断，这两条 PW 就会全部中断，而导致整个业务中断。而多段 PW，会在接入段和汇聚段分别实现倒换，如图 5-6 所示。

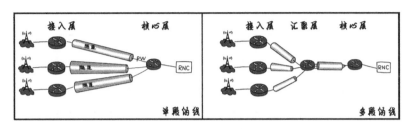

图 5-5　多段伪线

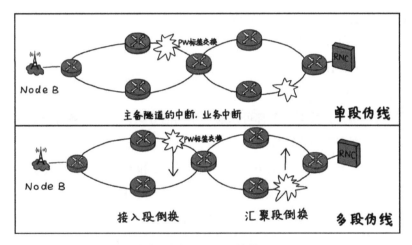

图 5-6　多段伪线抗故障能力

5.2.3　数据业务是"老本行"

对于数据业务的承载有多种解决方案可以选择，不同方案的区别就在于使用 L2 VPN 还是 L3 VPN。

如果是 L2 VPN 专线业务，像第 4 章举的例子，A 公司的北京和上海两个 CE 要互联，这类业务和 E1 专线类似，只是接口不同，还是一样用 L2 VPN 去解决最简单直接。

而对于 LTE S1 接口这样的点对多点业务，还有 LTE X2 这样的多点对多点业务，解决方案概括一下有几种方案，如图 5-7 所示。

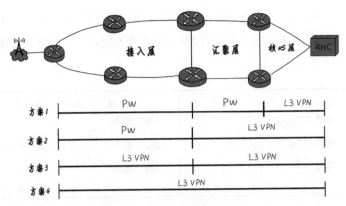

图 5-7　数据业务承载方案

（1）接入汇聚层 PW+ 核心层 L3 VPN。

（2）接入层 PW+ 核心汇聚层 L3 VPN。

（3）分层 L3 VPN（HVPN）。

（4）全网 L3 VPN。

首先要说明，每一类数据业务都可以通过不同的方案去承载，各种方案孰优孰劣不是那么泾渭分明，区别在于一些细节。

方案 1 和方案 2 都是 L2+L3 的方式，区别在于 L2 和 L3 的桥接点不同，也就是 L2 和 L3 VPN 网络的分水岭一个在汇聚设备上，一个在核心设备上。

方案 3 和方案 4 全部采用 L3 VPN 的承载方案，区别是方案 3 采用分层 VPN（如图 5-8 所示），核心和接入设备之间不建立 BGP 邻居，汇聚节点无须将其他汇聚点下挂的基站和 RNC 的 IP 地址告知接入设备，上面发过来的路由都被汇聚设备"没收"，汇聚设备只向下发布默认路由，告诉基站"有啥事找我就行"，需要跨区域转发的数据由汇聚设备完成路由。

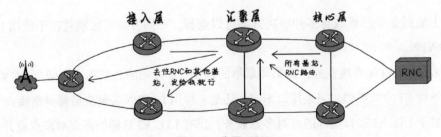

图 5-8　分层 VPN

接下来对各个方案做简单的对比，我们从两个方面来分析。

1. 业务经过的路径不同

对于 X2 这样的业务，一个基站想要和旁边的基站通信，要建立 X2 接口的互联，那么数据包怎么发过去呢？不同方案下 X2 接口业务路径如图 5-9 所示。

方案 4 中的全网是一个 L3 VPN 域，接入设备可以直接通过 L3 VPN 路由发到相邻的基站；而方案 2 和方案 3 中，接入设备都会先将数据发送到汇聚设备，其中方案 2 是基站业务通过 PW 发到汇聚设备，方案 3 是通过默认路由发到汇聚设备，两者的业务经过路径相同；方案 1 中接入设备无论要和哪里通信，都通过 PW 发给核心设备。

方案 1、2、3 都存在 X2 的数据流量绕行的情况，就像我们上下班不管路有多近，去走绕城高速一样，会造成一定的带宽浪费，区别就是绕四环还是五环，但 X2 接口的数据量较小（小于总带宽的 5%），影响并不大。

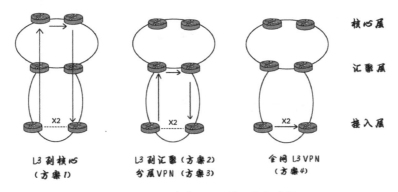

图 5-9 不同方案下 X2 接口业务路径

2. 设备的压力不同

对于核心设备的压力，方案 1 每个基站都有一条 PW 到达中心局，中心局要处理所有基站的 PW 业务，压力较大；而方案 2、3、4 中，汇聚到中心局是 L3 VPN，核心设备不需要区分每一个基站的业务。

对于接入设备的压力，首先方案 1 接入层只需要支持 L2 VPN，这降低了对接入设备能力的要求；而方案 4，每两个需要互通的基站之间都要建立隧道，这就增加了接入设备的压力；方案 2 和 3，接入设备只需要和"上家"汇聚设备互通。

综上两点所述，采用方案 2 和方案 3 承载数据业务更合适一些，二者区别不大，但是

方案3的协议配置略为复杂，所以，方案2实际应用得多一些。

图5-10总结了各类业务的承载方式，这些承载方式只是建议，条条大路通罗马，每种业务都可以用不同的承载方式去实现。一种承载方式的选择，我们除了考虑网络和设备的压力、业务配置复杂度之外，还要考虑业务的统一规划，尽量将网络的业务模型统一，避免各类业务承载方式五花八门，也会给维护带来不必要的工作量。

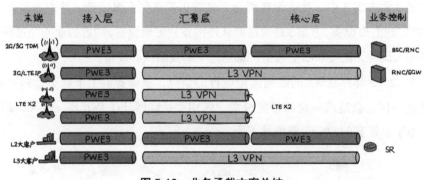

图5-10 业务承载方案总结

5.3 缓堵保畅——流量工程

5.3.1 什么是流量工程

流量工程（TE）是一套工具和方法，不管网络设备和传输线路是正常还是失效，它都能从给定的基础设施中拿出最佳的服务，也就是说可对现有的资源进行优化，这是对网络工程的一种补充和完善。流量工程试图让实际网络业务量以一种最优的方式存在于物理网络之中。

道路有宽有窄，有繁忙有空闲，如何能让道路以最好的状态为业务服务，简单地说，能不堵车就不堵车，不要因为路由选择的不合理造成拥塞，就是流量工程要做的事情。网络的拥塞有两种可能，一种是资源不足，另一种是负载不均衡。流量工程可用来解决负载不均衡导致拥塞的问题，如图5-11所示。

流量工程就像我们的智能导航软件，可以看出用紫、红、黄、绿几种颜色表示的路况信息，我们会自动绕开那些紫、红色的路，选择最快到达的路。而有时碰到全城堵车的情况，地图上一片红，哪条路都走不动，那交警也无能为力。

传统 IP 网络也支持流量工程，只是能力有些弱。IP 路由协议可以根据 Cost 决定数据的流向，也可以修改链路 Cost 值而使路由改变，也可以支持负载均衡，就是在相同 Cost 的两条以上路由随机发送数据，这样的方式控制得不是很精细化，要么走这边，要么走那边，要么一边一半，算是简单、一刀切的流量工程，有些时候还是会造成拥堵。

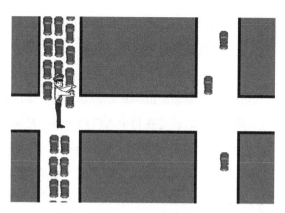

图 5-11 流量工程

比如从 A 点到 B 点有两条路，一条 8 车道，另外一条 2 车道，路由协议认为 8 车道的是最佳路由，大家都去的话，可能造成 8 车道那条拥堵而 2 车道那条空闲。而如果两条路设置相同 Cost，车辆分两半分别走两条路，又会造成 2 车道那条路拥堵。

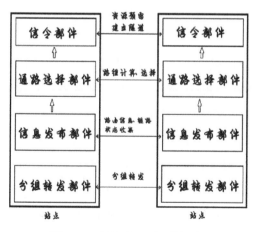

图 5-12 MPLS-TE 组成部分

而 MPLS-TE 就会根据道路的情况去精准地控制每一辆车的路由，也就是基于业务控制，每辆车出发前就确定一条畅通的路线，最后结果可能是让 80% 的车走宽马路，20% 的车走窄马路。很显然，这种针对每一辆车去指配路径的方式更为合理。

MPLS-TE 就是基于 MPLS 技术实现流量工程，前面说过 PTN 和 IPRAN 的控制部分功能实现方式不同，我们分开来介绍。IPRAN 的 MPLS-TE 按照功能分为 4 个部件，如图 5-12 所示。

1. 信息发布部件

一个公司领导要做决策，要最终拍板，首先就得有相关的依据。这些依据一定是下层的工作人员去完成收集总结的，要对对手情况、风险收益分析等做报告，以供老总做出精准判断。

信息发布是传递网络的拓扑、带宽、负载等信息，前面介绍的 OSPF、IS-IS 等路由协议有收集、通告网络状态的功能，只不过对链路状态没有关心得那么深入，现在 MPLS 需要更大的信息量支撑决策，通过路由协议扩展，可以在原有路由协议上携带链路可用带宽。

2. 通路选择部件

通路选择通过静态路由、指定显示路由或者 CSPF 来实现。

分组网的静态路由和 IP 的静态路由一样，通过网管来指配，PTN 采用静态路由的方式。

显式路由，就是在每个入口路由器上指定必须经过某个路由器或者不经过某个路由器，分为 Strict（严格显式路由）和 Loose（松散显式路由）。严格显式路由是逐跳指定路由经过的每一个节点；松散显式路由是定一些必经的点，中间可以绕行其他节点。松散显式路由就像我们打车告诉师傅先要到中天花园接一个人然后去火车站，至于走科技二路还是科技六路不去约束，而严格显式路由就是走哪条路都全部规定清楚。

CSPF 算法是最短路径优先算法的演变，通过 CSPF 算法，利用流量工程数据库中的数据来计算满足指定约束的路径。它首先在当前拓扑结构中删除不满足条件的节点和链路，比如我们要一个 100 Mbit/s 的带宽，CSPF 会先将可用带宽不足 100 Mbit/s 的链路在拓扑图中去掉，然后再通过 SPF 算法来计算，计算的依据比 IP 网络复杂，要结合 Cost 值、跳数、可用带宽等综合考虑。

3. 信令部件

信令部件负责预留资源，建立隧道。通过通路选择部件确定路由之后，信令部件需要通知沿途的节点预留资源，比如一条业务需要 100 Mbit/s 带宽，信令部件要在每一个途径的路由器上都请求预留这 100 Mbit/s 的带宽，经过的每条链路的可用带宽也要相应地减小，这不单是对这条业务负责，也是对后面要建立的所有业务负责，让大家都能够得到带宽保障。

信令部件是 MPLS-TE 的"大脑"，下层的报告都交上来，包括我们目前有哪些路可走，每条路目前剩余多少带宽，现在又有哪些业务需要接入，要多大的带宽，最后决定这些等待接入的业务从哪条路走，分别给什么级别的网络通行证，这都是信令部件需要完成的工作内容。

常用的信令协议有 LDP 和 RSVP-TE。其中，LDP 只是简单的标签分发，不去关心链路带宽信息，也无法指定经过的路由。如果需要支持显式路由、流量工程和 QoS 等功能，我们一般使用 RSVP-TE。

4. 分组转发部件

每一个数据包在分组网中经过的每一个节点处都要被转发，转发平面只负责"转发"这个不需要动脑子的体力活。数据包来了往哪儿发？咱有 MPLS 转发表，看看标签再查查转发表，这个编号为 20 的标签，应该转发到 3 号接口，出标签是 50，然后贴上出标签，走起！

PTN 除了转发部件和 IPRAN 相同之外，其余部件的工作都由网管完成，设备之间不需要沟通网络拓扑、链路带宽信息，将信息全部上报给网管，由网管去计算整网的拓扑和链路信息。每条业务的创建都会进行 CAC 校验（连接允许校验），即每条业务建立时，都会看看路径上的带宽是否满足需求，网管从全网的角度统筹分配带宽和路径，下发标签创建 LSP。

举个例子，我们整个部门要组织自驾游，有人开车有人搭车，如果是 IPRAN 的方式，就是大家自己去找人结伴，互相询问你的车有几个空座，我这有三个人要搭车，给我预留三个座位，这样全部都协商好了之后，将结果报给部门主管（网管）；而如果是 PTN 的方式，所有人将自己的情况报给主管，主管根据收集上来的情况去为每一个人安排好位置，然后将结果告诉每一个人：你去坐谁的车，你的车要载谁，如图 5-13 所示。这两种方法的实现方式不同，目的和结果都一样。

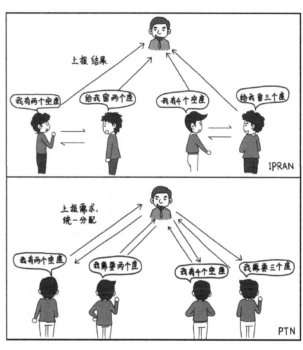

图 5-13　PTN 和 IPRAN 的控制功能实现

PTN 的网管拿着带有带宽信息的全网的拓扑图，每一条业务都由网管去指配路径，并在沿途的每一条链路上将预留带宽减掉，实现的是和 IPRAN 的控制平面相同的功能。

5.3.2　RSVP-TE

本节介绍一下 IPRAN 采用的信令协议：RSVP-TE。

资源预留协议（RSVP，Resource Reservation Protocol）最初是 IETF 为 QoS 的综合服务模型（IntServ）定义的一个信令协议，用于在数据流所经路径上为该流进行资源预留，从而满足该流的 QoS 要求。RSVP 是一个在 IP 上运行的信令协议，而要在 MPLS 网络中预留资源、分发标签，需要基于 RSVP 协议进行扩展，就是 RSVP-TE。

解释一下，RSVP 原本是为 IP 网服务的，现在要在 MPLS 网络中实现类似的功能，RSVP 将需要支持的功能补充进去就可以继续为 MPLS 服务，RSVP-TE 可以实现对流量工程技术的全部要求。

我们来看一看 RSVP-TE 协议的工作流程，如图 5-14 所示。通过路由选择部件已经计算出的某条隧道分别经过路由器 A、B、C 三个节点，A 向 B 发送一个 Path 消息，请求建立隧道，带宽需求为 10 Mbit/s，B 路由器会进行准入控制，包括消息的合法性以及是否有足够的资源，如果准入控制成功核实链路带宽可以满足，则将 Path 消息发送给 C 节点，C 节点同样进行准入控制。

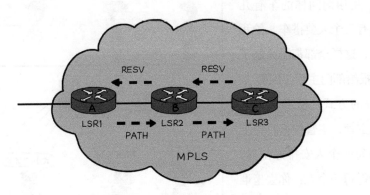

图 5-14 RSVP-TE 的工作过程

C 节点知道自己是末端节点，预留 10 Mbit/s 带宽之后并向 B 发送 Resv 消息，回复 B 请求被同意，还包括 C 给 B 分配的隧道标签，B 收到消息后同样预留 10 Mbit/s 带宽之后，并向 A 点发送 Resv 消息；A 收到 Resv 消息之后，隧道最终建立完成。

RSVP-TE 的隧道上的设备之间要时不时地打打招呼，以确定链路和带宽的正常状态。如果连续没有收到确认消息会认为状态已经失效，也可以撤销某条隧道，流程和上述的隧道建立差不多。

既然每一条隧道的建立都是带有带宽需求并且被批准了的，也就是说，在路由选择时就确定了这条路是可以满足的，那么，前面一开始提到的给每条业务提供有保障的服务也就实现了，只要网络运行正常就不会发生拥堵。

5.4 看人下菜碟——QoS

5.4.1 什么是 QoS

我们知道，刚性带宽和统计复用是 MSTP 和分组网的主要区别，MSTP 的不同业务分别走不同的通道，彼此互相独立；而分组网的不同业务虽然通过两层标签实现了隔离，但大家都在同一条物理链路上去传送，彼此虽视而不见，但在带宽资源上还是存在互相"争抢"的关系。

带宽如果紧张，一定会有业务受到影响，那怎么在资源不足时保证重要业务的传送，这就是本章要介绍的内容——QoS。

在银行办理业务时，VIP 客户可以优先享受服务，在高速收费站排长队领卡交费，ETC 用户可以畅通无阻地"穿越"过去，这些都是生活中的 QoS 的例子。

QoS（Quality of Service），这个概念比较广泛，凡是和服务质量有关的业务，都属于 QoS 的范畴。不同业务的要求不同，话音、信令、大客户专线对服务质量要求较高，而普通的宽带业务相对级别较低，在马路很宽车很少时，大家随便走都能畅通无阻，所以网络轻载的时候就不需要 QoS，只有在带宽紧张的时候，如何让分组网设备能够识别出不同的业务，让 VIP 先走，就是 QoS 需要完成的任务，如图 5-15 所示。

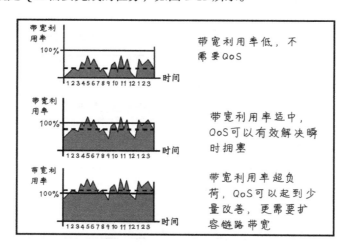

图 5-15　QoS 应用场景

我们会在办公室遇到类似的情况，有人大喊一声："谁在下载电影，我的邮件都发不出去了！"

和娱乐相比，工作邮件更重要，可是由于大流量的下载软件影响网速，使重要的工作无法保证，这就是没有 QoS 的结果。

这时可以在路由器上限制每个端口的最大带宽，通过带宽控制解决这个问题。如果是同一台电脑由于P2P下载导致无法浏览网页，可以将P2P下载软件的DSCP优先级设置较低，可以保证 HTTP 的应用，这些都是 QoS 的实现方法。

前面讲过的流量工程和 QoS 有一些相似之处，都是在有限的资源下对系统做出优化，使网络发挥最好的承载效果；但两者又有区别，流量工程是缓堵保畅，是只要有路可走尽量让网络不堵，而 QoS 的意义在于网络在已经无法避免拥堵的前提下，如何让重要的业务受到最小的影响。

QoS 有两种解决方式，分别是 IntServ（综合服务模型）和 DiffServ（差分服务模型），这是网络用于实现 QoS 的两种思路。

IntServ，就是每一条业务想要获得什么样的服务质量，都要预先向网络申请，网络根据资源情况，可以给予批准和拒绝。批准了自然能按照要求去满足，拒绝了说明确实没有资源。IntServ 方式考虑周全，希望能够通过系统的统筹规划，给每一条业务都有个交代。这个想法很好，但是这数不清的业务都要去逐一地去关注，实现起来有些复杂。

DiffServ，每个业务都携带有表示 QoS 等级的标识（EXP），在每一个节点处只要认得这个标识就好，网络设备就根据这个标识为数据包排队，划分出 8 个优先级，纵有千万条业务，通过三个比特就轻松搞定，如图 5-16 所示。所以，DiffServ 也成为 QoS 的常用解决方案。

业 务	MPLS EXP	流量特点
保留	7	保留
协议	6	控制层面协议报文，需严格保证
时钟	5	1588v2协议报文，需严格保证
无线话音	5	最高优先级业务，对时延、抖动、丢包敏感，需严格保证
O&M	4	管理报文
政企专线	1~5	视具体情况而定
无线数据	2	较固网业务优先级高
WLAN	0	优先级最低，无需保证
其他	0	优先级最低，无需保证

图 5-16 QoS 规划举例

5.4.2 QoS 能做些什么

第 5.4.1 节介绍了 QoS 能为不同等级的业务提供不同的服务，那么 QoS 都有哪些功能，具体又是如何实现呢？这一节我们把它分为几个功能模块去一一介绍。

1. 流分类

流分类就是对不同业务加以区分，是 QoS 实现的前提条件。我们要为 VIP 客户提供更优质的服务，首先我们得认识这些 VIP 客户，生活中客户可以向商家出示 VIP 卡、报手机号，钻石卡、金卡、银卡并据此享有不同待遇，网络中可以按照端口、VLAN、DSCP 等方式划分，如图 5-17 所示。

IP 包的 DSCP 优先级在 MPLS 网络不认识，就像在如家酒店出示锦江之星的白金卡，在 MPLS 网络里通过外层隧道标签的 EXP 来区分数据流，在 PE 处就需要将原来的优先级映射成 EXP，让 MPLS 网络节点都可以识别。

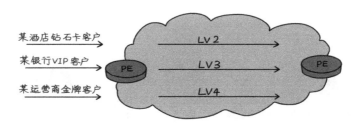

图 5-17　流分类

2. 流量调节

流量调节（Policing）就是限制进入网络的某一类业务的流量，对业务进行流分类之后，在网络入口处对不同等级的数据流采取不同的措施，以决定数据包是否可以进入网络，如图 5-18 所示。这种调节一般使用令牌桶算法实现，令牌桶又分为单速率双色和双速率三色令牌桶。

令牌桶就像高速路入口的取卡机，拿到卡的车辆就可以放行，没有拿到卡的车辆继续等待或者离开。网络可以为每一等级业务分别设置一个不同的令牌桶，令牌桶有两个参数，分别是桶深和发放令牌速度。桶深限制了业务可以一

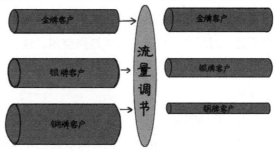

图 5-18　流量调节

下子发出去多少数据包，也就是突发流量，而发放令牌速度限制了业务的平均流量。

比如一个发卡机每秒可以补充 10 张卡，发卡机的容量是 20 张卡，那么平均每秒最多就可以有 10 辆车通行，而如果连续一段时间都没有车领卡，发卡机就装满了 20 张卡，这时如果突然有大量的车辆到达，那也只能允许 20 辆车同时进入。

3. 流量整形

流量整形（Shaping）就是限制网络中某一链路的业务突发，使数据包能够以相对均匀的速率发送，如图 5-19 所示。

由于数据业务是有突发性的，如果瞬时的流量过大也容易造成拥堵。如果一个十字路口一分钟有 100 辆车通过，而过几分钟可能只有 10 辆车，交警会到现场指挥，控制每分钟放行多少车辆，让其余车辆等待一会儿，可能过几分钟车流没那么大，交通压力就缓和了下来。流量整形通过漏桶算法实现，关心的是链路的瞬时突发流量状态。

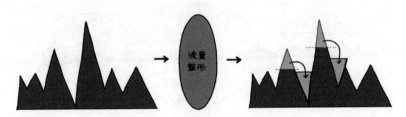

图 5-19　流量整形

4. 队列管理

流量整形可以有效地解决业务突发，可是如果业务像早晚高峰一样持续拥堵，必然是有数据包要被丢弃的，那么哪些数据被放行、缓存和丢弃，就需要队列管理去实现。虽然网络是将低等级业务的数据包丢弃，但丢弃也是要有选择策略的，如果是将低等级业务超出缓冲区的数据包全部丢弃，连续丢弃若干个可能就会造成业务连接中断，业务会认为此路不通，时间久了后又会造成链路空闲，这就需要一定的机制，即随机丢弃数据包。比如 1～6 号数据包中要丢弃三个，丢 1、2、3 就会造成业务中断，而丢 1、3、5 可能就不会有影响。

5. 队列调度

队列调度（Scheduler）是解决数据包先发哪个后发哪个的问题，也就是将要发送的数据包排个队，优先级高的自然应该排在前面，但也不需要完全一刀切。如果一条 GE 链路承载一条 2 M 话音业务，GE 的链路满足 2 M 业务的实时传送绰绰有余，也没必要将话音的数据包全发完了再发其他低等级业务，最好是能够照顾周全。队列调度就是既要满足高等级业务的优先级保证，又在此前提下尽量兼顾低等级业务享用带宽的公平性，避免"朱门酒肉臭，路有冻死骨"的情况发生。

5.5　说说 OAM

网络的管理工作划分为三大类：操作（Operation）、管理（Administration）、维护（Maintenance），简称 OAM。这些功能一线人员日常都在用，他们在网管上进行业务配置开通，以及网络运行状况的测试、分析，对故障进行监测和处理，网管就是人和网络之间的桥梁。

在 SDH 技术中，通过在帧结构里增加大量的开销字节，可以将每个节点的 OAM 需要的信息回传至网管。这部分我们在 SDH 中没有单独拿出来介绍，这些功能都是基于 SDH 帧结构定义的。我们都知道 SDH 的网管、维护、保护功能非常强大，这是 SDH 的优势，至于一些管理、操作的细节不是本书的重点。

为什么在分组网中又有了 OAM 这一部分呢？因为在 IP 网中原有的一些 OAM 的机制无法满足传送网的要求，或者某些功能根本就不支持，比如 IP 网也可以检测故障链路，进行路由的重新计算，可是计算周期以秒为单位，和 SDH 的毫秒级相比反应迟钝很多。当然，这也是需求不同造成的，所以需要一些技术去解决 IP 网的这些短板，需要去定义一些特定的 OAM 帧去实现 SDH 上的类似功能。

我们先简单介绍一下 PTN 的 OAM 功能。

1. 故障检测

SDH 每秒有 8 000 帧，每隔 0.125 ms 就有新的一帧到来，里面包含了每一层数据单元的工作状态，如果链路断了很快就能发现。而 IP 网是怎么做的呢？在"邻居"关系建立之后，双方也会隔一段时间发数据包去确认一下链路是否正常，这叫作慢 Hello 机制。顾名思义，这种方式非常慢。

怎么解决这个问题？PTN 设备定时发送 CV 帧（Connectivity Verification，连通性检测）给要检测通道的对端，发端可以根据需要去选择发送间隔，比如用于保护倒换时，发送时间间隔为 3.3 ms，对端在 3.5 个周期内没有收到 CV 帧就认为链路已经断了，产生 LoC(Loss of Continuity)告警，触发倒换，如图 5-20 所示。

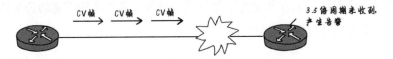

图 5-20　连通性检测

原理虽然很简单，可是作用非常重要。快速的故障检测是所有网络级保护的前提条件，我们把保护倒换分解成两个动作——发现故障和快速倒换。故障检测就是让发现故障这个环节的时间大大缩短，使 IP 网、MPLS 网能够承载"电信级"业务。故障检测能够在系统之间的每个层面上配置使用，包括直接的物理链路、隧道、PW 等。

2. 环回检测

在网络开通时，将站点设备调试好之后，需要进行环回测试（LB，Loop Back），就是设备发出信号后又返回至本设备接收，以确认接口和相关链路的连通性，或者在网络故障时经过不同站点进行环回排查出故障点。PTN 设备发送 LBM 请求帧之后，一定时间内未收到 LBR 应答帧，就认为该连接的连通性丢失。

3. AIS

告警指示信号（AIS，alarm indication signal）用于发现故障时的告警压制，也就是告知设备不希望产生此告警，比如在网络物理层光缆中断时，该段落的段层、隧道层、伪线层都会产生大量的告警，铺天盖地的告警信息很是吓人，也会占用网络带宽。实际上，故障的根源只有一个，没必要这么夸张，可以通过 AIS 去屏蔽掉除了段层以外的其他告警。

4. Lock 和 Test

Lock(锁定)和 Test(测试)一般配合使用，用于对网络某一段的业务在中断后进行性能测试。在测试时我们需要将正常的业务中断，就像在城市里组织赛车比赛前要将道路戒严一样，Lock 用来告诉对端设备已经将业务主动中断，以防止对端以为网络发生了故障而产生告警；Test 通过发送一定规格的测试包完成吞吐率等指标的测试。

5. LM 和 DM

LM(丢包率测试)和 DM(时延测试)用于测试网络在真实工作状态下的性能。通过在一定时间内发送和接收数据包的数量统计丢包率，根据数据包的发送和接收时间计算网络时延。

6. IPRAN 的 OAM

IPRAN 通过双向转发检测（BFD，Bidirectional Forwarding Detection）协议实现快速检测功能，类似于 PTN 的 CV 帧，其他 OAM 功能将通过 BFD 扩展实现。

总结：从 IP 网到分组传送网，这些 OAM 功能从不需要到需要，从无到有或者由弱变强，都是通过规定了一些特殊的数据包实现的。

5.6　分组网保护

分组网保护分为设备级保护、网络级保护。设备级保护基本千篇一律；网络级保护分为网络侧和业务侧的保护，网络侧保护用于运营商网络内部，而业务侧保护用于运营设备和业务设备之间。

我们先对几个需要用到的名词做一下介绍，分组传送网里把设备按照层次分为 UPE（Userfacing PE，用户侧 PE）、SPE（Service Provider PE，运营商 PE）和 NPE（Network Provider PE，网络核心 PE），分别对应接入层、汇聚层和核心层设备。

5.6.1　网络侧保护

常用的网络侧保护包括 LSP 保护、伪线双归、L3 VPN FRR、环网保护（IPRAN 不支持）几种，其中 LSP 保护基于隧道层面，伪线双归、L3 VPN FRR 分别是 L2 VPN 和 L3 VPN 业务层面的保护，环网保护用于物理层。

1. LSP 保护

LSP 保护（如图 5-21 所示）就是隧道保护，或者叫隧道 HSB（Hot–StandBy，热备份）保护，PTN 中叫作线性保护。LSP 保护是用来保护一条 LSP 连接，当主用隧道发生故障时，将隧道上的所有业务转换到备用隧道进行传送。

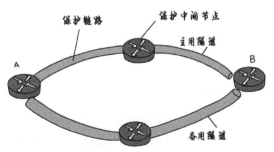

图 5-21　LSP 保护

无论 PWE3 还是 L3 VPN 业务，最终都是要送到隧道中传输的，假设是基站 A 到 RNC 的业务在接入层需要经由一条 A—B 的隧道传送，我们在配置隧道的时候，像 SDH 通道保护那样配置一主一备两条隧道，并指定两者是互为备份的关系，主用隧道中断则切换到备用，这个原理我们都很熟悉了。

LSP 保护分为 1+1 和 1:1 两种，一般常用的是 LSP 1:1 保护。

LSP 保护能够对隧道经过的线路和节点的故障实现保护倒换，也就是 A 到 B 之间的任何光缆和设备中断，都可以通过隧道保护恢复业务；但如果是 B 节点故障，就无法用隧道保护实现，需要启用业务层面的保护，PWE3 业务对应伪线双归保护，L3 VPN 对应的是 VPN FRR 保护。

2. 伪线双归

如果图 5-22 中的 B 节点故障，对于 PWE3 业务来说，可以配置两条一主一备的 PW，一条从 A 到 B，一条从 A 到 C，两条 PW 是同源不同宿的，也可以保障业务不中断，伪线双归保护同样分为 1+1 和 1:1 两种。

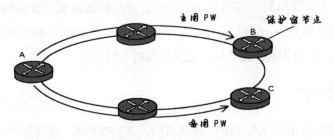

图 5-22　伪线双归保护

如果采用 L2+L3 的业务承载方案，B 和 C 两个 SPE 作为基站的网关，伪线倒换到了 C 处，还要启用 VRRP 等保护去实现 B、C 之间的切换；或者全网都是 PWE3 的情况下，B 和 C 就是两个 NPE 设备，也需要配合业务侧的保护去完成切换，相关的保护方式我们后面会介绍。

3. VPN FRR

首先要介绍什么是 FRR(快速重路由)。前面说过 IP 是有重路由机制的，只是速度比较慢，怎么能快一些呢？可以将备用的路由预先计算好，在网络故障时可以直接切换过去，不必等待路由收敛或者信令重新协商，大大提高了倒换的速度。

FRR 这个机制可以用在隧道、VPN、IP 网多种不同的技术层面中，分别对应 TE FRR、VPN FRR、IP FRR 等，原理大同小异。TE FRR 也可以实现隧道层面的保护，TE FRR 和隧道 1:1 保护有什么区别呢？隧道保护是端到端的保护，而 TE FRR 可以保护整个隧道或者隧道的一部分。我们来举个例子。

我们要从西安的南三环沈家桥去北客站，可以走西三环和东三环，这就相当于一主一备的两条隧道。如果西三环有一个路口不通，我们就要绕行东三环，这就是端到端的保护，两条路都是从起点到终点，只能二选一。而 TE FRR 可以这样规划路线，我们知道西三环有个路口容易堵车，预先配置一个小段的路由，可以把那个拥堵路口绕过去，走到西三环之后发现那个路口真的堵了，就启用这个局部的备份路由，之后继续走西三环。

TE FRR 和隧道 1:1 还有个区别，TE FRR 的备份隧道可以为多条隧道提供保护，而隧道 1:1 保护中一个备用隧道只能为一条主用隧道提供保护。

回到我们的主题——VPN FRR，L3 VPN 的 PE 之间是要互通 VPN 路由的，如果 RNC 连接了两个 NPE 设备，这两个 NPE 都会给基站发布到达 RNC 的路由信息，在基站的分组设备处，就会有两条路可走，一条通过 D，一条通过 E，这就形成了两条互为主备的路由，如果 D 中断了自然就会选择预先计算好的 A—C—E 路线过去，如图 5-23 所示。

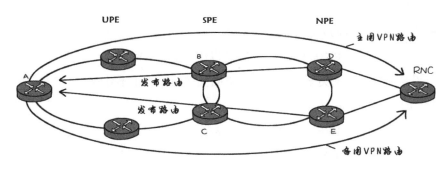

图 5-23　VPN FRR 保护

4. 环网保护

环网保护是 PTN 支持的保护方式，属于物理层的保护机制，前提是被保护的对象在一个物理环上，如图 5-24 所示。一段物理链路承载了多条隧道，每条隧道又承载多条业务，当两个节点之间的链路发生故障时，环网保护通过物理层的故障检测发现之后，将所有的业务都倒换到环网的另外一个方向上。

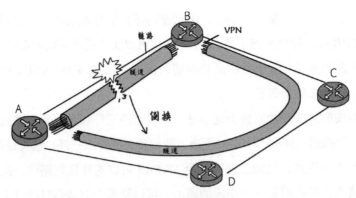

图 5-24　环网保护

传送网在接入层和汇聚层基本都是环状的结构，本质上都是一东一西两条路，所以环网保护很简单但是也非常有效。A 和 B 之间的光缆断了，如果有 10 条隧道就要触发 10 个隧道保护，环网保护就很简单，一个保护全部搞定，所有业务全部倒到 A—D—C—B 去承载，不用上层的隧道、VPN 再去费心费力，再怎么倒换，无非是这两条路而已。

5.6.2　业务侧保护

1. VRRP 保护

分组网络采用 L2+L3 的分层结构时，接入层双上联的两个 SPE 作为基站到 L3 VPN 网络的网关；在中心局侧，中心局内的两台 NPE 也作为 BSC、RNC 等设备进入三层网络的网关，当网关设备故障或者网关至用户侧设备链路失效时，为了不导致业务中断，需要启用 VRRP 保护，如图 5-25 所示。

虚拟路由冗余协议（VRRP，Virtual Router Redundancy Protocol）是一种容错协议，VRRP 将局域网的一组路由器［包括一个 Master（活动路由器）和若干个 Backup（备份路由器）］组成一个虚拟路由器，称为一个备份组。这个虚拟的路由器拥有自己的 IP 地址。当缺省路由器端口关闭之后，这时，虚拟路由将启用备份路由器，从而实现全网通信。

比如，公司领导办公室有正副两位领导，分别是 A 和 B，如果客户来洽谈业务，秘书告诉他到办公室找领导就可以，而不是具体的 A 和 B 的名字。如果进去了 A 领导在，自然就由 A 领导接待，A 领导不在的话就由 B 领导（备份路由器）接待，客户感觉不到两个领导切换的过程。像这种将 A 和 B 虚拟成一个人的做法，就是 VRRP。

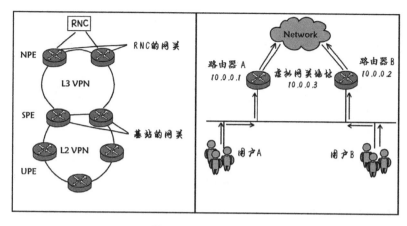

图 5-25　VRRP 保护

2. 同 IP、MAC

网关保护除了 VRRP 方式，还可以通过在用户侧将两个 NPE 设置成相同的 IP 地址和 MAC 地址来实现，这样用户就有两个指向同一 IP 地址的路由表项，可以达到和 VRRP 同样的效果，两者的区别就在于 IP 地址的设置不同。

3. LAG/MC-LAG

链路聚合组（LAG，Link Aggregation Group），是网络中将多个端口合并使用的技术。聚合后的链路是所有成员组端口带宽的总和，同时还可以为网络链路提供容灾可靠性，聚合后的链路组的成员中如果任意一条或多条物理链路意外中断，仅仅是带宽减少为所有正常成员的带宽总和，而不会导致网络链路完全中断。

RNC 侧和 NPE 之间会有多个物理端口连接，在不采用 LAG/MC-LAG 保护的情况下，如果一条链路中断，RNC 对应的接口下挂的基站就无法到达 RNC 设备，导致业务丢失。LAG 是将多条物理链路捆绑成一条虚拟的链路，比如将 4 个 GE 捆绑成一个 4 Gbit/s 带宽的链路，4 条链路对应 RNC 的同一个 IP 地址，这样只要不是所有的链路都中断，这条虚拟的链路就始终保持连接。

4 条 GE 如果断了一条，在未启用 LAG 时就少了一条，变成了三条 GE，而启用了 LAG 时，就相当于一条链路，只是带宽从 4 Gbit/s 下降为 3 Gbit/s，这样如果链路利用率不太高，3 Gbit/s 带宽也够用的话，业务就不会受到影响。

如果捆绑的链路都是从 RNC 到同一台 NPE，对应的就是 LAG；如果链路是从 RNC 到不同的 NPE，对应的就是 MC–LAG，也就是跨设备的链路聚合，如图 5-26 所示。

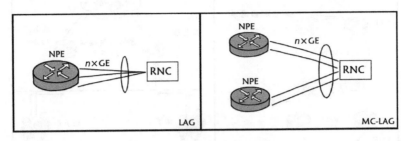

图 5-26　LAG 和 MC-LAG 保护

4. MSP/MC–MSP

MSP/MC–MSP 和 LAG/MC–LAG 的应用场景相同，区别是 LAG 是用于以太网链路，而 MSP 用于 STM 链路。

5.6.3　典型保护应用

分组传送网的保护方式种类较多，其实看懂每一种保护原理都不难，往往是在复杂的组网和各种故障前提下，如何去实现保护，可能一时不容易搞得很清楚，我们这一节就来做一个总结。

1. 多段 PW 场景下的保护

如图 5-27 所示，业务采用多段伪线方式承载，Node B 至 RNC 的业务配置两条 PW，其中主用 PW 是 A–B–D–F，备用 PW 是 A–C–E–G，两条多段 PW 分别在 D 点和 E 点做伪线交换。

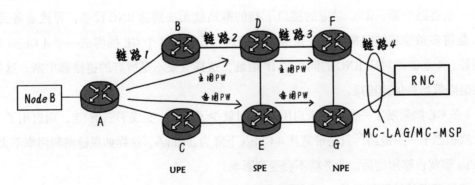

图 5-27　多段伪线场景的保护

主用 PW 在 A—D 段落配置两条隧道,路径分别是 A—B—D(主)和 A—C—E—D(备),在 DF 段也配置两条隧道,分别是 D—F 和 D—E—G—F。

在 RNC 至 F 和 G 处配置 MC-LAG 或 MC-MSP。

这样在面对不同节点和链路故障时,具体保护如下。

链路 1、链路 2、节点 B 故障,启用隧道保护,将隧道 A—B—D 倒换至隧道 A—C—E—D;同理,链路 3 故障时,将隧道 D—F 倒换至 D—E—G—F 承载,保护方式为隧道保护。也就是说,只要不是 PW 的源宿节点、中间交换节点故障,都可以通过隧道保护去完成切换。

当节点 D 和节点 F 故障时,节点 A 将主用 PW 倒换到备用 PW 上,也就是 A—E—G;当然,隧道也随之切换为备用 PW 的隧道,经由 A—C—E—G 传送,而到了 G 之后,由于配置了 MC-LAG,可以保证业务顺利地发送给 RNC,保护方式为 PW 保护 +MC-LAG(MC-MSP)。

链路 4 故障,F 节点无法到达 RNC,需要触发 PW 倒换,具体方式有两种:一种是 A 点直接切换到备用 PW 路径 A—C—E—G;另一种方式是 F 和 G 之间建立 DNI PW,业务通过 A—B—D—F—G 传送。两种方式只是实现方式不同,本质都是 PW 倒换,RNC 侧同样通过 MC-LAG(MC-MSP) 去实现。

2. L2+L3 场景下的保护

针对典型的业务承载方案,接入层采用 L2 VPN 方式承载,核心汇聚层采用 L3 VPN,对于接入和汇聚 L2+ 核心 L3 的方式,除了桥接点不同,保护方式均一致,不再重复,如图 5-28 所示。

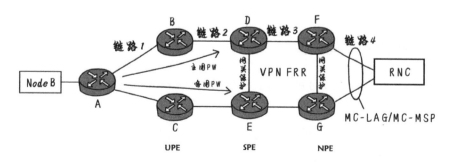

图 5-28 L2 VPN+L3 VPN 组网的保护

该组网方式下,D 和 E 作为基站的网关,F 和 G 作为 RNC 的网关。

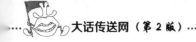

在接入层配置 A—D 和 A—E 两条 PW，指向主用和备用两个网关，D 和 E 之间配置 VRRP 保护，主用 PW 配置主备两条隧道，分别是 A—B—D 和 A—C—E—D。

在核心汇聚层，D 节点通过 VPN FRR 计算出 D—F—RNC 和 D—E—G—RNC 两条路由，E 节点也是一样。

F 和 G 之间配置 VRRP 保护，对 RNC 侧实现网关保护。RNC 至 F 和 G 配置 MC-LAG 或 MC-MSP 保护。

各种故障下的保护倒换方式如下。

（1）链路 1、节点 B、链路 2、链路 3 故障时，采用隧道保护。

（2）D 节点故障时，接入层启用 PW 保护切换至 E，同时 D 和 E 之间的 VRRP 保护启用，将网关切换为 E 设备。

（3）F 节点故障时，上行方向：D 节点通过 VPN FRR 的备用路由切换至 G，将数据发送至 RNC；下行方向：RNC 检测到 F 不可达，通过 MC-LAC 保护将数据发送到 G，G 通过预先计算的路由发送至 D，然后通过 A—D 的 PW 发送至基站。

（4）链路 4 故障时，上行方向：F 和 G 之间通过二层端口的切换，把数据流量倒换到 G 节点；下行方向：同样通过 MC-LAG 将数据发送给 G，G 通过二层端口切换发送至 F，其余的数据转发方式正常。

5.7 分组网同步技术

5.7.1 时钟同步和时间同步

第 2 章我们简单提到过时钟同步，SDH 通过线路接口提取时钟信号，通过 S1 字节传递时钟等级信号，实现了频率同步，而以太网原本是不需要严格同步的，现在分组传送网也面临着承载 E1 话音这样的业务，要为这些业务提供时钟同步；而且 TD-SCDMA、CDMA2000、LTE 等技术体制也要求时间同步，如图 5-29 所示。因此我们介绍一下分组传送网如何实现频率同步和时间同步，首先来介绍时钟同步和时间同步的概念。

什么是时钟同步？就是把一个区域的所有时钟调整到步调一致。

SDH 是有固定帧频的系统，不同的层发送的帧都需要步调一致，要让这些信息单元能够对齐，从而完整不漏地接收；上层的数据帧依靠同步字节实现（如 E1 的时隙 0），但上层同步的前提条件是物理层要一个比特不错位地接收，也就是说，每一个字都准确接收才能去组成上面的句子和文章，所以，如果将同步单独拿出来说，一般就是指物理层的比特同步。

无线技术	时钟频率精度要求	时钟相位同步要求
GSM	0.05ppm	NA
WCDMA	基站 0.05ppm	NA
	Pico 0.1ppm	NA
TD-SCDMA	0.05ppm	3us
CDMA 2000	0.05ppm	3us
WiMax FDD	0.05ppm	NA
WiMax TDD	0.05ppm	1us
LTE	0.05ppm	倾向于采用时间同步

图 5-29 移动网对同步的要求

比特如果不同步就会造成误读，严重的话可能会造成误码、丢帧。

SDH 要求的同步是频率上的，收、发双方采用相同频率的时钟信号。如果把时钟信号比作钟表，SDH 系统要求的是两个表走得一样快就可以，SDH 只需要听那个滴答滴答声音，去"有节奏"地发送信号，至于钟表是几点钟并不关心，收发两端的表时间不一样也没有影响，这就是时钟（频率）同步。

那什么又是时间同步呢？也就是每个节点的钟表要每时每刻保持一致，可是如果表走得快慢都不一样，那时间就算这个点对齐了，下一个点马上又错位了，所以时钟同步是时间同步的前提，专业点说，时间同步 = 频率同步 + 相位同步，如图 5-30 所示。

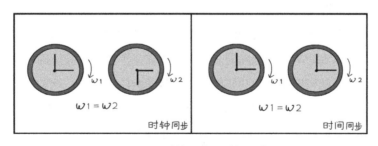

图 5-30 时钟同步和时间同步

打个比方，我们约好半小时之后见面，可能此时此刻我的表是 8 点，你的表是 8 点半，这都不影响，只要两个表走得一样快，保证两个表的半小时都是同样长短就可以，这是时钟同步；而我和你说 8 点半见面，这就要求两个表此刻的时间必须一致，就是时间同步。

几个要对的表需选一个最准的，最好是刚跟新闻联播对过的，网络时钟同步也得有一个基准时钟（PRC）作为参考，大家都向时钟源看齐。时钟源有铯原子钟、铷原子钟、GPS、石英晶体振荡器，不同时钟源的震荡特性不同，所以时钟的稳定性、精度也不相同。

　　传送网由时钟源（一般是铯原子钟）注入时钟后，可以通过线路接口传递给其他节点；节点从线路口提取时钟，并依次向下传递，这种跟踪上游站时钟称为跟踪模式。怎么传递呢？线路接口是按照发送端注入的时钟发送数据的，我这"动次打次"的给你发信号，你那边接收的肯定也是这个节奏，而这个节奏对于接收方就相当于一个"节拍器"，这就是时钟传递。

　　举个例子，如果我们房间里有一个钟表在哒哒地响，我们想根据这个声音去控制呼吸节奏，做每次10秒的深呼吸，只需要吸气过程听见秒针响5声之后开始呼气，5声之后再开始吸气，如此循环就可以做到，这就是时钟提取，相当于从1 Hz的信号源处提取了0.2 Hz的时钟信号。

　　如果线路时钟不可用，节点设备可以依靠定时基准记忆，由跟踪模式进入保持模式，就像我们跟着秒表读秒，把秒表拿走一段时间还可以相对准确地记住那个节奏，保持一段时间后，进入自由振荡模式，使用节点设备自身的晶体时钟。

5.7.2　同步以太网

　　SDH通过线路接口传递时钟信号，S1字节传递SSM等级信号，来作为节点选择最优时钟源的依据。同样，分组网可以通过以太网物理层链路码流传递，恢复高精度的时钟信号，也就是同步以太网（SyncE）。

　　传统的以太网并非完全没有时钟同步的要求，收和发两端要通信，肯定还是要有一个时钟去保证，只是以太网不需要全网同步，只要求在一个链路的收发两端提供一个精度很低的时钟，使用晶振就可以实现，只要能保证信号的接收就可以。比如，上游发过来一个数据包，我可以过一会发给下一跳，这对业务没有影响。SDH是要传递E1业务，一条业务不管传到哪里，节奏都不能乱，所以SDH要求的是全网严格的同步。

　　也就是说，以太网的频率同步原本就是有的，精度低是因为要求低，精度等级与时钟源有关。所以，从时钟精度上讲，如果需要高等级的时钟信号，只需要像SDH一样，从BITS(Building Intergrated Timing Supply，大楼综合定时供给）时钟源处获取高精度时钟信号就能够满足。

　　从时钟传递和提取方面来讲，SDH通过物理层链路提取上游站时钟信号，这一点以太网也可以，以太网的线路接口都是 GE、10 GE，速率高，时钟精度就高，在实现频率同步方面有着先天优势，所以只需要采用和 SDH 类似的方式就可以实现。

以太网物理层 GE 接口编码采用 8 B/10 B 技术，每 8 个比特就插入 2 个附加比特，为了防止连续出现 8 个 "0" 或者 "1"，如果信号长时间的连 "0" 或者 "1"，不利于时钟的传递，就像我们的鼓点用 "动次打次" 比较容易掌握节奏，而一直是 "咚咚咚咚" 就很容易跟错拍子。

一个站点有很多个线路接口都可以提取时钟信号，而到底要以哪个接口为准，就要通过 SSM 信息来判断。SSM 里面写着时钟的级别，打开看看就知道哪个精度更高一些。

以太网专门规定了一种用于传递 SSM 的帧——ESMC（以太网同步消息通道），节点设备根据 SSM 信息选择等级最高的时钟源，如果外部时钟全部不可用，保持一段时间后则进入自由震荡模式。

5.7.3　1588v2 时间同步

无线基站的时间同步信号可以通过 GPS 和传送网来获取。

GPS 实现同步有两个问题，一是建设成本和难度，每个基站安装 GPS 需要一笔投资，而且 GPS 的安装要求天面在一定范围内无遮挡，这在高楼大厦林立的市区里大大增加了建设难度；另一方面，依赖国外 GPS 频道提供时间信号，国家安全难以得到保障。所以，能用传送网去解决自然最好。

原本时间同步有 NTP 协议，精度能够达到毫秒级，可以满足网管告警、故障等对于时间同步的要求，但是无法满足无线基站的高精度要求。IEEE 在 2002 年发布了 IEEE 1588 标准，定义了一种精确时间同步协议 PTP；2005 年制定了新版本的 1588 标准，即 1588v2。

依靠传送网实现时间同步，说白了就是上游站要告诉下游站现在时间是几点，这看似很简单，但是信息的传递也需要时间，移动网的时间同步要求都是微秒级的，这个链路延时必须得考虑，不但不能忽略，还要计算得非常精准。

我们上小学都做过类似的题，小明发现家里的钟表不准了，要去邻居小红家对时间，钟表又搬不动，怎么办呢？记下出发时的时间，问完小红准确时间之后，回家后将来回花费的时间除以 2，就是路上单程的时间，小红告诉的时间加上单程路上的时间，就是现在的准确时间。

这一招被 1588v2 "学会"了，但情况稍有点不一样。小明的钟表现在是 6 点整，而小红的钟表是 6 点零 1 分，小明想要让小红的钟表时间和自己的一致，他让弟弟去小红家，告诉小红现在 6 点了，此时小红的钟表时间是 6:04，因为路上花了 3 分钟。过一会儿，小红又让小明弟弟告诉小明，我的钟表时间是 6:10，小明弟弟告诉小明时，小明的钟表时间是 6:12。这一来一回，我们就可以计算出路上的时间是（6:04–6:00）+（6:12–6:10）/2=3 分钟，这次再准确地告诉小红时间就很容易了，如图 5-31 所示。

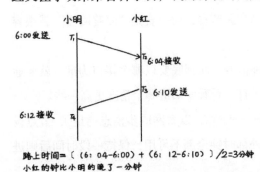

路上时间=〔(6: 04-6:00) + (6: 12-6:10) 〕/2=3分钟
小红的钟比小明的晚了一分钟

图 5-31　1588v2 原理

这里还有一个因素，就是来回路上所用的时间是否相同，也就是链路的不对称性，如果链路收和发的时延不同，就要引入非对称补偿，补偿需要逐站逐段地一一测量不对称偏差，这一工作量也是巨大的，所以标准 1588v2 目前实际应用较少。

频率同步是相位同步的基础，标准 1588v2 既然能实现时间同步，自然也能实现频率同步，为何采用同步以太网的方式实现频率同步呢？因为 IEEE1588v2 在实现频率同步时收敛时间过长，是依靠 UDP 或者 802.3 封装的，1588v2 报文经过复杂的数据网络，抖动和非对称性不可控，导致恢复时钟和时间精度难以保证；而同步以太网工作在物理层，不受上层的拥塞、延时等影响。

这一节的内容可以总结为一句话：分组传送网通过同步以太网实现频率同步，通过 1588v2 标准实现时间同步。

5.8　走近分组网

5.8.1　分组网设备

分组网设备从外观上来看，和 SDH、交换机、路由器等没有多大的区别；和 SDH 相比，明显的区别是以太网口的集成度明显变高了，我们在了解设备的方法和 SDH 也是一样，关心一些主要的参数，包括设备整体能力定位、设备槽位数、支持单板的种类，以便于在配置的时候可以知道这台设备能够最大支持的接口数，哪些槽位可以插哪些类型的单板。

和 SDH 相比，分组网有两个不同的参数：交换容量和包转发率。交换容量和 SDH 的高阶交叉容量差不多，是对于数据带宽的最大处理能力来说的，也是用"G"去表示；而包转发率是分组网特有的概念，指每秒能够转发包的数量，单位是 Mpps，这个指标反映了设备对于小数据包的转发能力。同样的交换容量下，如果数据包越小，包的数量就越多。包转发率是衡量设备单位时间内能处理多少个包的能力，这个指标不能去精确地计算是否满足，需通过实际测试才能一分高下。总之，层次越高的设备包转发率也越大，而边缘层设备我们也不会让它"太忙"，所以一般是够用的。

分组网常用的接口有 10 GE、GE、FE、STM-1、E1，每种接口都有不同的集成度的单板，这些数据可以在用的时候查厂商设备资料。

5.8.2　分组网结构

分组传送网组网（如图 5-32 所示）与 SDH 组网结构单从组网图上看区别不大，都是环状或环带链，分为核心 + 汇聚 + 接入层，接入层、汇聚层一般采用环状结构，核心层可以采用环状或网状结构，分组网每一层的功能定位与 SDH 网络相同。

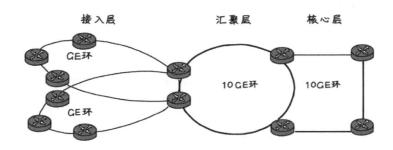

图 5-32　分组网结构

相同的地方就不介绍了，下面介绍一下分组网和 SDH 网络的主要区别。

1. 双上联结构

分组网接入层上联汇聚层、汇聚层上联核心层都尽量采用双上联的方式，也就是一个接入环上联至两个汇聚节点，汇聚环上联至两个核心节点。这是由分组网的保护机制决定

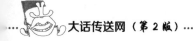

的。分组网可以通过多种保护方式在两个上联点之间自动地切换，可以保证一个上联点失效之后，另一个上联点承担起业务收敛的重任，确保业务不中断。

而 SDH 网中双上联的应用较少，多数是采用单点挂环的方式，因为 SDH 原本要防止节点故障需要配置 DNI 保护。做到两个上联节点之间的业务倒换，需要人工进行逐条业务的配置，实现难度较大，不易于全网部署，我们可以通过 SNCP 保护实现。

2. 多组环、组小环

组小环的环上节点数量被严格限制。其实 SDH 网中我们也同样倡导组小环，这个原则一直都有，只是不同网络的要求有所区别，可是实际上 SDH 环上节点超过 10 个甚至 15 个以上的情况很多，我们总会碰见这样那样的困难和理由。

环路节点限制包含两个方面：一个是环上节点数（不含支链）；另一个是环路总节点数（环＋链）。环上节点数影响网络的可靠性，环越大光缆段数就越多，可靠性就越差；而环路总节点数影响单站的带宽，一个环的速率在一定的情况下，环上节点越多，单站的可用带宽就越小。

既然 SDH 也有这个要求，为什么要单独说呢？因为分组网的需求更为迫切。在分组网时代，我们面临的业务带宽需求已经今非昔比了，几十兆、上百兆的需求，接入环以 GE 环为主，按照 LTE 单站 100 Mbit/s 的带宽去计算，考虑 1:2 统计复用和带宽的预留，一个环可接入 10 个左右基站。

另一方面，LTE 时间同步要求传送网首节点到末节点的时延小于 1μs，这就要求核心设备到基站的最大跳数不超过 30 跳，这也是我们限制环上节点和链上节点的原因之一。

所以组小环是必须实现的目标，我们要将重视度提升一个层次，对于偏远山区，新建光缆、拆环都无法实现的区域，一般不会有太大的带宽需求。链上节点一般要求尽量不超过三个，链越长越不安全，这一点，SDH 和分组网要求是一致的。

3. 容量计算

SDH 容量的计算是个简单的统计数字的过程，比如一个 2.5 G 环，就有 1 008 个 E1，各家各户用多少报上来，统计结果不超过总量的 70% 就好，超过了就要扩容，这是"硬"道理。

而分组网的带宽是实时变化的，具体使用多少要去实时监测，很难确切说分组网一个站的带宽占用是多少兆？分组网的容量是"软"容量，不像 SDH 那样满了就一个站也接不进来。分组网理论上没有严格的最大接入站点数量，通常说的只是一个建议数量，就像道路一样，到底最多能容纳多少辆汽车谁也无法准确估计，如果整天道路拥堵就要进行拓宽。

我们在做网络规划、设计的时候，按照指导意见，每个基站有一个"承诺带宽 CR"和"峰值带宽 PR"的值，峰值带宽我们一般不做过多考虑，按照"承诺带宽"也就是"必须保证的带宽"，也可以像 SDH 一样去统计站点需求，并按照计算结果去选择速率等级、规划网络，但这个计算结果还是一个粗略衡量的标准，没法做到精细化。这就像我们在盖一个住宅小区的时候，按照住户总数和一定比例配置了停车位，这个算法是没有错的，可是住户究竟需要多少停车位，我们不好把握。

分组网的系统速率的选择与 SDH 有些不同，SDH 每个速率等级是 4 倍的关系，提供的速率等级也比分组网多（STM-1、4、16、64），可以更灵活地选择。而分组网只有 GE 和 10 GE 两种速率，如果 GE 不满足就只能选择高 10 倍的 10 GE，难免有些浪费。所以，在分组网建设中，我们可通过限制环路节点数量，尽量用 GE 速率建设接入层。

4. 光口拉远接入基站

光口拉远，这不是分组网和 SDH 的区别，而是话音接口 IP 化的成果。在话音接口使用 E1 的时代，E1 的传输距离是 100 m，但基本没有哪两个基站之间距离是小于 100 m 的，所以我们必须每个基站配置一台设备。

在话音接口 IP 化之后，话音信号通过以太网接口传送，这意味着只要光口能传送到的区域，一台设备就可以接入该范围内的所有基站，设备的需求数量和每站配置一台相比有大幅缩减。

当然，用光口拉远基站节省设备带来的问题就是组网结构变为星形，理论上的网络可靠性下降是不争的事实。

小结

分组网这部分内容有些离散，不像前面章节那样前后衔接得很连贯，因为分组网面临着很多 MSTP 不需要过多考虑的各种问题，这些问题点都要各个击破，只有对各个属性一一强化，才能够满足传送网的需求。分组传送网是一个根据需求不断改造、演进、扩展而发展而来的技术。

我们在面对分组网各种技术、协议的时候会感觉头疼，而网络也是一样，被各种协议不断地更新换代、补充扩展搞得臃肿复杂。我们希望分组网能够朝着简单、清晰的方向演进，不但对于技术掌握而言，对整个网络的规划建设、管理维护都是一件好事。第 6 章我们就来简单介绍一下分组网的未来——SDN。

Chapter 6
第6章
SDN

前面介绍的一系列技术的演进发展，每一次都是业务直接驱动的，都很迫切，业务带宽增长了，数据业务铺天盖地地来了，光纤资源不够用了，面对这些问题，技术如果不更新换代，业务发展就面临着无法跨越的瓶颈，不改不行。网络就这样一步步被业务推着发展到了今天。

网络发展到分组网时代，各种类型的业务都可以在这个平台下找到适合的解决方案，业务承载暂且也就没什么大问题。当我们终于可以歇会的时候，前方又出现了一个若隐若现的港湾，它就是 SDN。小憩之余，我们可以跟随 SDN 的脚步，去畅想一下未来。

6.1 简单的总是好的

6.1.1 用户的困扰

整个数据网 TCP/IP 之下的各种技术，应用于各个领域的、五花八门的业务，不光是技术初学者觉得复杂，很多专业的技术工作人员也是一样，复杂的东西总是给人带来麻烦，让人头疼。为什么我们从零开始学会操作一台电脑或手机只要几小时，而学会配置网络设备，需要几个月？是因为网络设备很复杂吗？不是！要说起复杂，任何事物都有其复杂的一面。

电脑用的 Windows 系统是一个更加复杂的体系，我们能够接触到的知识都是浅层的，连 1% 都不到，每天用这些界面很人性化的应用软件，去让操作系统为我们服务，比如一键清理垃圾、一键修复漏洞等。有多少人知道系统的垃圾存在哪儿，系统设计有哪些考虑不足的地方，现在又有哪些新的病毒要去防范，不知道没关系，这不重要，我们只需要一键就可搞定。

我们不需要了解操作系统的知识，有什么样的需求，就有各种各样的软件去很体贴地满足我们，而且不同公司的同类软件很多。既然复杂不是理由，那究竟是为什么呢？

假如我们作为用户，有自己的一张网络，并且想要让网络按照我们的想法去工作，也就是想让网络体现我们的主观意愿，可以吗？可以！前面介绍过，我们配置业务和保护、设置路由策略、屏蔽告警，这些都是我们的想法。

可是，在想要做这些事之前，我们首先就要充分地了解网络的很多相关知识，还要清楚我们用的设备支持哪些协议，学习这些协议的工作方式和原理，如图 6-1 所示。也就是说，我们想要控制网络，首先要了解网络和设备的"脾气秉性"，站在设备的角度去思考问题，发出设备能够听懂的指令，才能和这些冷冰冰的家伙们沟通。

　　我们想让业务走某一条路，就要学会配置静态路由，或者根据路由器的策略去设置 Cost 等，我们想让路由隔离，就要设置 Area、Lever 这些，设置的前提是我们要懂这些技术。也就是说，我们不是用人类的语言控制网络，而是通过各种协议和设备进行沟通。

　　一项技术能用与否是低层次的需求，而用起来是不是得心应手，能不能做到人性化，是全人类共同的更高追求，SDN 就是这样一个美好的愿望。

图 6-1　网络工作者现状

6.1.2　把大象关进冰箱分几步

　　所有系统都是软件去控制硬件，这个结构都一样。OSPF、RSVP-TE 等各种协议就是软件，我们在电脑、手机上用的各种好玩的应用也是软件，为什么同样是软件，差别这么大呢？主要区别有两点。

　　（1）前者是被写在设备里的，没有选择；后者是我们根据个人喜好安装进去的，可以自由地安装和卸载。

　　（2）前者是技术层次很高的软件，后者是通俗易懂的软件。这就像你和西班牙人打交道，你是想学西班牙语呢，还是想请一个翻译？相信很少有人会选择前者，因为没有必要。同理，应用软件就可以充当人和设备之间的翻译官，让人自由地控制网络。

　　如果我们想把网络设备改造的和各种"傻瓜"系统一样，摆脱协议带来的困扰，要分几步呢？

　　第一，网络要提供可编程的接口。

　　抛去工作量不说，我们能不能在设备里也装一些我们想要的软件呢？目前还不行，设备不提供可编程的接口。

　　电脑里装软件，每个软件都得和电脑操作系统连通吧，你要使用网络资源、系统资源，都得操作系统去给你分配。也就是说，操作系统是开放的，提供各种应用程序的接口，没有接口你的软件就只能自己跟自己较劲。家里的电饭锅、电冰箱都是不可编程的，我们只有用的权利，软件合理不合理，我们没有话语权。

第二，控制转发相分离。

控制转发分离，这是 SDN 的关键词。我们来打个比方，还是说快递。

小明毕业后想去做"快递小哥"，面试进了 A 公司，负责人给他一本厚厚的《A 公司快递指南》，说你要把这本书背下来才能知道怎样投递，才是一个合格的快递员。小明于是苦背几个月之后，终于光荣上岗了，他才知道，每一个包裹如何送达、优先级顺序、投递时限都需要自己去处理，这本书很有用。

转眼间，小明工作了一年多，想跳槽到 B 公司，结果 B 公司负责人又给他一本《B 公司快递指南》，小明想想当年背书的日子当场就崩溃了。

小明又来到 C 公司面试，负责人说你会骑电动车吗？没问题就来上班吧。

这一来，反而把小明搞晕了，胆战心惊地入了职，工作了一段时间，他担心的那本《C 公司快递指南》始终都没有来，原来，C 公司有专门的分发包裹的指挥员，每天要送哪些包裹、先送哪个小区都由他来给大家分配，快递员只负责送，也就不需要什么指南了，指挥员代替了指南的职能。

小明终于找到了组织，每天只要骑车送件就好，这种简单的快乐才是他理想的快递小哥的生活。

A 公司快递员的工作方式，虽然看起来有些不可思议，但却是传送网现有设备的真实写照。在 A 公司小明不仅负责送件（转发），还要决策如何送件（控制），这就是控制转发未分离。A 公司、B 公司对快递员的要求都很高，所以快递员从 A 公司跳槽到 B 公司并非易事。

而 C 公司的运作模式就如同 SDN，"送快递"和"如何送"分别由不同的人来负责，快递员同质化，只要会送快递就好。如果送快递的策略需要调整，只需要给指挥员进行培训就可以了，快递员感受不到，还是你让往哪送就往哪送，照做就行，这样一个在物流界很简单的道理，却是传送网所憧憬的美好明天。

如果我们现在电脑上要装一个 QQ，只需要到官网下载然后安装就可以了，还可以自动连接服务器进行软件升级。试想，如果需要腾讯的工作人员背着包挨家挨户地安装 QQ，那猴年马月才是尽头？

当我们对网络有了新的想法，想要在这些设备上实践一下的时候，怎么办呢？每台设备都要写一遍新的程序，网络有 1 000 台设备，我们就得背着电脑一台一台地改，需要写 1 000 次，或者全部都发给厂商重新"回炉"？

我们现在用的分组网设备的功能是固化在硬件之中的，硬件加上软件等于一台设备，两者是捆绑的，硬件相同而协议不同，那就是不同的设备。一个厂商的某一个硬件设备可能同时以 PTN、IPRAN、路由器等多个身份存在，区别就在于里面的协议。

每当网络碰到新的需求和问题，比如路由器用于传送网就是一个很大的需求，协议就需要补充、扩展、演进，厂商要重新将这些协议写到设备里，这些协议和软件的复杂度越来越高，更新软件之后还要测试、试运行，这都需要很长的时间。

所以，就算这个方法理论上可操作，实际上执行起来也是困难重重。让软件和硬件分离开来，对于网络设备来说，就是转发和控制相分离。控制部分都集中到一起，我们只要对这个控制器做一些改动，就可以实现我们想要的功能。设备成千上万，而控制器只有一个或者几个，这工作量的区别非常大，如图 6-2 所示。

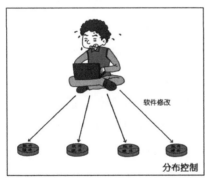

图 6-2　分布控制和集中控制

总结：可编程接口（北向接口），控制转发相分离。

提供一个可编程的接口，应用程序只要遵循这个接口标准，就可以对网络进行控制。然后将控制和转发相分离，软件集中到一起，这样就具备软件编程的可操作性。

说到这里，SDN 的基本理念就出来了。

6.1.3　什么是 SDN

SDN 翻译过来就是软件定义网络。为什么叫软件定义网络呢？我们先来回顾一下手机的发展。

回想一下非智能手机年代，每个厂商都在宣传自己的手机支持的功能，从绿屏到白屏、蓝屏、彩屏，铃声从 4 和弦到 128 和弦，从俄罗斯方块、填数字到极速飞车、大富翁等各种炫酷的游戏。手机支持什么功能厂商说了算，你想要增加功能？没有！你不喜欢的游戏想删除？不行！

那时候，我们会因为喜欢某一款手机的铃声、游戏、某个软件而去选择一款手机，很可能因为某个手机内置了 QQ，成为用户购买它的最大理由。这些选购手机的"奇葩"理由在当时也是一种无奈。

如果没经历过非智能手机那个时代会很难理解，Why？手机的功能和手机本身有什么关系？手机就是个硬件和操作系统，各种功能应用都是通过软件去实现的。

那个年代，是谁定义了手机？答案是手机厂商。

现在的智能手机呢？我们可以根据自己的喜好去安装软件，同样一部手机，我可以把它当成炒股神器、游戏机、美颜相机等，换句话说，我们安装的软件决定了这个手机的功能。

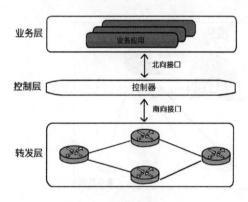

图 6-3　SDN 网络架构

软件定义了手机，软件定义网络也是这个意思。

软件定义网络（SDN，Software Defined Network），是一种新型的网络架构，通过将网络设备控制面与数据面分离开来，从而实现网络流量的灵活控制，为核心网络及应用的创新提供良好的平台，如图 6-3 所示。

SDN 是一种理念，而不是一项具体的技术，广义的 SDN 指控制转发分离和网络可编程，满足这两点就可以叫作 SDN。

控制和转发分离，可以使网络不受硬件设备的限制，可以灵活地增加、更改网络的功能。就是说，硬件设备只完成转发，其余什么都不管，复杂的路由策略、业务配置、性能监测管理等所有功能都在控制器上实现。

控制器（Controller）是 SDN 的关键部分，通过南向接口管理网络设备，通过北向接口支持业务层的各种应用程序，也就是网络可编程。

如果说设备是员工，控制器就是领导，而软件就是领导管理员工的各种工具。SDN 首先是让转发层的设备什么决策都不需要做，只负责转发，然后利用各种应用软件通过控制器去控制网络设备。这看似简单的框架和理念实际上是一场翻天覆地的变革。

我们什么时候想过还能对网络的工作方式加点自己的想法，什么时候想过还能对设备的协议"动点手脚"？一直以来我们都是被动学习的角色。而现在，SDN 就是要将这些变成现实。如果要改动网络的协议，在控制器上加载应用程序就可以实现，用户开发一个协议，可以在控制器加载并进行测试，有什么问题可以再改进。这样，网络才能成为真正属于用户自己的网络。

6.1.4 从分组网到 SDN

下面对 SDN 的理念和分组传送网做一下对比。

我们说过，PTN 是通过网管实现控制平面的，也就是实现了控制和转发的分离，设备上没有复杂的协议，全部都由网管来实现，按这样说，PTN 已经在向 SDN 演进的路上先迈出了一步。我们要说的是，分离不是最终目的，最终目的还是可编程，而 PTN 是不可编程的，PTN 只是通过网管实现了和 IPRAN 基本相同的工作过程，两者实现方式不同。

不过确实 PTN 在实现 SDN 上的改动要小一些，通过引入控制器，同时实现控制器和设备之间的标准化南向接口，开放北向接口，就算大功告成了。当然，这只是说得简单。

而 IPRAN 要实现 SDN，首先就要将那些复杂的协议全部转移到控制器上去，什么 OSPF、IS–IS、MP–BGP、RSVP–TE 等，不是说在 SDN 上不能用，原理还是一样，只是交互的方式有了很大变化，就像 PTN 那样，设备上报资源，控制器去计算、选择路由，做出决策下发给设备。

之后也需要一样，开放控制器南北向接口，迎接新时代的到来。

 ## 6.2 SDN 的发展

6.2.1 SDN 标准化组织

SDN 起源于 2006 年美国斯坦福大学实验室的一个 Ethane 研究项目。Casado M 和他的导师 McKeown N 受此项目的启发，发现如果将网络设备的转发和控制功能分离，通过集中式控制器以标准化接口对设备进行控制，会使网络更加易于使用和管理，并基于此提出了标准化南向接口 OpenFlow 和 SDN 的概念。

SDN 开始真正被业界所了解，还要从 2011 年开放网络基金会（ONF）的成立开始。2011 年，德国电信、雅虎、谷歌等几家公司联合发起成立了 ONF 组织，致力于推广 SDN，同时开始了 Open Flow 标准化工作。随后，越来越多的公司加入 ONF，ONF 以及 SDN 的影响力迅速扩大，现如今 SDN 已成为全球网络领域最热门的研究方向。

ONF 是最早推动 SDN 发展的组织，也是推动 SDN 发展的主要力量之一。ONF 于 2013 年 10 月成立 SDN 北向接口工作小组，目的通过接口标准化加速 SDN 广泛商用。

ONF 的成员由用户和运营商组成，这和我们熟知的 IETF 等以厂商为代表的组织有很大不同，这样的组织制定的标准代表着用户的声音，Open Flow 标准致力于接口的标准化，显然这样的做法是用户为了摆脱厂商锁定的困扰。

什么是厂商锁定？就是你买了我的产品，相关的其他产品、周边附件都要采购我的，比如我们买一台饮水机，水桶和饮水机之间的接口是非标准的，你买其他厂商的水就装不上去，所以得一直从我这里买水；换个饮水机也能解决这个问题，可是饮水机也是花钱买的，我们一般舍不得扔掉，这就是被锁定了。前面说的是假设，而实际上我们的水桶都是标准的尺寸，也就是接口标准化，这样就避免了厂商锁定。

任何一项技术的产生和更替都会伴随无限的商机，也都会伴随一场表面平静而背后惊心动魄的战争。对于 SDN 的推进，不同的利益集团都有自己的考虑，它们绝不可能坐等 ONF 驾驶 SDN 这艘巨轮偏离它们的航线。大家都希望朝有利于自己的方向引导技术标准制订。2013 年，多家 IT 设备厂商发起成立了 ODL（OpenDayLight）组织。

接口开放是 SDN 的基本思想，大家都支持，而接口是否标准化，是这场战争的主要焦点。接口开放就是控制器和设备、应用软件可以对接，但是可以在接口中做一些私有化的功能；而如果 SDN 的南向接口标准化，这意味着只要支持标准接口，无论什么牌子的设备都可以和控制器互通，不同设备之间的区别也仅仅在于硬件参数不同，这会给行业的格局带来很大的变化，设备厂商当然希望在开放接口的同时，能够保留自己的一部分权力。

6.2.2 Open Flow

Open Flow 硬件交换机包括两部分，接口和流表，如图 6-4 所示。接口包括硬件接口和南向的逻辑接口。

流表（Flow Table）就像我们前面介绍过的 IP 路由表、VRF 等各种转发表一样。一个交换机可以有多种流表，每个流表里有很多条流表项，区别是流表不指定转发的依据，比如 IP 路由表就是看目的 IP 去转发，流表可以是任何的匹配字段。

每条流表项由 6 个部分组成：Match Field（匹配字段）、Priority（优先级）、Counter（计数器）、Instruction（指令）、Time out（超时时间）、Cookie（附属属性），如图 6-5 所示。

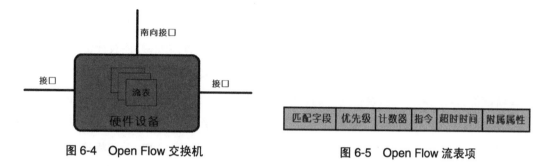

图 6-4　Open Flow 交换机　　　　　　图 6-5　Open Flow 流表项

（1）匹配字段：交换机查表转发的依据，比如源 MAC 地址、目的 IP 地址、VLAN 等。每个流表项的匹配字段可以是不同的。

（2）优先级：每个报文在流表中匹配查找，都是从上到下的顺序，而优先级高的流表项会被放在上面，可以被优先查找到。

（3）计数器：用来监控网络负载的工具，表示这一条流表项对应收到了多少个数据包、多少字节等统计数据。

（4）指令：就是对数据包执行的动作，可以是查找下一级流表、转发、丢弃、计数、修改数据包信息等。

（5）超时时间：每一条流表有一个有效期，到期了就将该流表删除，或者多长时间内没有数据包匹配就删除这条流表。

（6）附属属性：控制器向设备传递与流表相关的动作，比如修改、删除流表项。

SDN 交换机的转发过程和我们介绍过的其他设备的转发原理一样，即查表转发，所有的转发策略、路由规划都在流表中体现，而流表是控制器下发给设备的。

如果控制器下发的流表是按照目的 IP 匹配，设备就相当于路由器；如果流表是按照 MAC 地址匹配，设备就相当于交换机；流表按照标签匹配，设备就相当于 MPLS 路由器。这样一来，设备真是轻松了许多，控制器给设备下发什么流表，让设备去查什么流表，设备一一照做就是。

6.2.3　NFV

NFV（Network Function Virtualization）也是当下的热点技术之一。

2012 年 10 月在 ETSI 由 13 个运营商成立了一个组织 NFV–ISG，致力于推动"网络功能虚拟化"，NFV 的概念是在一次 SDN 研讨会上被首次提出的。

NFV 是一个由运营商成立的组织，NFV 的成立也是为了解决运营商很头疼的一个问题，就是网络的设备种类太多，网络设备有交换机、路由器、PTN 等，中心局还有计费管理、信令、网关等各种支撑设备，这些设备都是私有的硬件和平台，每次网络要增加新的功能，都会有一些新设备加入进来，这些设备的采购、维护、管理，对于运营商来说都是不小的成本。

其实概括一下，这些设备做的事情无外乎转发、存储、处理，只是实现的具体方式不同，尽管对信息的处理过程非常复杂，但那都是软件层面的事，NFV 希望将这些功能虚拟到符合行业标准的服务器、交换机、存储设备当中去，这样，网络中就只有这三种硬件设备，所有的功能都依靠安装软件去实现。

这就像一个家庭，孩子需要一个学习机，妈妈需要一个阅读器，爸爸需要一个游戏机，三个功能可以整合在一起，买一个 PAD 就 OK，那么，PAD 就是标准化的硬件，很显然如果 NFV 能够实现，运营商的建设成本和运营成本都会有效地降低。

NFV 和 SDN 有着一定的联系，但也有一些区别。

两者都需要专用硬件的开放化，都是从封闭走向开放的基本理念，但两者的出发点和侧重点不同，SDN 重点是网络的集中控制、可编程，而 NFV 更关注的是网络设备种类的简化。

NFV 可以用集中的控制器去控制所有设备，也就是可以通过 SDN 去实现，当然也可以将软件安装在硬件设备之中，只要是标准的硬件就能达到 NFV 的目的。

如果 NFV 可以大规模商用，未来运营商就可以通过一个统一的硬件设备网络，实现多媒体会议、IPTV、流量经营、大数据业务等不同的业务平台。

6.3　SDN 可能会带来什么

SDN 会给我们带来什么，笔者首先想到的就是不用再去学习大量的技术知识，那些协议都变成一个个的软件装在控制器里，复杂的协议配置也都会变成软件应用级别的技能。

当然 SDN 带来的远不止这些，我们来分析一下在 SDN 技术背景下，可能会给行业、网络带来的不一样的东西。

6.3.1　设备简单化、同质化

当运营商、大型企业都在憧憬 SDN 解决网络现有弊端的时候，设备商则意识到危机的到来。

记得 2006 年，一夜之间冒出无数个山寨手机制造商，或许这一幕也会出现在网络设备上，产品复杂度降低和硬件标准化会降低设备制造商的门槛，会引起激烈的市场竞争，市场上会出现大量新的面孔，很多公司想在这个大蛋糕里分一杯羹，或许将来会出现小米、海尔的网络设备，就像那句经典的台词"耐克还会出相机啊"。

设备的技术含量降低，还会带来的结果就是设备的同质化、价格的透明化，设备采购人员会像我们买无线路由器一样，哪个便宜买哪个。

什么是价格透明化？我们去饭店点一盘土豆丝 10 元钱，我们就想，买一个土豆多少钱，油盐酱醋多少钱，一算成本就出来了。

很多商品价格是不透明的，原因就是披上了"高大上"的外衣，就像智能变频空调、智能冰箱，宣称卖的是技术专利、设计理念，卖的是健康、生活态度……PTN 和 IPRAN 也是"智能"的，"智能"说白了就是软件，硬件成本可以考证，但软件"无价"，不能按元器件来算价格。

SDN 时代，网络设备都是做最底层的转发，实现的功能都一模一样，设备都同质化，这样竞争就激烈了，价格就降下来了。

以用户和运营商为代表的 ONF 当然希望设备同质化，可以不受厂商的限制，可设备厂商不乐意，最后结果如何谁也说不好，但至少来说，厂商份额的变化或者重新洗牌是在所难免的。

6.3.2　关于理想的课堂作文

目前在网设备的软件都是厂商编写的，难以贴心地反映用户的实际需求，用户只能选择"用"或"不用"，像运营商这样的大客户还能有一些话语权，但是厂商响应周期会很长。

用户想自己开发一些程序，比如开发一个新的路由协议，你的点子再好，协议再完美，都需要厂商往设备里写，如果你的协议没有标准化就没有人支持，也没有开放的接口给你写入，就算你是个数据网络方面的天才，也无用武之地。

有了开放的可编程接口之后，用户可以自己编写应用程序，也可能会有专门开发软件的公司，写了软件之后卖给用户。不管怎样，和现在比用户有了更多选择，至于可以通过软件实现什么功能，这是一个完全开放的话题，只有想不到，没有做不到。

比如，通过开发业务配置、网络性能监测的 App，工作人员原本需要在网管上操作的事，现在就可以在家里用手机完成。我们可以做这样一个软件，把要开通的业务，按照标准的格式做一个表格，然后导入软件，软件就自动为我们配置业务，或者软件中就有每个基站的信息，直接点一下修改带宽就搞定了，大大节省了工作量。

我们还可以开发流量自动调整软件，比如一个隧道自动地去调整承诺带宽，虽然承诺了 100 M，可是有时你就用了 1 M，那留 2 M 就够了，等流量上来我就会监控到，再给你调上去，这些都是以前的网络无法想象的。

再比如，原本 MPLS 就是根据 EXP 去实现 QoS，我想让设备根据 DSCP 或者源地址、目的地址去区分优先级，或者像在电脑上设置网站的安全级别那样，选中一条业务设置优先，而不用再去研究各种优先级的字节。

当然，也可以有服务于大众的软件，我们作为运营商的客户，可以通过手机客户端去订制、修改、撤销业务，就像在手机上用 12306 软件买火车票一样方便。

说得好像都很容易，这些具体都怎么实现？这是技术学习多年来形成惯性的思维，这些不用我们操心，软件编程的团队和高手会帮我们实现。

至于应用程序还可以实现什么功能，我们可以尽情地发挥聪明才智，开启头脑风暴模式。有句话说得好，只要你知道要去哪，全世界都会为你让路。这些以前想都不敢想的事，也许在不久的将来就可以成为现实。

当然这些也只是往好的方面去尽情畅想，毕竟目前来说，有太多的不可确定的因素都在影响着技术演进的方向。SDN，是开拓者的美好蓝图，也是固守者的梦魇。SDN，到底是一场翻天覆地的变革，还是换汤不换药，时间会给我们答案，我们拭目以待。

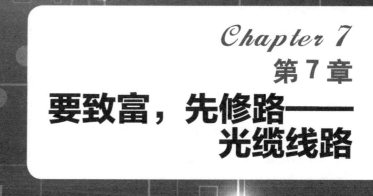

Chapter 7
第 7 章

要致富，先修路——
光缆线路

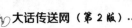

简单点说，传送网就是点和线的组合，其中"点"是节点设备，好比大小不一的城市，"线"是连接节点设备的光缆线路，好比公路，承担起了城市之间的运输任务。而公路根据所连接城市的规模以及交通需求，也分出了"三六九等"：县道、省道、国道或者是高速公路。

打开一张城市的光缆路由图，那是相当的宏伟壮观、震撼人心，如果问我如此庞大的光缆网是怎么建成的，这千丝万缕、盘根错节如蜘蛛网般的光缆网恐怕不是三言两语、一时半会能够说清楚的，里面的每一根"细丝"，都是通信人智慧与汗水的结晶。

俗话说，要致富，先修路，本章我们就来谈谈如何规划、设计一条适合信息传送需求的"公路"！

传输新兵小赵接到了一个光缆线路的活：某工程要从 A 站到 B 站放一条光缆（主要解决 A 点的光缆接入问题），需要小赵拿出具体方案。师傅对他说："具体方案其实就是可行性研究报告，根据查勘情况进行路由规划，然后画出路由图，统计出总公里数，估算出总钱数，技术合理，经济合理，OK 了！你可以找个其他线路工程的可行性研究报告借鉴一下，很简单的，有问题随时问我，我看好你呦！"

小赵知道，如果天真地找个模板套个格式，闹笑话都是小事，就怕甲方让自己吃不了兜着走：比如技术方案落后，或路由无法施工……想想都觉得后背发凉。为了避免今后的尴尬与煎熬，他暗下决心一定要早做准备、考虑周全。

7.1 敢问路在何方——光缆路由选择

小赵想，首先要解决路由长度的问题。很显然，路由长度直接关系到总造价，而路由长度与路由选择又有很大的关系。那么怎么选择光缆路由呢？

小赵打开百度地图，从 A 点到 B 点恰好有条几乎笔直的主干道，他简单地测算了一下距离，全程大概 9.6 公里，加上一些富余量，10 公里足够了吧？至于其他两条路由，都是舍近求远，没有细究的必要！

真的这么简单吗？是不是有点草率？

小赵带着疑问来找师傅，一见面就提出了自己的想法：从 A 到 B 有三条路由可以走，路由 1 是主干道，路况好、距离近，我认为应该选路由 1 吧，理由很充分——省钱呗。

师傅说，这样，你下午去现场，沿着这条路由实地走一趟，亲身体验一下你说的好路况。

于是小赵开始了他人生的第一次"方案查勘"！

7.1.1　前方道路拥堵

小赵按照地图上的主干道，推着测距轮边走边测边观察：路的右侧，在非机动车道上遍布了移动和联通的井盖；路中央的绿化带上则竖立着一块块醒目的标志牌"国防光缆，严禁破坏"；而路的左侧，在非机动车道上密密麻麻地布满了污水井盖和雨水井盖，如图 7-1 所示。结论是：路是一条正经路，可路下面的情况太复杂了！又是各个运营商的通信管道，又是军用通信管道，又是雨水、污水管道！地下已无空间可用，真是不查不知道，一查吓一跳！

图 7-1　光缆线路方案查勘

在这条小赵起初最看好的路由上，只剩下繁忙的机动车道上没有其他管线了……此时，测距轮上不断增加的已不是距离值，而是在这条路由上敷设光缆的难度系数，难道要让施工人员、维护人员冒着生命危险，在茫茫车流中施工、维护？此时，小赵的信心已被测距轮碾压得粉碎……

7.1.2　此路未必是坦途

路况好的路由 1 早已被捷足先登，遍地都是井盖，有圆的，有方的，方井盖还有一块的和两块的！不行咱就退而求其次，路由 2 从地图上乍一看，确实要绕远一点，而且有一条不大不小的河流横在中间。

第二天，小赵推着测距轮来到这条路由，路面虽然坑坑洼洼，但是路两侧比较宽阔，而且不见电线杆，不见井盖，小赵心里暗暗得意：踏破铁鞋无觅处，得来全不费工夫啊！于是小赵推着测距轮，边测距离边绘制草图，按照师傅教的制图要素，把地物、地貌、标志物和距离等标识得一清二楚。

经过一上午的风吹日晒，小赵终于将这条长 19.8 公里的路由跑了一遍，草图也能够详尽地反映出路由上的重要信息。更让小赵振奋的是：一座水泥桥正好解决了光缆过河的难题，小赵甚至连桥梁架挂光缆的位置都选好了。带着草图，小赵顾不上吃午饭，兴奋地去向师傅汇报，不料师傅却来了一句："不对劲啊，为什么没有其他运营商在这条路由上敷设光缆呢，没道理啊！"

果然不出师傅所料，经过向路政部门了解，原来这条路已有拓宽规划，再过俩月就要开工了。原来查勘不是呆头呆脑地瞎跑，如果把调研工作做足了，可能会事半功倍，这是"多么痛的领悟"！不要紧，通信人就是这样磨砺出来的！

7.1.3　敢问路在何方

马斯洛的需求层次理论认为：人类的需求是有层次的，生理的需求层次低，但是必须满足之后才能出现高层次的需求。这个理论套用到我们的工程上，也有三个层次的需求，那就是：可行性、可靠性和经济性。

可行性是最低的需求，首先就是这件事情要能够做下去，你在淘宝上买一件很便宜但是无货的商品，这时价格的高低就失去了意义。我们在选择光缆路由时，就要考虑规划的问题、红线的问题，到底哪里可以建、哪里不可以建，找到能建的路由才开始下一步——方案查勘。

其次是可靠性，你不会花钱买一款随时爆炸的手机，对吧？同样的道理，运营商工程部不会花几十万建设一条短期内就要重建或迁建的光缆路由吧？运维部不希望建设一条三天两头需要抢修的光缆线路吧？花错钱是要追究责任的！工程质量有问题也是要追究责任的！市场部门也不想天天收到投诉，甚至用户转网流失！"可靠性差"这板子终究会打到设计单位的屁股上！

最后才是经济性，满足了前两点之后，我们才会去琢磨花钱的多少。首先，运营商"不差钱"，但是"不差钱"不等同于可以任性地乱花钱，它们每花一分钱都有严格的审批制度和流程，从可研估算到初步设计概算、技术设计修正概算，再到施工图设计预算，最后到工程验收阶段结算、决算，这是一个不断细化、不断接近工程实际花费的过程。所以在可研阶段的多方案比较中，可行性、可靠性和经济性的分析，一个都不能少！

光缆线路路由的选择就应该像小赵一样，多整几套预案出来！拿出的预案多一点，选择的余地就大一些，考虑的问题就全一些。通过多套方案的综合比较与考虑，确保好办事（施工和维护均方便、安全）、办好事（光缆线路可靠、好用且耐用）以及少花钱。

师傅建议小赵"再"翻翻书本！"书要再读，反复读"，小赵再看书时，那冷冰冰的白纸黑字终于和路由查勘经历擦出了火花，书上果然条条干货，字字珠玑！于是小赵边看边备注，满满都是心得体会啊！

有些地方，比如容易发生塌方、泥石流等地质灾害，路由选择的时候一定要避开这些地方，它"闹情绪"的时候就是我们闹心的时候。

有些场所，比如干线铁路、机场、车站、码头以及一些重要军事设施，能避就避，不能避就绕，不要问为什么。

有些区域，比如水库、工业基地、矿区等，如果动土敷设光缆那就是"互相伤害"，但非要路过的话只能给点建设性意见：光缆最好建在水库的上游，下游主要是留给水库泄洪的；工业基地、矿区等要考虑到大型车辆出没、地层下沉等因素，所以一定要把光缆线路保护好。

设计人员应该为施工维护人员设身处地地考虑一下，如果咱机械化施工队伍能开到施工现场，咱能坐着车、兜着风去巡线，那是多么惬意的工作体验啊！所以，规划路由应尽可能地靠近公路，而且地势越平越好。否则，工程协调会上一定会有人跳出来约你一起去跑路由的。

光缆要过江过河，优先考虑借桥梁的光，管它是公路桥、铁路桥还是江河桥，联系了产权单位或者养护单位后，该穿孔穿孔、该架挂架挂。但如果利用桥梁让整个路由绕远很多的时候，我们就要掰掰指头算算账了，明显不合算的话再考虑其他敷设方式，比如采用架空或者水底光缆。说到算经济账，那么有些地方，比如果园、茶园、苗圃或经济林场，强烈建议绕行！

地下还有一个世界——各种管道的世界。大家还记得电影《偷天换日》里边满载着黄金的三辆 MINI Cooper 飞驰在洛杉矶的地下管道里的场景吧，地下除了雨水、污水管道，还有电力的、燃气的、通信的、自来水的管道，甚至还有地铁，想绕开这些地下管道基本上是"不可能完成的任务"。光缆线路和其他管线要交越时，肯定会给施工、维护添堵，而且其他管线在养护、改建时也可能"误伤"光缆线路。所以，当其他管线不深时，光缆线路可以从其他管线的脚下通过；而当其他管线较深（大于 2 米）时，光缆可以从其他管线

图7-2 敢问路在何方

的头顶通过；同时，光缆线路都得套上钢管，做好防护。

大家听说过"老鼠的儿子会打洞"，未必听说过它把光缆当"磨牙棒"吧？大家听说过白蚁危害树木，未必听说过白蚁分泌的蚁酸会腐蚀光缆吧？所以光缆线路应该尽量躲开老鼠和白蚁，躲不开就做好防护措施；除了防鼠防白蚁，光缆线路还要防雷、防洪、防化学腐蚀，甚至还要防盗，"光缆无铜，偷盗有罪"的奇葩宣传标语估计也是无奈之举吧！

各位看客是不是已经像图7-2中的小赵到了崩溃的边缘：左不能走，右不能挖，前面得躲，后面得避，敢问路在何方？

话又说回来，一条光缆路由哪会遇到这么多状况呢。

啰嗦了一大堆，该总结一下了：选光缆路由的时候，既不能关起门来"拍脑袋"，也不能被各种艰难险阻吓住，一定要有逢山开路，遇水架桥的气魄，经过调查研究、现场查勘和方案比较，不愁找不出一条合适的光缆路由来。

7.1.4 走别人的路，让自己去说吧

路由3是小赵起初最不看好的！路况一般，而且到了河边并无桥梁直接过河，而是沿着河边一直绕行到路由2上的那座桥才能过河。

小赵吃一堑，长一智：调查研究和现场查勘同等重要！外出查勘前一定要做好做足调研工作，调研对象首推建设方（甲方，也就是运营商），建设方的工程部经理可以说是整个项目的"百度大叔"，只有你想不到的，没有你问不到的！

万一有点偏门或者新状况，那只好自个去传说中的"相关部门"跑一趟了，比如：

向城市规划部门了解"道路红线图"；

向路政部门了解道路建设规划；

向桥梁设计单位了解桥体结构及材质；

……

第三天，小赵又出发了。这条路上，在未进城之前，在路边靠近田地的一侧有某通公

司的杆路，进城之后立马变成了管道，百十米左右就能看到一个井盖……此情此景，小赵的心里踏实多了，毕竟现场查勘的情况和自己之前调研的情况是吻合的，某通公司能立杆的地方，我们当然也能立杆了，就像麦当劳和肯德基一样，在选址问题上总是形影不离，或者说是针锋相对的。小赵仔细测量过了，在某通公司光缆路由的安全距离外（大于 1 个倒杆距离）还是有地方可以敷设光缆的。

　　小赵终于把路由选择方案理顺了，如路由查勘草图 7-3 所示：路由 1 是无处可建，彻底没有念想了；路由 2 是道路拓宽，如果 AB 间的光缆建设能拖个一年半载，和道路扩宽一并考虑……那只不过是个美好的奢望罢了；路由 3，就这么定了！

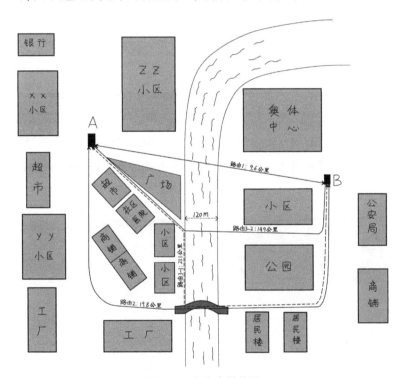

图 7-3　路由查勘草图

　　小赵对路由有了自己大致的盘算，唯一拿捏不准的便是要不要通过现有桥梁将光缆架挂过江？他有两个方案：第一种是绕远利用桥梁，距离较长，将近 21.1 公里；第二种是直接过河，距离较近，全程 14.9 公里，但不利用桥梁，又如何将光缆跨过这将近 120 米宽的河流？

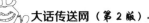

 ## 7.2 逢山开路，遇水架桥——敷设方式选择

路由定了，相当于明确在哪敷设光缆了，但这才是万里长征第一步，下面该解决如何敷设光缆的问题了。小赵再次迷茫了：为什么选项越多，反而选择越难？不用怕，师傅说过了：不怕有问题，就怕没问题！咱新兵蛋子也有两把管用的刷子：问师傅、看教材！师傅一般都是高屋建瓴的经验之谈，教材则是面面俱到的来龙去脉。师傅谈完经验开始"嗯嗯哈哈"了，就是我们自己做功课的时候了！

7.2.1 我们不一样

常见的光缆敷设方式有上天的架空、入地的埋式、下海的水底光缆（如图 7-4 所示），埋式又包括两种：直接把光缆埋入光缆沟的直埋方式和层层保护后埋入光缆沟的管道方式，这些地球人都知道！但还有些小众点的敷设方式不一定人尽皆知，比如气吹微缆、路面微槽或下水管道等特殊光缆敷设方式。每种光缆敷设方式都有不同的特点，适用于不同的应用场合！

图 7-4　常见光缆敷设方式

1."大长腿"的架空光缆

架空是把光缆架挂在电杆之间的一种光缆敷设方式，电杆就是架空光缆的一双大长腿。有的光缆（如自承式光缆）可以直接架挂在电杆之间，但大部分光缆是架挂在电杆之间的钢绞线（吊线）上的——先按照设计的间隔距离在规划路由上把电杆立起来，然后在电杆之间挂上钢绞线，最后在钢绞线下面用挂钩托挂好光缆，如图 7-5 所示。因为简单，所以架空光缆又快又省钱。

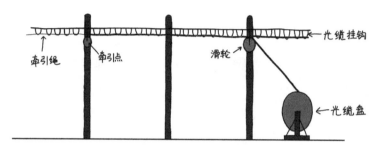

图 7-5　架空光缆敷设

通信人对架空光缆的感情是复杂的，可以说是爱恨交织：爱的是它简快好省，恨的是它弱不禁风。

架空方式便宜，所以在小城镇的本地网、市区到乡镇或乡镇之间等业务不多、发展较慢、距离较远的地区，可以用架空敷设方式过渡。

架空光缆从来都是高来高去，根本不把地面上的一些状况放在眼里，如深沟、峡谷、江河等，在这些地方其他光缆敷设方式施工难度又大又危险。成熟的无人机技术给架空光缆敷设插上了翅膀，无人机先把重量轻、强度高的牵引绳送到对面，再用牵引绳牵引、架挂光缆，类似不能埋设光缆的地方都可以任性地跨过去。

架空方式的光缆和电杆直接暴露在外，大自然虐它没商量！

如果气温达到 -30℃或再往下，低温会增大光缆损耗；昼夜温差太大会导致非常明显的热胀冷缩，容易损坏光缆接头；冻土在暖和的时候融化了，寒冷的时候又会冻住了，膨胀的冻土有时会"拖出"电杆，架空光缆这个时候就站不稳当了。所以，我国的青藏高原、东三省高寒地区不建议采用架空光缆，最好采用埋式光缆，光缆埋在冻土层以下，"妈妈再也不用担心我会怕冷了"！

沿海地区热带风暴多，西北地区沙尘暴多，强风能把电杆吹倒、吹断，而且倒杆会扯断光缆并砸断其他光缆。2015 年 10 月，强台风"彩虹"从雷州半岛登陆，仅广东电信一家就断杆 9 416 根，损坏光缆 536.45 皮长公里，台风横扫的不仅是架空光缆，更是传输人的腰杆！

经常出现冻雨或冰凌的地区，吊线和光缆上的冰雪冻了又融、融了又冻，反复几次就把光缆和吊线一起冻成了一根"大冰棍"，最后就等着"嘎嘣"那一声脆响了。2008 年 1 月，南方冻雨灾害导致 2 932 公里的架空线路损坏，冰雪压垮的不仅是架空光缆，更是传输人的脊梁！

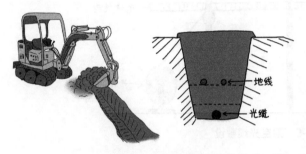

图 7-6　直埋光缆敷设

2. "微服出访"的直埋光缆

直埋就是挖好沟、放好缆、覆好土的一种光缆敷设方式，简单、便宜、接地气，如图 7-6 所示。用于直埋的光缆每盘 4 公里（一般光缆每盘 2 公里），对于较长距离的光缆线路来说，接头数量少意味着光缆线路损耗小、潜在的故障点少，对于线路维护人员来说就俩字：利好。

与小管套大管、有时还要大管套钢管的管道敷设方式相比，直埋光缆简直太接地气了。就像六下江南时微服出访的康熙一样，排场小了花费就少了，行头少了行动就快了，当然随从少了安保就差了。所以，长途光缆在郊区、野外这些人稀车少的地区，通常采用直埋敷设方式；对于不宜或不易敷设管道和架空光缆的地区，如名胜古迹风景区，也可选用直埋敷设方式。

3. 安全是层层"防"出来的

通信管道就是将光缆妥妥地安放在通信管孔里的一种敷设方法，通信管孔以前用过水泥的，但没有现在的塑料管孔轻便、光滑和防水。

光缆的核心单元光纤其实就是玻璃丝，又细又脆，不做好防护就没法实用，而重要的光缆路由，比如局间光缆、核心骨干层光缆，必须一层层保护到位。随着社会的进步，城市规划对通信线缆建设也提出了更高的要求：不要再做"空中垃圾""黑色污染"了，就不要出来影响市容了，统统下地！

管道光缆敷设方式先要挖好足够深的光缆沟，在沟里埋好粗一点的塑料管（PVC，聚氯乙烯），粗管中再穿放细一点的塑料管（PE，聚乙烯），光缆就"猫"在最里边的细PE子管中，要穿越公路、铁路的地段，粗PVC管外边还要套上镀锌钢管，堪称"防护到牙齿"！

管道大概每隔80～120米的距离，就要修筑一个人（手）井（孔），把整条管道分成好多段，人（手）井（孔）圆的叫孔，方的叫井；容下一个人的叫人井（孔），容不下一个人的叫手井（孔）；一个井盖的叫单页人井、两个井盖的叫双页人井。施工的时候，工人或牵引机从人（手）井（孔）中用牵引绳一段一段地拽放光缆，如图7-7所示。由于光缆在小塑料管中上下左右拐弯处都会有摩擦，而光缆能承受的牵引力又是有限的，所以人（手）井（孔）的间距不能过大。光缆的接头、预留的光缆一般都"妥善安置"在人（手）井（孔）中，这里就是以后光缆线路维护人员的"工作间"。

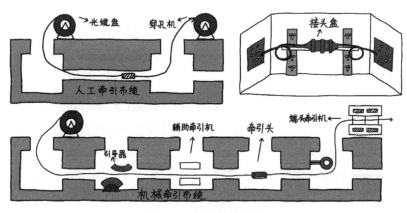

图7-7 管道光缆敷设

4. 高效真是"吹"出来的

大管套小管，一方面是为了更安全，另一方面有"空分复用"的考虑，在一根大管里可以"互不影响"地穿放多根光缆。后来为了进一步提高管孔的复用度、降低施工的难度，出现了把大管和子管合在一起的梅花管或蜂窝管，但光缆还是得分段牵引才能穿进管孔，牵引距离短、穿缆效率低不说，还容易损伤光缆。技术是第一生产力，高密度聚乙烯（HDPE）硅芯管道的出现，大大提高了管道光缆的敷设效率，这高效真是"吹"出来的！由于HDPE硅芯管孔内壁非常光滑，所以人们利用气吹机、空气压缩机等设备产生的高速高压气流"裹挟"着光缆快速通过硅芯管孔，就像树枝在小河里边顺流而下一样，如图7-8所示。一次气吹就可以敷设1 000米的光缆，比起百米左右的管道光缆穿放速度，效率高到尖叫，有没有？所以，只要具备天时（环境气候）、地利（地形地势）、人和（技术水平），长距离的光缆线路强烈推荐建议采用 HDPE 硅芯管，利用气吹法敷设光缆。

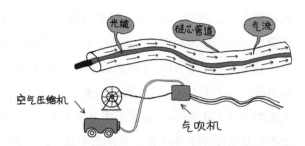

图 7-8　硅芯管道光缆气吹法敷设

5. 特殊情况，特殊处理

一般情况下，光缆线路的敷设有架空、直埋和管道三种方式就够用了，但总有些特殊情况，比如在水底、弄堂、满是井盖的街道，甚至战场，这三种光缆敷设方式还真不好使。而劳动人民的智慧是无穷的，兵来将挡、水来土掩，要特殊情况、特殊处理。

（1）水底光缆敷设

光缆要通过江河湖海，如果只能硬着头皮从水下走，那肯定是没有其他法子了。当然不能让光缆直接荡在水中，别说过往的船只，就是大鱼都会威胁到光缆安全，所以在水底挖沟把光缆埋起来还是靠谱点。

光缆怕潮，因为水汽不但会增加光缆线路的损耗，而且严重时还会导致纤芯断裂，所以陆地上光缆线施工时就强调防潮防水，何况现在是要把光缆埋在水底。为防潮防水、防锚防鱼，水底光缆本身在材质和结构上就下足了功夫，因此水底光缆价格很高。

敷设水底光缆绝对是大场面、大手笔：先得联系相关部门在施工水域封航，随后静候潜水员闪亮登场，用高压水泵在河床上冲出壕沟；如果水面再宽点、水流再急点就得动用挖泥船或海犁来挖光缆沟；把光缆放入光缆沟后原班人马再次登场，或潜水员用高压水泵冲，或动用挖泥船、海犁挖填，用泥沙将光缆埋起来，如图 7-9 所示。其实海犁、水底机器人还不算"高大上"，瞧瞧世界上最先进的海底光缆敷设船"泰科—坚定"号，它工作一天的成本大概是 10 万美元，不要吃惊，这活的技术门槛太高，不是一般施工队能干的，请合上您的嘴巴、摸摸您的腰包！

（2）路面微槽光缆敷设

城市越大，人们的居住空间越狭小，比如香港的小街巷、上海的窄弄堂，人多点都挤得慌，哪还容得下大型机械去敷设光缆呢？还有一些地方，不是说挖就能挖、说飞线就能飞线的，比如高档小区，但高档小区又岂能没有光纤到户？路面微槽光缆敷设方式非常适合这些场合，用小型切割机在路面与人行道之间开出微小的 U 形槽（避免破坏沥青路面），先在槽底垫上填充条，放进光缆，在光缆上方再加一层缓冲材料，如图7-10所示。大家是不是想到了热狗，光缆就像香肠一样夹在两块松软的面包之间。别瞅着路面微槽光缆身材娇小，人家可皮实着呢：不怕压、不怕拽、不怕潮，并不是难伺候的主!

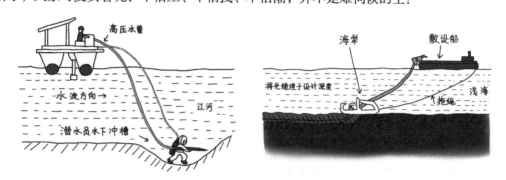

图7-9 水底光缆敷设

（3）排水管道光缆敷设

现代城市的地下管网设施密密麻麻，夸张点讲，有些地段连插针的缝隙都没有，更别说能给咱光缆留点空间，改句歌词，特别应景："密密麻麻的地下管道，找不到我的家"。

通信人就是点子多，突然有人眼睛一亮：干嘛放着现成的污水、雨水管道不用呢？排水管道光缆敷设就是把光缆吊挂、固定在污水、雨水管道上壁的一种方式，如图7-11所示。

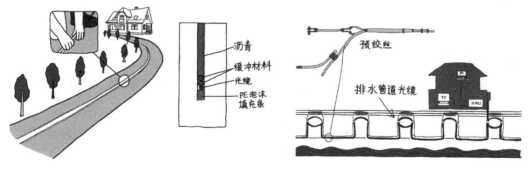

图7-10 路面微槽光缆敷设　　　　　　**图7-11 排水管道光缆敷设**

提到排水管道，肯定有人会紧捂口鼻，让我说这一点都不娇情，排水管道中别说气味难闻，甚至还有很多有毒、易燃的气体，阴暗潮湿、虫鼠猖獗那更不用说了。所以，用在排水管道里的光缆必须是"缆坚强"——防鼠、防潮、阻燃且防腐蚀，而施工人员进入管道之前必须做好管道的通风换气工作。

（4）野战光缆敷设

海湾战争中，美国和一帮"小兄弟"先用电子战弄瞎了伊军的"眼睛"、整聋了伊军的"耳朵"，然后再压住一顿胖揍，这种废人视力、听力的武功叫作"电磁压制"，只要是无

线电波，统统失灵！而光纤通信偏偏就能抗电磁干扰，所以战争没让光缆走开，野战光缆就是为适应战场、电磁干扰或屏蔽场合而生的。打仗时，通信兵不可能从容地去敷设光缆，而是简单快速地收放光缆（如图 7-12 所示），怎么快，怎么来！所以，野战光缆必须"苗条又皮实""体轻又抗造"，而且还能麻溜地一盘盘接续起来。

图 7-12　野战光缆敷设

7.2.2　沟通，让工作更顺畅

从一般到特殊、从民用到军用，小赵恶补了光缆敷设的功课。光翻书是不够的，小赵跑了现场又"走访"了相关部门，就为周五上午的工程协调会不串味成"批斗会"。

小赵现场查勘了光缆线路两岸过河位置的土质情况，还好不是滩涂或坚石，立杆的难度不大。

钢绞线、电杆的粗细与当地刮风、冰凌等气候条件关系密切，小赵到气象部门了解了本地的风力和冰凌情况。

要保证光缆不被船只刮到，小赵到航运部门了解了河流的通航情况，最大的货船究竟有多高。

俗话说"水涨船高"，光了解船的高度还不够，小赵又到水文部门了解了汛期河面的上涨情况。

……

说实在的，小赵已经想得够全、做得够细了，但去开会的路上，他仍觉得头顶上乌云密布。

工程协调会上，小赵指着幻灯片上的光缆路由图，试探性地抛了一块砖：路由 1 和路由 2 经过前期查勘都行不通，我们推荐选择路由 3 来建设光缆。

（醉翁之意不在酒，在乎知己知彼也！）

小赵话音未落，工程部经理的"玉"匣子已被打开：

首先，设计单位的工作值得肯定，进入情况很快，沿线情况也掌握得很全面，我同意路由 3 的方案；

其次，综合考虑当地的地理环境、气候条件、城市建设规划、施工技术水平、线路单位造价以及后期运行维护等因素，建议郊区采用架空敷设方式、城区采取管道敷设方式，过河采用技术成熟、成本较低的长杆档架空方式……

这只是我的一点建议，仅供参考啊！

（画外音：良好的沟通，从用心聆听开始。工程部经理果然都不是一般人——业务区的光缆路由图就刻在脑子里、网络拓扑图就埋在心底里。此时，小赵的天空已拨云见日，人立马觉得神清气爽起来……这就是师傅常常挂在嘴边的：有效沟通，高于一切！）

市场部也催了好多次了，他们和业主的合同都签了，客户盼星星、盼月亮就等着上网呢。设计单位周末赶紧出方案，周一组织评审！

（画外音：天空飘来五个字，周末要加班！小赵的心里拔凉拔凉的。难怪前辈们都说："甲方都是急先锋，乙方都是单身汪！"）

7.2.3 没有趟不过的河

光缆线路的建设方案虽然由工程部经理"钦定"了，但我们的可研报告还是得按套路来：多方案比较，然后选定一个兼顾技术可行性和经济可行性的方案。

路由 3 的两种走法，按照当地每公里架空线路 3 万元，每公里通信管道 20 万左右的造价核算，绕远 6.2 公里（一半架空，一半管道）利用桥梁的代价大约是 71.3 万元，没必要！那么光缆直接过河的话，又有三种比水底光缆"低调"的方式。

第一种叫作通信管道水平定向钻施工方法，就是用一种叫作"水平定向钻机"的机器，第一趟先沿着设计好的线路钻一个细孔，第二趟原路返回时慢慢地把孔扩大，第三趟再将管道材料拖进钻孔的一种不用开挖路面的管道施工技术，如图 7-13 所示。这种管道施工技术不用破坏路面，特别适合光缆线路要穿越高速公路、铁路的情形，工期能让施工队老板放心，防护能让运维部经理省心，唯一的缺点就是成本高了点。

第二种方法叫作顶管，就是在事先挖好的工作坑里用液压机把一段段的钢管顶过地下的施工方法（如图 7-14 所示），也是一种不开挖或者少开挖的管道施工技术。顶管和水平定向钻方法一样：破坏性小，不扰民，但是工期不短、造价不低，技术门槛也略高。在本工程中，河两岸不便于开挖工作坑。

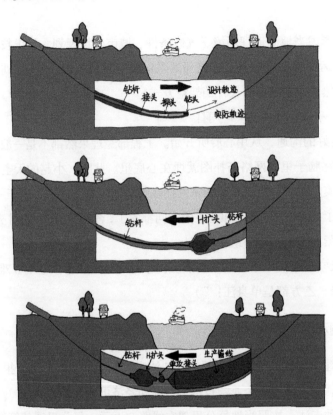

图 7-13　通信管道水平定向钻

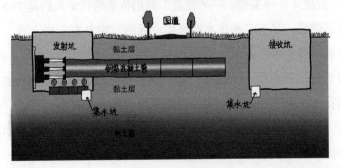

图 7-14　顶管

第三种方式就是长杆档架空方式，一般架空线路的两个电杆之间相距几十米，但为了跨越河流等障碍物时可以超过 100 米，也就是所谓的"长杆档架空"，这时候就得增加一道钢绞线（辅助吊线，辅助吊线吊挂主吊线，主吊线吊挂光缆）和架挂钢绞线的一对电杆（跨越杆），如图 7-15 所示。

（画外音：某通公司的光缆也就是这么过河的。）

在建设方案中，小赵把 4 种光缆过河方式的技术、价格做了对比，最终还是长杆档架空方式顺理成章地成为过河方案的不二选择。做设计，就跟素描一样，勾画出轮廓后就该刻画细节了。

距离越长，光缆和吊线就相应地越重，受风、冰雪等天气条件的影响就越

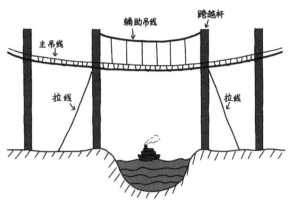

图 7-15　长杆档架空

大，越应该慎重地核算一番：根据受力情况选择合适的钢绞线和电杆。

小赵先根据钢绞线、光缆的重量以及裹冰受力、风吹受力等因素计算了吊线的受力情况（综合均布载荷，单位为 N/m），再根据吊线的受力情况、跨度以及架空光缆的垂度要求计算了钢绞线的内力（由于外因引起钢绞线内各部分之间的相互作用力），最后通过查《常用镀锌钢绞线规格表》中相应钢绞线的拉力值，选定了粗细合适的钢绞线作为吊线。

小赵再根据最高水位时航行的最高船只的高度、电杆埋深以及主吊线和辅助吊线的设置等，计算了电杆的杆高；根据风对光缆、吊线以及电杆的影响计算电杆出土位置的受力情况（负载弯矩，单位 KN·m），通过查询《常用离心环形预应力钢筋混凝土电杆规格和技术参数表》选定了长度适宜、粗细适合的电杆。

 ## 7.3　众里寻他千百度——光缆选型

照着可行性研究报告（光缆线路册）的模板修改起来也就行云流水一般顺畅，直奔"光缆选型"而来。

"本工程中，为解决 A 片区内新建的 xx 小区、yy 小区和 zz 别墅区的光缆接入问题，同

时为与 D–C–B 段光缆路由物理成环，因此新建 D–A 与 A–E–B 两段光缆……"

（画外音：漂亮！评审专家最欣赏的就是这种一举两得的建设方案！）

继续站在前人的肩膀上，套用可研模板：

"本工程需新建光缆线路 18.1 公里，其中新建 ×× 芯管道光缆 3.8 公里，新建 ×× 芯架空光缆 14.3 公里（其中包括 117 米的长杆档架空跨越河流），具体路由为 D–A–E–B，详见拟建光缆路由图 201805Y–CS（NJ）–03，如图 7-16 所示。"

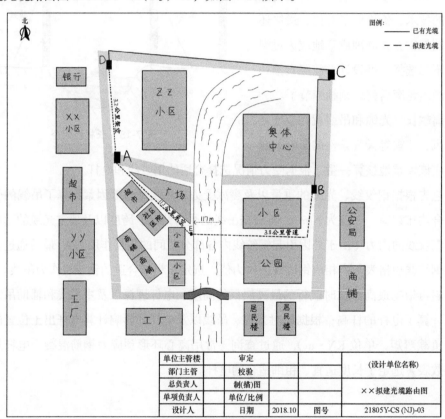

图 7-16　拟建光缆路由图

光缆建设方案基本已实现从"模板"到"文件"的华丽转身，一个个让人着急的难题全部指向了光缆选型。

做设计是急不来的，越急越容易出错，正所谓"欲速则不达"！

小赵提醒自己慢慢来，不就是根据应用的场合选择光缆的结构、根据通信系统的要求选择光纤的类型、根据通信容量的要求选择光纤的芯数、根据通信距离选择光缆的损耗档次、根据当地的气候条件选择光缆的温度特性吗？一般性原则是依据可研文件中可以有、但不可以多，可直接奉行"拿来主义"，比如下边这两段：

"光纤是构成光传输系统的主要元素，因此在光缆线路工程设计中，应根据建设的工程实际情况，兼顾系统性能要求、初期投资、施工安装、技术升级及 15 ~ 20 年的维护成本，充分考虑光纤的种类、性能参数以及适用范围，慎重选择合适的光纤。

从网络建设和发展的角度出发，根据不同的应用场合，参照光纤的适用范围选择相应的光纤和相应的光缆结构。"

至此，光缆选型我们可以分两步走：第一步选对光纤，第二步选好光缆。

7.3.1 明明白白我的"芯"——光纤类型

不同的光纤具有不同的特点，就像不同级别的公务员——国家级、省部级或地市级，各级有各级的职责。下面我们从骨干网、本地网和接入网三个层面来选光纤。

（1）骨干网

骨干网包括省和省之间的一级干线、省内的二级干线，它是整个传送网的主干公路，车流量大，出差在外的我们向家里打长途、报平安靠它。第 3 章中说过，目前骨干网主要采用密集波分复用技术，目的就是满足主干公路的高速率需求。

高速率的密集波分复用系统最怕色散，那什么是"色散"呢？我们拿钻石联赛中百米赛跑的预赛打个比方：在起跑线上，运动员各就各位，随着裁判的一声枪响，大家像离弦之箭般冲了出去，慢慢地，选手们逐渐拉开了差距：从一开始的同一起跑线，到最后的陆续冲过终点线。对于裁判而言，只有第一组全部运动员通过终点后才算这组预赛结束，下一组才可以开始比赛。密集波分复用系统中不同波长的光信号和百米赛跑的运动员一样，在传播过程中有的快，有的慢，到达终点时第一名和最后一名之间就拉开了明显的差距（脉冲时域展宽），在裁判眼里（时间轴），每组持续时间越长（色散越大），预赛的进度（传输速率）就越慢（如图 7-17 所示），这可是高水准的钻石联赛（高速率通信系统）所不能容忍的。

所以，骨干网可以选择色散特性优良的 G.655C、G.655D、G.655E 等子类光纤用于 40 ~ 160 Gbit/s 的密集波分复用系统，而 G.655D、G.655E 或 G.656 光纤的色散特性适合波道间隔更窄的密集波分复用系统。

图 7-17　色散导致的脉冲时域展宽

（2）本地网

对于本地网，推荐号称"全波光纤"的 G.652C 和 G.652D（适用于从 1 260 ~ 1 625 nm 的全部波长）。一方面 G.652C 和 G.652D 物美价廉，成本只有 G.655 光纤的一半左右；另一方面，G.652C 和 G.652D 的色散特性允许 10 Gbit/s、40 Gbit/s 的本地网系统获得更远的传输距离。

（3）接入网

由于用户对网速的需求越来越高，光缆不得不延伸到楼、到家，甚至到桌，所以目前运营商的光缆线路建设任务的"重头戏"实际上是在接入网，这就意味着接入网的光缆不但要走街串巷，还要爬墙、上楼和入户，因此接入网的光缆必须要耐弯曲，甚至能够转急弯。对于接入网，良心推荐对弯曲不敏感的 G.657 光纤。需要注意的是：G.657B 光纤和常规单模光纤不兼容，尽量不要混合使用。

D–A–E–B 段新建光缆属于本地网的建设范畴，所以其方案描述也就水到渠成。

"目前国内使用较多的 G.652 和 G.655 两种光纤在技术性能上均可适用于本地网。但本地网中继距离较短，设备速率级别不高，一般也不需要色散补偿；即使个别中继段距离较长，也不需要大规模的色散补偿，而采用 G.652 光纤的高速率系统成本仍远低于 G.655 光纤系统。

结合本期工程的实际情况，我们建议光缆全部采用 G.652 光纤。"

7.3.2　主要看气质——光缆类型

虽然腰酸背疼，但小赵还是决定趁热打铁，毕竟光缆选型就差确定光缆的容量和结构了！光缆的外表看起来都一个样，如果不是颜值担当，那主要看气质了。

1. 光缆容量的确定

要放多少芯的光缆？小赵在前期文件中"ctrl+F"了一下，发现光缆有 24 芯、48 芯的，还有 96 芯和 144 芯的，都是光缆，差别咋这么大呢？小赵习惯性地活动了下颈椎，查查书上是怎么讲的吧。

光缆使用寿命按 20 年考虑，光缆纤芯数量的确定主要考虑以下 7 个因素。

① 考虑工程中远期扩容所需要的光纤数量。

② 充分考虑数据、图像、多媒体等业务对纤芯的需求。

③ 根据网络安全可靠性要求，预留一定的冗余度，满足各种系统保护的需求。

④ 考虑与现有光缆纤芯的衔接。

⑤ 考虑光缆施工维护、故障抢修的因素。

⑥ 考虑当前光缆的市场价格水平。

⑦ 可适当考虑对外出租纤芯业务。

小赵读过一遍，感觉脑袋里空空如也，信息量太大！索性再读一遍，突然眼前一亮，"考虑与现有光缆纤芯的衔接"，D–A–E–B 段光缆是要和 D–C–B 段光缆路由物理成环的！小赵赶紧打开业务区现有光缆资源表，查到 D–C–B 段光缆属于本地网的边缘层，共 48 芯，已用 24 芯……只见小赵的双手已在键盘上上下翻飞。

"根据网络可靠性要求，本期工程中 D–A–E–B 段光缆需与原 D–C–B 段光缆物理成环，同时综合考虑网络中远期扩容需求、多种业务需求、运维需求、价格因素以及一定的冗余度，D–A–E–B 段光缆容量确定为 48 芯。"

小赵顿悟：虚实结合，即可将书本上的"原则"引为方案中的"技术可行性"，干货其实就是那么一两条，而其他"放之四海而皆准"的"原则"只是"锦上添花"而已。

2．光缆结构的选择

小赵很满意自己对书本知识的融会贯通，这就是传说中的"悟性"吧！他又转了转僵硬的手腕，口中念念有词：光缆结构其实很简单，总结起来不过四幅图、两张表、一个公式而已！

（1）光缆结构四幅图，有图有真相

目前，常用光缆的结构有层绞式、骨架式、束管式和带状式等四种，如图7-18所示。

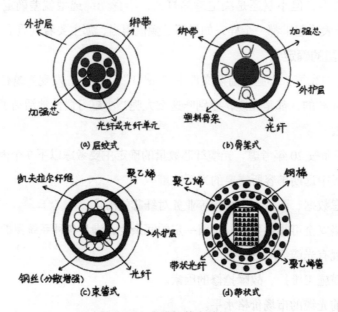

图 7-18 光缆的基本结构

层绞式光缆结构是一定数量的光纤紧密地"扭绞"在加强芯（可以是金属的，也可以是非金属的）周围，一般 1 000 米长的光缆中纤芯约为 1 007 米长（该光缆绞缩率为 0.7%），因此层绞式光缆不怕拉伸、不怕热胀冷缩；骨架式光缆结构采用高密度聚乙烯材料为光纤修筑的螺旋形的"战壕"，"战壕"几乎能抗住所有的侧压力，光纤则躲在"战壕"里毫发未损；中心束管式光缆结构是把光纤放进光缆中间的小管里，然后在两侧加上两根平行的钢丝，利用钢丝的弹性和韧性来抗扭转，爱好篮球的人都知道，好的球鞋里边加了一层碳板来抗扭转，这碳板和光缆中的钢丝有异曲同工之妙；带状光缆是极致的空分复用结构，它先用 4 ~ 12 根光纤构成带状光纤单元，再用多个带状光纤单元按一定方式构成光缆，可用作大芯数的用户光缆。

（2）光缆结构两张表，总有一款适合你

长途干线的光缆应根据具体敷设方式选用具有不同防护结构的光缆，具体如表 7-1 所示。

表 7-1　长途干线光缆适用结构

管道光缆	架空光缆	直埋光缆	水底光缆	局内光缆	防蚁光缆
防潮层 + PE 外护层	防潮层 + PE 外护层	PE 内护层 + 防潮铠装层 +PE 外护层	防潮层 +PE 内护层 + 钢丝铠装层 + PE 外护层	无卤阻燃材料外护层	直埋光缆结构 + 防蚁外护层
宜选用 GYTA、GYTS、GYFTY 等结构	宜选用 GYTA、GYTS、GYFTY、ADSS、OPGW 等结构	宜选用 GYTA53、GYTA33、GYTY53、GYTS 等结构	宜选用 GYTA33、GYTA333、GYTS333、GYTS43 等结构	宜选用 GJZY 等结构	

本地网则根据光缆的具体应用场合、应用条件以及使用芯数来选择适当结构的光缆，具体如表 7-2 所示。

表 7-2　本地网光缆选用结构

光缆种类	光缆结构	光缆芯数	应用条件
中继光缆	层绞式	< 10	低损耗、宽带宽、长盘长
	大束管式	< 100	
	单元式	10 ~ 200	
	带式	200	
用户光缆	单元式	< 200	高密度、多芯、低（中）损耗
	带式	> 200	
局内光缆	软线、带式、单元式	2 ~ 20	质量轻、芯径细、柔软

（3）光缆型号一个公式，秒懂"火星文"

好多读者对光缆外护套上的一长串符号表示不懂，其实这一长串字母和数字的组合说的就是光缆的型号。光缆型号的信息就隐含在每个字母和数字里，包括光缆型式和光纤规格两部分，就是下面这个公式：

光缆型号=光缆型式代号+光纤规格代号

其中，光缆型式代号又透漏了5层含义：用在哪里的光缆、加强件是不是金属的、光缆是什么结构、护套是什么材料、外护层是什么材料和结构。光纤规格代号表明光缆的芯数和光纤的种类。"火星文"就是这样，一个符号一层意思，从来不啰唆，讲究的就是信息量大。

至此，小赵已经把光缆线路可行性研究报告中的光缆建设直接做出了一阶段设计的深度，妥妥地将光缆选型结论替换到模板中：

"本工程需新建光缆线路18.1公里，其中通信管道3.8公里，架空线路14.3公里（包含包括117米的长杆档架空跨越河流），具体路由为D–A–E–B；共新增48芯管道光缆4.18公里，新增48芯架空光缆15.73公里，均建议采用GYDXTW–48B1光缆。"

最后，还有两个地方要解释一番。

第一，方案中新增光缆的长度按光缆线路路由长度的1.1倍考虑，1.1是可行性研究阶段关于光缆长度的一个经验估算值（可根据实际情况适当调整），10%为光缆富余量，主要考虑了路由起伏、光缆预留、光缆耗费等情况（管道光缆3.8×1.1=4.18公里，架空光缆14.3×1.1=15.73公里）。

第二，光缆型号的信息量其实也不大，就那么五六层意思吧！

光缆分类代号：GY表示通信用室（野）外光缆；

加强件代号：无符号表示加强件是金属的；

光缆结构代号：D表示带状光缆，X表示中心束管式结构，T表示油膏填充式结构；

护套结构：W表示夹带平行钢丝的钢–聚乙烯粘结护套（简称W护套）；

光纤规格代号：48表示光纤数目，B1表示光纤类别为单模光纤（G.652）。

7.4 留足富余量——光缆预留

在光缆网的规划、设计中，无论是时隙安排，还是光缆长度或中继距离预算，时时处处都要有"富余量"的考虑，而且必须留足！满满当当的网络容量、紧紧巴巴的光缆长度或勉勉强强的中继距离，这样的网络谈不上健壮性，更谈不上超前性、经济性，如果为了省钱，到头来推翻重建，反而是更大的浪费。

比如有一处光缆被野蛮施工的挖掘机给铲断了，我们去抢修，想从上游拽点光缆过来，没门！想从下游扯点光缆过来，没戏！眼瞅着处理好的光缆端头就差一两米够不着、接不上，怎么办？这段光缆线路上压根就没有预留光缆，不知当初是为了省事还是省料，到头来必须要把这将近 1.3 公里的路由重新放缆，又是人工费，又是材料费，估计此时的"代维"已苦不堪言。光缆预留，是考虑到今后光缆线路在维护、抢修时使用，在设计、施工中一定要考虑光缆的预留，这样的方案、这样的工程才算"圆满"！

7.5　通向幸福的"康庄大道"

至此，本光缆线路工程的建设方案已经明明白白、清清楚楚，就俩字——"完美"！

回头细想一下，从刚开始的路由选择、敷设方式选择，再到后来的光缆选择、光缆预留，其实就是一个抽丝剥茧的过程。我们一边现场查勘，一边理论分析，一边充分交流，一边细化方案，直到把这条"公路"的边边角角都设计得妥妥当当。小赵历经困惑与煎熬，生平第一次收获了职业幸福感，原来这条信息的"康庄大道"真能通向幸福！

Chapter 8
第 8 章
无线光通信

如果让我们来做一道判断题：光通信就是光纤通信？

这是一道送分题，不管会的不会的，凭简单的语感和常识就知道是错的，很明显光是比光纤更宽泛的一个概念，前者包含了后者，恭喜你答对了。

来来来，做完这一道还有一道，请听题：

请简述光通信、激光通信和光纤通信有什么区别？

同学你别挠头，也别摇头啊！其实要回答这个问题并不难，我们大致来捋一捋：首先，按定义来讲，光通信是利用光波来传送信息的一种通信方式，光波是通信载波；其次，由于光通信的光源无一例外都采用激光器，因而光通信实际上就是激光通信；最后，按照光波的具体传输介质来分，光通信实际上包括有线光通信（光纤通信）和无线光通信。

再做完这道还有三道：

目前，无线光通信包括哪些种类？

今后，……

哎，同学别走啊，你要是不会的话你就说嘛，你不说我怎么知道你不会呢，你要是不会我可以给你讲呀……

本章我们就来说一说无线光通信。目前，无线光通信主要有大气激光通信、卫星激光通信、水下激光通信、散射光通信和可见光通信；今后，无线光通信还会有 X 射线空间通信、自由空间光量子通信、中微子通信和太赫兹波通信，如图 8-1 所示。

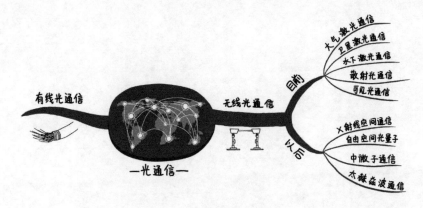

图 8-1　光通信的分类

8.1 海阔天空任我行

我们知道，在有线介质中可以实现很高的数据传输速率，比如 2018 年，华为就完成了业界首次单根光纤传输速率 40 Tbit/s 的超高速光传输系统现场演示。有同学不禁要问：

"既然有了长距离、大容量和高可靠的光纤通信，那为什么还要无线光通信呢？"

"光纤虽好，仍需敷设！也就是说光纤到不了的地方，便是无线光通信的用武之地。"

一言以蔽之：无线光通信既有无线电通信的灵活度，又具备光纤通信的大容量，还无须频谱授权，就是这么管用！

8.1.1 "空气里，远远传来一首歌" ——大气激光通信

1. 天生我材必有用

我们在第 1.5.2 节中提到光通信史上的两座里程碑，第一座是 1960 年美国人梅曼发明了世界上第一台红宝石激光器，第二座是 1970 年美国康宁公司生产出世界上第一根石英光纤。细心的同学马上就要问了：激光器出现之后、光纤出现之前这 10 年，光通信领域的科学家在忙些什么？

好问题！这段时间里，许多科学家就是利用激光器，仿照无线电通信的方式，尝试着使用激光在大气中直接传输信息，也就是说在研究大气激光通信。起初，氦 – 氖激光器、二氧化碳激光器等光源并不给力，而大气也不是理想的光波传输介质，大气的吸收、色散等导致光能衰减极大，因此光源的功率必须足够大。后来，大功率半导体激光器的出现，使得大气激光通信在实用化的道路上向前迈出了一大步。

由于大气激光通信继承了无线电通信与光通信的诸多优点，所以不但在校企局域网互联、无线基站数据回传等点到点或点到多点的固定场合崭露头角，而且在应急抢通、海岛通信、山地通信以及其他不便敷设光缆的场合也大展拳脚，比如战场上在无线电静默期间，作战指挥完全可依靠大气激光通信完成。

2. "隔空喊话"是技术话

大气激光通信就是传说中的"隔空喊话"，原理很简单，就是将光纤通信中的传输介质

由光纤换作大气，如图 8-2 所示。

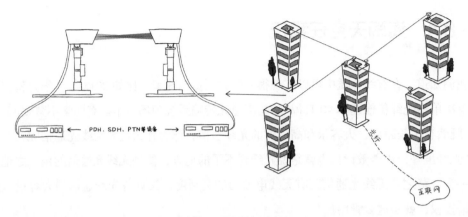

图 8-2　大气激光通信

但是要实现大气激光通信，还是有许多技术难关要攻克的，比如大气作用，自然环境的影响，瞄准、捕获、跟踪技术都会影响到大气光通信系统的性能。

（1）险恶的江湖

大气信道貌似无遮无拦、一目千里，实则暗流涌动、危机四伏。拦路虎"大气作用"首当其冲，它有两大"狠招"。

"狠招一"是由于大气散射和水蒸气、二氧化碳、臭氧分子吸收等引起的信号能量减弱——大气衰减。所以，大气激光通信的工作波长一般选择大气透过率高的波段，比如 1 550 nm。同时该波长属于红外波，即使不小心照到人眼，大部分能量也可被角膜吸收，对视网膜的损伤相对较小。

放牛娃阿强和阿珍经常隔着山谷喊话来打发寂寞，话音有时清楚，有时模糊，时间长了他们也摸索出了诀窍：听不清楚时，喊话的人可以提高嗓门，听话的人可以把手拢在耳后，如图 8-3 所示。科学家们从中得到了应对大气衰减的灵感：可以在增大激光器输出功率的同时，提高探测器灵敏度。

"狠招二"是由于大气温度、密度不均匀导致的大气折射率分布不均匀——大气湍流，恰好路过的激光光波会情不自禁地跟着大气湍流的律动一起"摇摆"起来。

大家一定有这样的经历：一个骄阳似火的夏日午后，我们驾车疾驰在高速公路上，会发现远处的路面、汽车都会因为一团团蒸腾的"热浪"而变得模糊甚至扭曲，此"热浪"

非彼"热浪"，其实就是大气湍流。

图 8-3　隔空喊话

至于温度、密度和折射率之间的关系，请自行脑补高中的物理知识！

（2）恶劣的环境

业内有句行话叫作"刮风减半，下雨全没"，可见雨、雪、雾、霾等气象条件对无线光信号的影响极大。应对之策除了阿强和阿珍的方法，还有就是采用多路径传输，即此路不通，另辟蹊径，如图 8-4 所示。

在大气激光通信过程中，要对得准、收得到狭窄的激光束本来就很难，加之发送端、接收端安装激光器、探测器的建筑物会有摇晃、偏移，甚至地震时，大气激光通信系统的对准、接收更是难上加难。简单易行的方法如图 8-5 所示，可适当增大出射光束的发散角，使信号光束在到达探测器时有一

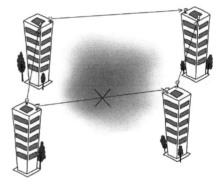

图 8-4　多路径传输

定的照射范围，但是不能无限度地加大发散角，否则会过犹不及：光束过于发散，降低了信号强度，影响了传输距离。

此外，鸟儿要高飞、落叶要归根，如果它们偶尔遮挡了大气激光通信系统那么几毫秒，纯属偶然，敬请包涵！

（3）厚积而薄发

对付了大气作用，应对了自然环境，终于能腾出时间来自我提升了！上面讨论的基本上

是固定场合应用的大气激光通信，但想让通信的一端移动起来，那么我们必须考虑瞄准、捕获以及跟踪技术了，即所谓的 PAT（PAT，Pointing Acquisition Tracking）。

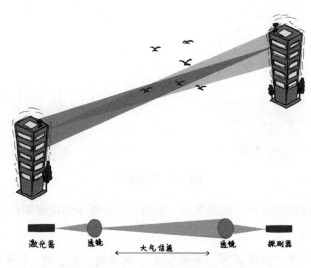

激光器　　透镜　　　大气信道　　　透镜　　探测器

图 8-5　大气激光通信影响因素

　　PAT 系统比较复杂，我们在假定其可靠的前提下，讨论下移动端是什么？如果移动端是大型飞机，PAT 系统堪当大任，完全可以忽略它的体积和重量问题；倘若移动端是无人机或卫星呢，它们可一点不喜欢"大块头"，所以又出现了逆向调制器（MRR，Modulating Retro-Reflector）技术。

　　MRR 技术要从"猫眼效应"说起：猫眼的视网膜后边有一个由多达 15 层特殊细胞构成的反射层，能像一面高效能的镜子一般汇集并反射光线。黑夜里，猫的瞳孔张得很开时，光线通过瞳孔聚焦到眼底反射层上，再由该反射层将光束原路反射回去，所以在黑夜里猫眼看起来特别亮。MRR 系统主要包括光逆向反射器和调制器两部分，光逆向反射器就像"猫眼"一样，负责让入射光原路返回，而调制器负责将信息加进反射光里去，从而免去了笨重的跟瞄系统。因此，MRR 系统具有视场角大、功耗低、体积小等优点，特别适合无人机、卫星等小平台工作环境。

　　技术的发展有时候就像是一部宫廷大战，好的技术恰似内外兼修的"甄嬛"，起初是疲于应付各种斜风冷雨，随后是腾出手来苦练内功、羽翼渐丰，最后则是铲除异己、扬眉吐气……

　　同样，光信号要在大气中传输，很容易受到太阳光或其他光源的影响，甚至淹没其中，所以大气激光通信系统必须得排除这些干扰,这种"铲除异己"的小事交给窄带滤光片便可高枕无忧了。

3. 优点多多,缺点要命

最后,再简单总结一下大气激光通信的优点、缺点。

(1)优点

没有对比,就没有伤害!

与无线电通信相比,大气激光通信系统颇具"大侠"风范,不给别人添堵:不占用无线电频谱资源,不干扰其他通信设备;也绝不允许别人给自个儿添堵:别人想干扰压制我,没那么简单!别人想截获窃听我,没那么容易!

与光纤通信相比,大气激光通信系统不但省去了敷设光缆所耗费的时间和成本,而且能穿越光缆无法"涉足"的一些地方,维护时也省去了巡线的烦恼。

与微波、毫米波通信相比,大气激光通信系统可以迅速地架设安装起来,毕竟它功耗小、体积小、重量轻。

(2)缺点

大气激光通信可以说是"优点多多,缺点要命!"

雨、雪、雾、霾等对大气中的光信号能量衰减极大,要命!大气湍流现象会使接收光斑发生闪烁、漂移等现象,要命!

即便如此,大气激光通信在大气条件、自然环境均良好时,不失为现有通信技术的有效补充手段!

8.1.2 "我要飞得更高" ——卫星激光通信

——"为什么人类要发射卫星上天?"

——"因为飞得高,看得远!"

——"为什么卫星需要通信?"

——"因为卫星要把它看到的东西传回地球!"

——"为什么卫星只能采用无线通信?"

——"卫星又不是风筝,还能牵个线绕地球飞行啊?"

三言两语,我们就把目前卫星主要采用微波通信手段的原因整清楚了,继续往明白整!

——"那有了微波通信，为什么卫星还需要光通信呢？"

——"且听我慢慢道来！"

随着空间技术和传感技术，如高分相机、合成孔径雷达等技术的发展，卫星等航天器要传回地球的信息量大增，微波通信（单通道传输速率在百兆比特每秒量级）已经不堪大任，于是电磁频谱中微波右手的邻居——光波挺身而出，卫星激光通信技术应运而生。

1. 三板斧

科学家们总是眼光独到，看重的就是卫星激光通信的"三板斧"：有容乃大、身轻如燕以及固若金汤。

（1）虽渺小，有容乃大

卫星激光通信的载波频率范围为 190 ~ 560 THz，比 S、X、Ka 波段高了 4 ~ 5 个数量级，这意味着什么呢？我们来打个比方：悟空和八戒比划动作让沙和尚猜成语，八戒膀肥腰圆、动作迟缓，而悟空身轻如燕、动如脱兔。八戒的动作慢（频率低），一分钟只能比划几个成语（调制），而悟空的动作快多了（频率高），一分钟能比划几十个成语（调制）（如图 8-6 所示），游戏输赢毫无悬念：悟空完全碾压八戒！

原来，载波频率越高，信号调制速率就越高，信号调制速率就是悟空和八戒比划成语的快慢。所以说，卫星激光通信的高载波频率意味着更快的数据传输速率。

NASA 的火星全球勘测（MGS）任务，已传回数百太比特火星表面的高分辨率地图，但这仅仅是火星表面一小块的地图而已，又是数据传输速率拖后

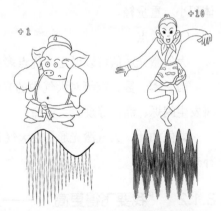

图 8-6　无线载波调制与激光载波调制

腿了。卫星上的高带宽仪器，像超光谱成像仪、合成孔径雷达（实时传输容量需求可达数吉比特每秒）等，都是些"流量主"，而未来载人航天器中需要实时的视频通信，都会产生巨大的数据量。首先，受空间辐射的影响，不要指望卫星自身能够存储多少数据，而且一些数据不实时回传也就失去了意义。激光卫星通信可将高分辨率的高清图像、视频信息及时传回地面，在减轻卫星存储、处理数据负担的同时，也满足了部分数据的实时要求。目前，国内外星间光通信试验链路的传输速率均已达到吉比特每秒量级，通过波分复用技术，

将来可达到几十吉比特每秒，甚至上百吉比特每秒量级。

（2）身轻好似云中燕，我们豪气冲云天

——"知道不，卫星的发射成本大概是 10 000 美元 / 千克？"

——"卫星都造出来了，不差钱！"

——"可是大哥，有钱也不能忒任性啊！"

毕竟，火箭推力有限，最后留给通信设备的载重也就那么点了，还是能轻就轻点吧！卫星虽然上天了，要正常开展工作得用电吧，太阳能电池板也大不到哪去，大伙用电都得悠着点，同样留给通信设备的用电负荷也就那么点！而卫星激光通信系统可以做到个头小、体重轻、功耗低，非常适合卫星等航天器的应用。以美国的月球激光通信演示系统（LLCD）为例，体重 30.7kg，比月球勘测轨道飞行器 LRO 上的无线电通信设备（61kg，120W）轻了一半，功耗低了四分之一。

（3）独善其身

卫星所处的太空环境，表面上看波澜不惊，实际上却是一个复杂的强辐射环境，各种天体不但向外辐射电磁波，还向外辐射高能粒子，形成所谓的宇宙射线，比如 α 粒子、β 粒子和 γ 射线。卫星激光通信由于采用了激光作载波，激光光束集中，方向性极强，所以既不怕来自太空的电磁干扰，又不会影响附近其他卫星间的通信。面对纷纷扰扰的环境，能够"独善其身"真的是一种能力，一种抗干扰、保安全的能力！

正是由于卫星激光通信在航空航天、遥感遥测、国防军事以及国民经济等领域有用、好用，所以美国、欧空局（ESA）各成员国、俄罗斯、日本等都舍得投人、投钱进行研究。

2. 俩门派

卫星激光通信门下又分两大门派，一是用于卫星同卫星（同步轨道航天器、低轨道航天器、小卫星、航天飞机等）之间的星际激光通信；二是用于卫星同地面、海上用户及空中飞行器之间的星地激光通信，如图 8-7 所示。

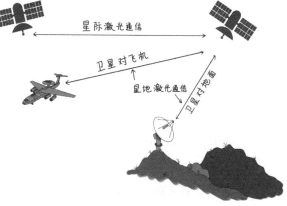

图 8-7 卫星激光通信应用类型

8.1.3 "不同于任何意义，你就是绿光"——水下激光通信

1. "上帝"留了一扇"窗"

——"土豆，土豆，我是地……瓜，发现敌驱……逐舰，是否攻……击，请指示！"

——"我是土豆，神马？神马？请重复……复……"

……

——"请求救援！请求救援！……"

这是咋回事呢？

原来，无线电波中只有长波才能穿透海水让潜艇接收到。长波发射天线太大（其长波发射天线为 2.5 ～ 25 km），没法装在潜艇上，那就只装一个长波接收机，当只听不说的"天线宝宝"，如图 8-8 所示。如果实在憋不住想"啊哦"两声（长波通信速率极慢，其长波传输速率只有 50 ～ 200 bit/s，通话必须言简意赅），就得上浮后放出浮标式天线，再用中短波信号向岸上吼几嗓子，但这每一次都是用生命在"呐喊"啊！

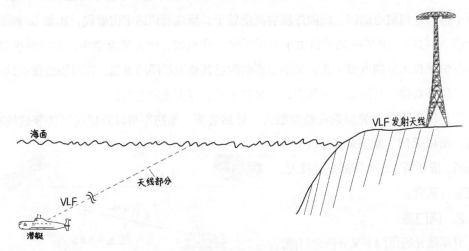

图 8-8　长波对潜通信

——"咋整，那就别用潜艇了呗！"

——"馊主意，绝对的馊主意！核潜艇作为咱国之重器，有它在，别人就不敢轻易对我们发起核攻击！有它在，我就可以对敌人实施核反击！"

——"那咋整？"

——"要么试试光波？"

起初，科学家都以为"上帝"完全关上了"光波"这扇门：光在"海底世界"每前进 1 米就消耗一半以上的能量，所以普通光在海水里挣扎个几米也就到头了。

"绿光，在哪里，触电般不可思议，像一个奇迹。"后来，科学家们惊喜地发现"上帝"为他们留了一扇 "窗"：海水对 400 ~ 580 nm 的光波损耗不大，这就是光波穿透海水所谓的蓝绿光"窗口"，其最佳波长为 480 nm，如图 8-9 所示。

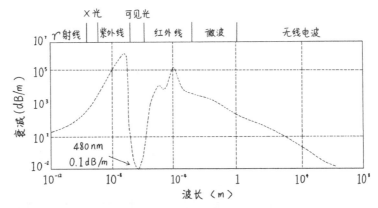

图 8-9 海水的衰减特性

"不同于任何意义，你就是绿光"对潜通信中长波能做的事，蓝绿激光也能做；长波不能做的事，蓝绿激光还能做！蓝绿激光传输效率高，信息容量大，抗电磁和核辐射干扰，方向性强，隐蔽性好，这都是长波没法比的。咱还是用数字说话：超长波在海里每前进 1 米消耗约 0.5 dB，大概能坚持 100 m 左右；蓝绿激光在海里每前进 1 米仅消耗 0.1 dB，最远能坚持 600 m！相比超长波，蓝绿激光在海里算得上"游泳健将"，海军就看上它这"蛙人"的潜质！

要想走向"深蓝"，必须啃下"蓝绿"这块硬骨头！据说，从 1978 年到 1988 年，美国海军花了 1.2 亿美元做蓝绿激光通信的试验，就为证明这事可行；1989 年到 1991 年三年间美国海军又花了 5 630 万美元，完成了岸上、飞机、卫星和潜艇之间进行蓝绿激光通信的大部分试验项目，并在实战演习中进行了对潜通信的系统性综合试验。

2. 原来你是这样的"激光通信"

一般来说，水下激光通信指的是蓝绿激光对潜通信，包括海面船只对潜艇的通信、岸上对潜艇的通信（陆基系统）、飞机对潜艇的通信（空基系统）、卫星对潜艇的通信（天基系统），如图 8-10 所示。

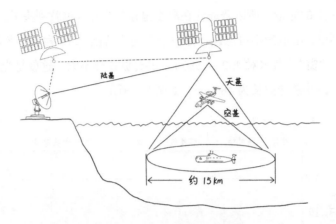

图 8-10　对潜激光通信应用类型

陆基系统是把大功率的激光器安装在岸上，激光经过卫星反射到海平面上，再和海平面下的潜艇实现通信。这种方式仗着卫星帮忙，可以"罩住"的海域很大，而且不容易被敌人发现，但是激光束要两次穿过大气层，受天气条件、大气条件的影响很大。

天基系统是把大功率的激光器安在卫星上，直接或者通过位置更好的其他卫星间接和潜艇通信，适用于与全球游弋的战略弹道导弹核潜艇的通信。好处是不宜被发现、容易定位，但是要把大功率的激光器搬到卫星上去，激光器就得小、省电、靠谱。

空基系统是把大功率的激光器安在飞机上，飞机飞到潜艇的头顶上扫描海面，完成对潜艇广播式的通信，适用于与一般战术潜艇的通信。可是，激光光束集中，比如飞机在 10 km 的高空以 300 m/s 的速度飞过潜艇上空，激光束可在海面上扫出 15 km 宽的照射带，这对于茫茫大海来说就是巴掌大点的地方，所以潜艇还是得先靠长波电台大概定个位，再用蓝绿激光通信手段（美军 E–6 水星对潜飞机的"套路"）。

8.1.4　"笔直的光线，散射四方" ——散射光通信

1. 夕阳、蓝天、白云和比基尼

关于散射光通信，我们先从散射说起。关于散射，我们要从夕阳、蓝天、白云和比基尼说起。

（1）日落西山红霞飞

为什么夕阳西下时，天空会呈现红色呢？

太阳是我们地球最重要的自然光源，正因为有了它，才有了世界的五彩斑斓。太阳光实际上是太阳发生热核聚变反应发出的光，包括可见光和不可见光，经过很长的传输距离，再经过大气层的过滤才能到达地面。太阳光的可见光部分能量分布均匀，由红、橙、黄、绿、蓝、靛、紫 7 种颜色组成。

在正午和傍晚时，太阳光穿过的大气层厚度不同：正午时，太阳光垂直穿过大气层，穿过大气层的距离较短，如图 8-11（a）所示；傍晚时，随着夕阳西下，太阳光慢慢地斜射进入大气层，穿过大气层的距离较长，如图 8-11（b）所示，太阳光中短波长的蓝光、紫光大都被大气层中的尘埃、水滴等侧向散射（确切地说是瑞利散射）掉了，最后到达地面的太阳光，以波长最长的红光为主，所以呈现出了"夕阳红"的美景。

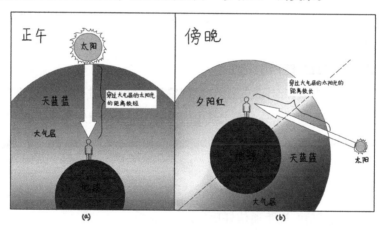

图 8-11 "夕阳红"的成因

（2）蓝蓝的天空

大家在朋友圈晒蓝天美景的时候，有没有想过天空为什么是蓝色的呢？

晴空万里时，大气层中的尘埃和水分子（其尺寸小于 100 nm，而太阳光波长为 400 ~ 760 nm）使阳光发生了瑞利散射，其中波长较短的蓝紫光在散射光中占尽优势，从而遍布天空，而部分紫光被大气吸收，加之人眼原本对紫光就不敏感，所以整个天空映入眼帘的便是一片蔚蓝。

说起蓝天，不得不谈一下它的最佳拍档——白云。白云之所以白，因为白云的主要成分是水滴，水滴较可见光波长而言尺寸较大，因此可见光的各个波长均发生了强度相当的米氏散射，所以云雾呈现白色。

既然提到了瑞利散射和米氏散射，那么它们是什么来头，我们这里点到为止。

瑞利散射和米氏散射都是由于大气层中的微粒引起的散射：引起瑞利散射的微粒较小，瑞利散射光的光强和光波波长的四次方成反比，这就是波长较短的蓝紫光在散射光中占优势的缘故；而引起米氏散射的微粒较大，米氏散射光的光强与波长之间关系不大，所以白光中的"七兄弟"一起被"均等"地散射了。

（3）没发现紫外线太强烈

说起紫外线，我脑海里马上浮现出沙滩上享受日光浴的比基尼美女，那小麦色的健美肌肤……

而科学家们想到的是：太阳光中的紫外线波长范围为 10 ~ 400 nm，而大气层中的臭氧会"贪婪地"吸收波长在 200 ~ 280 nm 之间的紫外光，这个波长范围被称为"日盲区"。因此，到达地面的日盲区紫外光几乎为零，而日盲区的紫外光恰恰又能被大气强烈散射。紫外光，实现散射光通信就靠你了！

2. 大"紫"大"红"的散射光通信

前面聊到的蓝天、白云和夕阳红三种自然现象都和光的散射有关，而散射对无线光通信有利也有弊：一方面，可利用紫外光在大气中的散射作用改变紫外光的能量传输方向，从而实现散射光通信；另一方面，雨、雾、灰尘等微粒会使信号光产生散射，使光能迅速衰减！

早期的无线光通信系统都是视距通信，如图 8-12 所示。

那么什么是视距通信？视距通信好比热恋中的男生阿强和女生阿珍，虽然同处一个教室，但为了能够眉目传情，必须不停地左挪挪、右

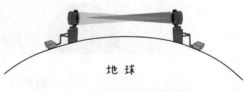

图 8-12　视距通信示意图

移移，躲开那些不解风情的遮挡，才能不漏掉一丝的情愫。但有时中间的"遮挡物"不是你想绕就能绕的，说到底，此情此景，视距通信真心不好用！于是，阿珍掏出了一块镜子，终于确认过了眼神。

阿珍用镜子弥补了视距通信的缺憾，而散射光通信则利用光在大气中的散射效应实现了非视距的通信。目前，非视距散射光通信主要指的就是紫外散射光通信（Ultraviolet Communications）：偏偏喜欢你，200 ~ 280 nm 的紫外光！

进一步说,紫外光遇到大气中的气体分子会发生瑞利散射,因为紫外光的波长短,散射光强大,而且各方向都比较均匀,所以紫外光通信不像视距无线激光通信那样必须对准才能通信,方向差不太多的情况下紫外光就可以被接收端检测到,实现非视距的散射光通信,如图 8-13 所示。

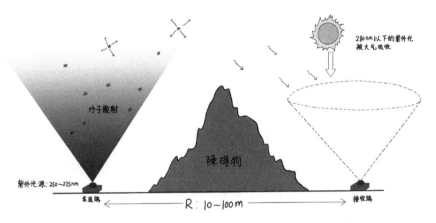

图 8-13 紫外散射光通信原理

当然,问题也是一箩筐,比如:紫外光波长短、损耗大,所以传不远;多径效应严重,所以传输速率上不去;紫外波段通信用的光电器件不丰富,没得选。所以,紫外散射光通信仅适合全向的、短距离、低速率的通信应用场景。

还有一些应用场景,比如想跨过山地、岛屿、湖泊、丛林等特殊地形,对通信距离的要求会更高一点,利用紫外光的瑞利散射可就捉襟见肘了。但别忘了还有米氏散射,当波长增大时,米氏散射的作用就凸显出来了。比如,红外光在大气中发生的主要就是米氏散射,它的特点是散射光能量主要集中在前向,而且强度要比瑞利散射大得多,所以红外光让小散射角、长距离、非视距的散射光通信又成为可能,如图 8-14 所示。

有没有同学敏锐地捕捉到散射光通信会在军事领域派上大用场?

紫外光看不见、摸不着,甭想顺着散射光找到收发位置;紫外光在大气中的损耗与距离直接相关,所以可以根据通信距离要求精确地控制发射功率,让山那边的自己人刚好能听到,而其他区域的光功率小到敌人根本接收不到。不容易被发现,这在军事叫作保密性高。

自然界的干扰以低频信号为主,滤波就行;人为的常规通信干扰对紫外光通信没有用,这在军事上叫作环境适应性强。

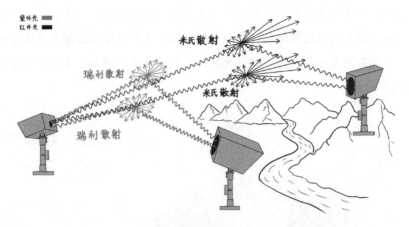

图 8-14 红外散射光通信

紫外光经过多次散射，可以弥漫到局域空间的各个方位，在有效的覆盖范围内都可以实现通信，这在军事上叫作全方位；不管晴天雨天，还是烟尘雾霾，统统影响不了紫外散射光通信，这在军事上叫作全天候。

紫外光散射通信平台可以在地上跑、天上飞、水上漂，不需要拉线建站，这在军事上叫作机动性强；紫外光散射通信平台很难被敌人发现并摧毁，即使被友军误伤了，还可以使用"备份"设备迅速恢复通信，这在军事上叫作可靠性高。

点评：紫外散射光通信，大有前途！散射光通信定会大紫大红！

8.1.5 "点起千灯万灯"——可见光通信

古代曾有"凿壁偷光"，今后会有"凿壁蹭网"，什么网必须挖墙才能蹭到？它，不是我们家里的 Wi-Fi，而是姗姗来迟的 Li-Fi（Light Fidelity，光线保真）！

无线电频谱资源越来越紧张，科学家们在盯着电磁波谱一筹莫展时，一个名叫中川正雄的日本人，又掘到了"带宽"宝藏：可见光频谱范围是无线电波的 10 000 倍！如图 8-15 所示。

可见光怎么用？我们先从身边找找灵感！地球人都知道，电视机遥控器是通过控制红外发光二极管（LED）发出一个简单的、低速的数据流来操控电视的，但要用它来通信还是远远不够的。

要知道，全世界大概有 400 亿个白光 LED 灯泡，也就是说平均每个人头顶上有 5 ~ 6 个这样的灯泡，如果它们除了照明，要是还能做点什么的话？不敢想象……

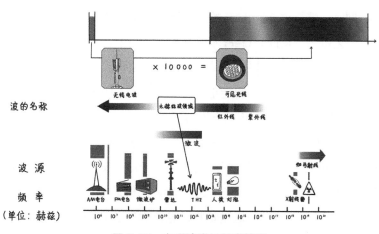

图 8-15　电磁波谱及频率使用

　　遥控器的红外 LED 能传一路数据，如果能让白光 LED 灯泡同时传输几百、几千路数据（如图 8-16 所示），那么只要有灯光的地方，我们就能上网！换句话说，白光 LED 在干好照明老本行的同时，还可以兼职无线通信网络的接入点，这就是 Li-Fi 技术，一种将室内通信基站与可见光照明设备结合起来，并将其接入其他通信网络的可见光通信（VLC，Visible Light Communication）技术。

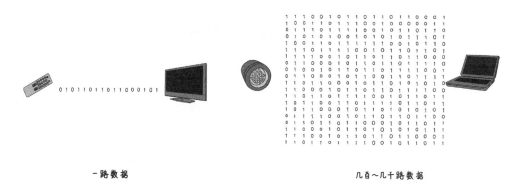

图 8-16　Li-Fi 技术

2018 年 3 月，"飞利浦照明"对小伙伴们说：今后你们得叫我"Signify"了，洋气不？小伙伴们纳闷了，好不容易把名气折腾大了，突然换掉作甚？

Signify 激昂地说道，我要重新定义照明——光已成为一种智能语言，用来连接和传递信息！

同月，Signify 果然就有了大动作，在法兰克福推出全球首款具有 Li-Fi 功能的照明灯具，它在实现照明的同时，能提供 30 Mbit/s 的高速宽带连接，曾经的"大哥"依旧是"大哥"，只不过名头更有文艺范了。从此，Li-Fi 不再停留在传说中，它已走出实验室，真真切切地走进我们的生活了。"不是我不明白这世界变化快"，空调、Wi-Fi 和西瓜改变了我们这代人的生活，而大数据、Li-Fi 和人工智能正在改变下一代人的生活，现在我们出门在外先问 Wi-Fi 密码，估计以后人们会先问 Li-Fi 密码了。

白光 LED 灯泡好处多多，节能、环保、寿命长，家家户户都在用，特别是它可以快速地开启或关闭，天生就是一个具有良好调制特性的光源，试问室内通信，舍我其谁？Li-Fi 的工作原理并不复杂：给普通的白光 LED 灯泡装上微芯片，控制它每秒数百万次闪烁，亮了表示 1，灭了表示 0，就这样它轻松地将信息调制进了 LED 的白光中。由于频率太快，人眼根本觉察不到，但是光敏传感器却可以"感知"到这些变化。就这样，白光 LED 以迅雷不及掩耳之势，完成了信息的调制和传送，而位于灯光下的我们，只需通过装有特殊接收装置的电脑或手机，就能秒懂灯光里的"摩尔斯密码"了。

Li-Fi 的下行链路妥妥的，而上行链路就有点让人头疼了。

同学甲提议：利用 Wi-Fi 技术上行，Wi-Fi 不但覆盖范围大而且不怕遮挡！

理儿是没错，可 Li-Fi 就为取代 Wi-Fi 而来，与可见光通信比起来，Wi-Fi 还是不够安全。

同学乙说：既然 Li-Fi 是为取代 Wi-Fi 而来，那上行采用可见光不就得了？

同学丙反驳道：难道在手机上也装上 LED 电灯泡？应该没有人希望自己看手机时还要面对一个亮灯泡吧！

同学丁建议：采用激光上行，比如 1 550 nm 波长的激光！

需要注意地是：采用无线方式发射激光时，其安全要求会大大制约传输距离和链路质量。

是时候借鉴一下那位文艺青年"Signify"的做法了！原来人家采用了价格便宜的红外 LED 作为上行链路，但考虑到人眼安全，所以发射功率不高，上行链路的覆盖范围也就不大。

可见光通信低碳节能，这一特点把无线基站"怼"得无话可说。可见光本身对人是绿色无害的，用它作为无线通信的媒质，妈妈再也不用担心"有辐射"了；而且可见光通信节约能源，不像无线基站那样耗电：仅用 5% 的电能来传输无线电波，而用 95% 的电能去散热和制冷。

无线电波能穿透墙壁，从信息安全角度来说这就不是什么好事了，它容易被截获，对于"蹭网"你可以视而不见，但一定会介意坏人窃取你网银的密码，甚至隐私。可见光不能穿透墙壁，所以可见光通信相对安全可靠，大家在屋里使用 Li-Fi，墙外边想干坏事的人只能望"墙"兴叹了。

让我们憧憬一下未来 Li-Fi 冲浪的美妙画面：有 LED 灯泡就有高速网络热点，等车的时候我们在路灯下就能观赏 NBA 五佳球，在飞机、高铁上就可以玩游戏，如图 8-17 所示。今后的物联网、车联网、工业 4.0、安全支付、智慧城市、国防通信、电磁敏感区域等网络的末端无线通信需求，都将是 Li-Fi 的天下……谁让 LED 灯泡多呢？

图 8-17　Li-Fi 应用场景

画面虽美，但还有许多工作要做！比如解决与可见光对等的上行链路技术、抑制阳光等背景光对可见光通信的影响……

 # 8.2　明天会更好

X 射线、光量子、中微子和太赫兹并称为未来无线光通信的四大高手，有了它们，无线光通信的明天会更好。

8.2.1 "又爱又恨"——X射线空间通信

众所周知，我们在医院用X光拍片子，少数同学可能还了解X光（X射线）照多了很不好。孰料X射线竟然也能用在空间通信里（如图8-18所示），真是让人"又爱又恨"。

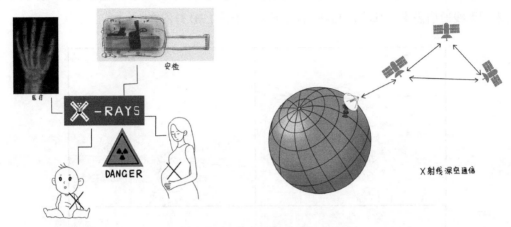

图8-18 X射线及其通信部分应用

原来，X射线在光谱中位于紫外线和 γ 射线之间，波长很短（0.001 ~ 10 nm）。后来人们又发现，当X射线光子能量大到一定程度（10 keV）、大气压强低到一定程度（10^{-1} Pa）时，X射线就具有了神奇的穿透能力，换句话说：在太空环境中传输时，X射线几乎无衰减（透过率几乎为100%）；同时，X射线在任何介质中的折射率都近似为1，也就不会发生色散（高手就是高手，果然名不虚传）。科学家们则"爱它多一点点"，理由很充分，原因很简单。

①几乎无衰减，几乎无色散，那么X射线是不是可以挑战一下太空传输，甚至是深空通信？

②X射线的频率很高（可达10^{18} Hz），假如调制技术跟得上的话，那么深空通信的传输带宽也不算事！

③那些微波、激光无法穿透的场合，大胆地想象一下？！

——深海！

——再大胆一点！

——地球！

——还是很保守嘛!

8.2.2 "我不怕旅途孤单寂寞" ——自由空间光量子通信

1900 年, 普朗克创立了量子理论; 1905 年, 爱因斯坦提出了"光量子"(光子)的概念; 到了 1993 年, 贝内特提出了"量子通信"的概念。那么啥是量子呢, 量子一词来自于拉丁语 Quantum, 原意是"有多少", 是指一个物理量最小的、不可分割的基本单位, 比如光量子(光子)就是光的基本单位。

我们一起学习下量子通信的概念: 量子通信技术是利用量子纠缠效应进行信息传递的一种新型的通信方式, 那啥又是量子纠缠呢?

光量子是光的基本单位, 而阿强和阿珍是人类社会的基本单位, 他俩的爱情终于修得正果——领证结婚, 是"真爱"让这俩人类的"量子"最终"纠缠"在了一起, 这是"量子纠缠"的表象。两个人的感情好到了一定份上, 就会产生玄之又玄的"心电感应": 阿强去南极科考时打个喷嚏, 阿珍也会觉得鼻子痒痒的, 马上"回应"一个喷嚏; 阿强拿起手机想给家里的阿珍拨个电话, 而这时阿珍的电话已经拨过来了(如图 8-19 所示), 这种玄幻美妙的感觉就叫"纠缠态"———一个量子变化, 另一个量子瞬间也发生变化, 这是"量子纠缠"的实质。爱因斯坦给"纠缠态"起了个炫酷的名字, 叫作"鬼魅的超距作用"。利用量子纠缠态就可以实现远距离、超远距离的量子通信, 这就是"量子隐形传态"(Quantum Teleportation), 即广义上的量子通信。

阿强和阿珍穿越进《权利的游戏》, 就为一件事: 告诉大伙啥是狭义的量子通信——量子密钥分发。

守卫北境长城要塞——黑城堡的总司令雪诺对詹德利说: 这是一封非常重要的情报, 一定要把它亲自交给龙母!

詹德利: 遵命!

雪诺: 此行路途遥远, 而且途中可能有异鬼和瑟曦的探子, 务必小心!

詹德利: 我先把钥匙(密钥)送给龙母, 总司令再派人把情报用铁箱锁起来送给龙母!
(传统加密通信)

雪诺: 不妥, 一旦钥匙被复制、铁箱中的情报被偷窥, 而我们还蒙在鼓里, 岂不误了大事?

图 8-19　量子纠缠态

雪诺踱来踱去……沉默、无解的沉默……

詹德利：总司令，有了！请阿强和阿珍夫妻出马，绝对安全！

雪诺：绝对安全？

詹德利：我们可以用密码锁（量子加密）锁上分装情报的那些铁箱，且每把锁的密码各不相同（一次一密）。让阿强先去龙母那边，阿珍留在司令身边，然后阿珍通过心电感应将所有密码（量子密钥）告知阿强，若有密码被异鬼感应窃取，阿强和阿珍定会发觉，那么我们就舍弃掉被窃取的密码，只用确认无误的密码分别设置密码锁，司令再派人将锁好的情报箱送给龙母！

雪诺：甚是妥当！去吧！

凭借阿强和阿珍的"量子密钥分发"大法，军情和密码安全地送达龙母。所以说狭义量子通信就是利用量子密钥将信息加密，再通过加密信道将密钥分发给需要保密通信的双方，而加密信息则可以通过常规信道来传送，且不同的信息采用不同的密钥加密，实现了信息传递的绝对安全。

量子通信可以帮助人类实现真正的、绝对安全的保密通信，在未来金融、军事、公共信息安全等方面将会有极大的发展前景，是未来信息技术发展的重要战略性方向之一。目前，我国在星地（墨子号升空）、陆地（京沪量子保密通信干线开通）、水下量子通信（完成首次海水量子通信实验）以及量子计算机（光量子计算机诞生）等领域都取得了举世瞩目的成就。

8.2.3 "穿透"——中微子通信

中微子，"中"是中性不带电的意思，"微"取微乎其微的意思，它就是这么一个粒子，虽然名不见经传，但它武功超群。天下武功，唯快不破，江湖人称"神行太保"的中微子，不但跑得跟光一样快，而且跑起来什么都拦不住，这就是传说中的"穿墙术"。不管是土墙、砖墙还是防火墙，它都能够毫发未损（本身能量损失极少）地穿越。

中微子通信就是利用中微子传输信息的一种通信方式，如图 8-20 所示。未来无线光通信就是相中这么一群"高手高手高高手"，而中微子就是其中的高高手，它比其他高手"高"在境界上，它有着"中庸之道"的大境界；几乎不与任何物质发生作用，通信距离主要靠想象——你想要多远就有多远，这让其他无线通信技术统统抬不起头来；几乎不与任何物质（除了水原子中的中子）反应，当然包括人在内，同为四大高手的"X 射线"兄是不是有点小难堪？

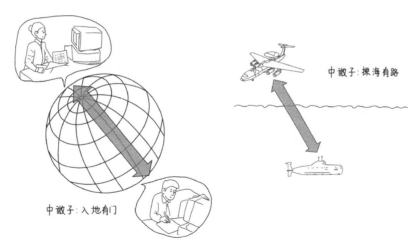

图 8-20 中微子通信

高高手能耐大，地球人都知道，当然也晓得高手不好找、更不好驾驭！

高手难觅——哪来的中微子？核聚变反应可以产生中微子束，但核聚变设备不是一般通信人能够驾驭得了的，又大又费钱，更可怕的是万一核泄漏了咋整？

高手难驭——怎么接收中微子束？这是有诀窍的：虽然中微子束跑得快、拦不住，但只要它在水里跑过 400 m，就会与水发生核反应并生成一个浑身是劲、名叫负 μ 子的家伙，我们拿负 μ 子还是没辙，它在水中继续全速（接近光速）冲刺，60 ~ 70 m 后事情终于出现了转机，此时会产生一束和负 μ 子前进方向成 41° 夹角的可见光，而可见光的检测通过光电倍增管就可以搞定，信息的解调也就水到渠成了。

其他本事，四大高手都一个样，频带宽，容量大，抗干扰能力强，安全可靠并适合深空通信。

8.2.4　你是电，你是光，你是唯一的神话——太赫兹通信

这位大内高手深藏不露，一度被人们遗忘在电磁频谱的犄角旮旯里（频率 0.1 ~ 10 THz，波长 0.03 ~ 3 mm），也就是微波和红外之间，如图 8-15 所示。说它是微波也不完全是微波，说它是光波也不完全是光波，可它偏偏就是一个"跨界"高手，能量介于电子和光子之间，微波通信和光通信的本事它都有，"你是电，你是光，你是唯一的神话"，厉害了，我的太赫兹！

说它是微波，它的传输容量能甩出微波几条街（数量级），它的剑气（波束）更窄，指哪削哪（方向性好），不受其他剑气的干扰（抗干扰性、保密性更强）；剑气强悍凭借的是内功（波束窄，能量集中），而不是剑的长短，所以太赫兹的剑（太赫兹波天线）短小精悍。

说它是光波，但它可以轻松地穿透等离子体、沙尘烟雾、伪装物等，尤其在航天应用中有望成为克服"黑障"现象的唯一有效的通信工具。这个"黑障"听起来怎么有点"瘆得慌"呢？的确如此，2003 年 10 月，"神州五号"返回地球穿过大气层时和大气剧烈摩擦，飞船表面形成一个几千摄氏度的等离子墙，无线电波遇上等离子体就像人撞上了墙，这 4 ~ 7 分钟是所有人，包括杨利伟在内，最揪心的几分钟：地面雷达看不到飞船、无线电联系不上杨利伟，大家都在为英雄宇航员的回家捏把汗（如图 8-21 所示），毕竟"未知的才是最可怕的"！

而在地面短距离无线通信方面，太赫兹的无线传输速率能达到 10 Gbit/s，当前的超宽带技术难以望其项背。可以说，太赫兹通信集大容量、高传输速率、低窃听率、高抗干扰性、全天候等光环于一身，是名副其实的圈中"大咖"。

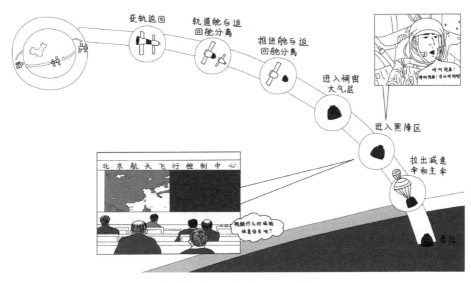

图 8-21　通信禁区——黑障

小结

　　无线光通信不但遗传了光通信长距离、大容量、高可靠的优秀基因，而且解决了线缆敷设的麻烦事，让光通信更加机动灵活。而 X 射线、光量子、中微子和太赫兹四大高手各个身怀绝技，再远的距离都不成问题，让天涯海角秒变咫尺之间，限制通信距离的不再是技术，而是想象力！